精细化工专业新工科系列教材

精细化工安全与绿色发展

SAFETY AND SUSTAINABLE DEVELOPMENT IN FINE CHEMICAL INDUSTRY

韩建伟　王利民　赵玉潮　主编

化学工业出版社

·北京·

内 容 简 介

《精细化工安全与绿色发展》包括精细化工的安全、环保、健康、防护、创新、技术发展、产品工程化案例方面的内容。从不同角度介绍精细化工安全环保与绿色发展，旨在引导读者进行更深层次的阅读，思考行业面临的挑战和解决之道。本书共分七章，第 1 章简要介绍精细化工及其未来的趋势，第 2、3 章介绍环保、健康和安全防护的概念，第 4、5 章涉及化学品危害和精细化工的“三废”处理，第 6 章叙述精细化工绿色发展和工艺过程强化技术的进展，第 7 章选取优秀绿色化学案例阐述精细化工和化学品的绿色化创新发展。

《精细化工安全与绿色发展》可作为高等学校精细化工、应用化学、化学工程与工艺、轻化工程、制药工程等专业本科生和研究生的教材，同时也可供精细化工、化学、材料科学、医药和农药领域的科技人员参考。

图书在版编目（CIP）数据

精细化工安全与绿色发展 / 韩建伟，王利民，赵玉潮主编. —北京：化学工业出版社，2022.8（2025. 2 重印）
精细化工专业新工科系列教材
ISBN 978-7-122-41860-9

Ⅰ. ①精… Ⅱ. ①韩… ②王… ③赵… Ⅲ. ①精细化工–化工安全–高等学校–教材 Ⅳ. ①TQ062

中国版本图书馆 CIP 数据核字（2022）第 128193 号

责任编辑：任睿婷 于志岩 徐雅妮　　装帧设计：张 辉
责任校对：田睿涵

出版发行：化学工业出版社（北京市东城区青年湖南街 13 号 邮政编码 100011）
印　　装：北京科印技术咨询服务有限公司数码印刷分部
787mm × 1092mm 1/16 印张 12¼ 字数 297 千字 2025 年 2 月北京第 1 版第 2 次印刷

购书咨询：010-64518888　　售后服务：010-64518899
网　　址：http://www.cip.com.cn
凡购买本书，如有缺损质量问题，本社销售中心负责调换。

定　　价：49.00 元　

序　言

精细化工行业是化学工业发展最具活力的新兴领域。精细化工产品种类多、附加值高、用途广、产业关联度大，直接服务于国民经济的诸多行业。精细化工率（精细化工产值占化工总产值的比例）的高低是衡量一个国家或地区化学工业发达程度和化工科技水平的重要标志。发展精细化工成为调整化学工业结构、促进化学工业产业升级和扩大经济效益的重点。

安全环保对于精细化工生产至关重要，也是国之大计。在当前化工安全与环保法规日趋严格完善的大背景下，国家政府层面从严监管，企业层面也在加快推进标准化建设与生产。安全管理和环保治理方面，政府、企业和高校紧密联系，形成一个相互依存的系统。但是安全管理和技术复合型专业人才欠缺的短板一直制约精细化工行业的发展，因此高校化工安全环保教育和对大学生安全环保意识的培养亦是重要的一环。化工过程安全在国内外著名大学已成为专门的课程，并成为化工专业学生的必修课。在学习阶段，把相关的知识要点融入课程，帮助学生建立正确的安全环保概念和理念与学习化工相关的工艺和工程知识同样重要。

本教材的特色是将安全、健康、环保的理念与化工新技术发展和技术创新实例结合，带进精细化工安全与环保的课堂。从不同的角度引导学生学习安全环保内容，警示化工事故带来的惨痛教训，促使读者思考精细化工行业的未来。本书强调对化学工程和绿色发展的科学认知，培养大学生的工程理念和人文素养，这对精细化工新工科教学实践是有益的尝试，也是对精细化工领域安全与环保课程的有力支撑。

中国科学院院士
华东理工大学 教授

前　言

精细化工是既传统又新颖的学科，虽然隶属于工学，但是要求掌握深厚的理学知识。内圈需要合成化学、物理化学、分析化学、超分子化学、聚合物科学和工程化学等基础化学学科的理论支撑，外圈又与生命科学、药学、材料学、信息科学、电子学等学科密切相关。因此，精细化工是一门化学、化工、材料等多学科交叉融合的学科。如果说化学研究的对象是分子，精细化工则更加关注分子的功能。更为重要的是，精细化工是联系实际生产的产品工程学科，对环境保护、生命安全和健康具有重要影响。

一百多年来，精细化工行业创造了形形色色的产品，如染料、颜料、香料、洗涤剂、医药和农药等，改善了人类的生存条件，延长了人类寿命。但是传统精细化工行业过多地强调经济效益，而忽略了对人和环境带来的不利因素。随着时代的进步，以人为本的长远利益成为首要考虑点，安全与绿色发展成为世界化工行业发展的新趋势。精细化工的安全环保成为头等大事，与产品的经济效益和带来的舒适便利结合在一起，成为系统产品工程。“绿色化学”“美丽化学”“原子经济性”“环境影响因子”“清洁生产”“分子功能租赁”等新概念的出现，也反映了科学家对人类长远发展的思虑和对化学工业的系统性规划。无论如何，解铃还需系铃人，消除精细化工带来的负面影响还是要依靠化学的技术进步和创新。近几十年精细化工新技术层出不穷，产品也不断更新换代，强功能化和绿色化成为大趋势，在极大地丰富人类生活的同时，也不同程度地改善了对环境和安全的影响。

纵观化学工业的发展史，从“爆发增长”到“谈化色变”，再到重新认识“化入生活之学”的化学，进入更高台阶上发展，精细化工也经过同样的发展历程。当下，伴随先进功能材料和大健康产业的迅速发展，精细化工已然进入了 2.0 时代，更多关注产品高端功能化和产品工艺洁净化、绿色化、高效化。学科的发展也是如此，华东理工大学的应用化学（精细化工）学科是上海市重点学科和全国重点学科，是国内最早从事精细化工专业人才培养及科学研究的基地之一。2018 年教育部批准华东理工大学设立“精细化工”新工科专业。新专业依托化学、材料和化工三门国家一流学科，强化功能分子工程、分子医学、生命科学和精细化工工程等多学科模块交叉融合。为适应新工科人才培养需要，加强学生的安全与环保意识，特编写此书。本书共分 7 章，内容涉猎广泛，突出概念性和思想性的启迪，旨在引起学生对安全环保与绿色发展的学习兴趣，达到抛砖引玉之效。

本书是华东理工大学精细化工专业新工科系列教材分册之一，由韩建伟、王利民、赵玉潮主编，编写过程中得到了朱为宏院士和王成云教授的大力支持。研究生周忻宇、安国强、刘旭、潘婉莹、汪钰、薛陈伟、侯颖盈、张蒙在素材搜集等方面做了大量的工作。感谢华东理工大学教务处、化学与分子工程学院、精细化工系和化学工业出版社给予的支持和帮助。

囿于水平，时间仓促，难免疏漏，敬请读者不吝赐教，深表感谢。

韩建伟

2023 年 8 月

目　录

第1章 绪论

1.1 精细化工简介

精细化学品（Fine Chemicals）的定义是能增进或赋予一种（类）产品以特定功能或本身拥有特定功能，技术密集度高、附加值高的化学品，是基础化学品进一步深加工的产物。精细化学工业是生产精细化学品工业的通称，简称精细化工。精细化工的特点是学科综合性强、技术密集程度高、产品附加值高、投资利润率高、产业发展依赖科技创新。精细化工涉及社会的各个方面，与工业、农业、国防、尖端科学和日常生活都有着极为密切的关系。精细化工行业是化学工业发展的战略重点之一，也是衡量一个国家化工科技水平的重要标志。因此，工业发达国家的化工产业均向多元化及精细化的方向发展。随着社会的发展，精细化工行业所产生的功能性化学品（Performance Chemicals）是电子工业、汽车工业、机械工业、新能源工业及建筑工业的基础材料。精细化学品所涵盖的电子与信息化学品、表面工程化学品、医药、农药与中间体、食品添加剂、香精香料、染料与颜料、日化产品等都在高速发展，对提高人民生活水平起着非常重要的作用。未来精细化学品市场规模将保持高于传统化工行业的速度持续增长。

精细化工行业的特点:

① 隶属于制造业，与其他产业关联度高。精细化工的上游产业是基础化学原料制造业。同时，精细化工提供的产品又是诸多相关行业的原材料，如农业、建筑业、纺织业、医药业等重要的行业，反过来这些行业的需求为精细化工发展提供了契机。

② 精细化工行业具有相当的规模经济特征。一般来说，国外精细化工生产企业以欧美和日韩最具代表性，专业化程度高并具有一定的规模。虽然我国已经逐渐发展为世界上精细化工原料及中间体的重要加工地和出口地，但是目前行业集中度相对较低，中小型企业居多，大型企业的占比较低，精细化工率相对较低。精细化工率的提升是进入精细化工强国的必由之路。据中国化工学会统计，2021 年我国化工产品占全世界的 40%左右，精细化工率达 50%，而目前发达国家的精细化工率基本在 60%～70%，相比之下还有较大的差距。

③ 精细化工行业的“三废”排放较多。大部分精细化学品合成路线长，步骤多，生产工艺复杂，产生的废水、废气和废渣较多。

④ 精细化工行业的壁垒高。精细化学品品种多、更新速度快、专用性强、生产工艺复杂，精细化工行业具有较高的技术研发壁垒、环保与安全壁垒、销售渠道壁垒和资金投入壁垒。

精细化工中间体专用性强，质量和纯度直接影响终端产品的性能和品质。特定的销售渠道和长期业务合作对企业日常经营和长远发展具有重大影响，下游企业从研发能力、产品质量、环保措施和职业健康等多个方面对精细化学品的供应商提出严格要求并定期进行复查评级和审计。因此，精细化工中间体企业一旦被选择为供应商后，通常会与下游大型客户形成稳定的合作关系。特定的销售渠道和严格的资质要求，对新进入者构成强大的销售渠道壁垒。随着我国环境保护政策、安全生产政策和职工福利政策的日益完善，以及国外对精细化工中间体进口标准的日益严格，精细化工中间体行业的准入门槛越来越高，环保、安全、产品研发和经营规模等方面的投入加大，导致其初始及持续投入都在不断攀升。

1.1.1 精细化学品

早在 1986 年，原国家化学工业部将精细化工产品分为 11 个类别：①农药；②染料；③涂料（包括油漆和油墨）；④颜料；⑤试剂和高纯物质；⑥信息用化学品（包括感光材料、磁性材料等）；⑦食品和饲料添加剂；⑧黏合剂；⑨催化剂和各种助剂；⑩化学药品（试剂和原料药）和日用化学品；⑪高分子聚合物中的功能高分子材料（包括功能膜、偏光材料等）。随着科学技术的进步和国民经济的发展，不同学科交叉融通，精细化学品不断开发，应用领域不断开拓，新的门类也在不断增加，以满足各行各业对高性能精细化学品的需求。因此又可以按照产品类别区分为传统领域和新兴领域两部分。传统领域产品主要包括农药、肥料、涂料、食品添加剂、饲料添加剂、胶黏剂、表面活性剂、造纸化学品、水处理药剂等。新兴领域产品专用性强，具有高端化、差异化等特点，技术含量高，其中包括新医药和新农药、光刻胶和显示色浆等电子化学品、特种塑料和树脂、除醛剂和除臭剂等。随着精细化工行业技术的发展，与传统精细化学品相比，新兴精细化学品将会在创新性、便捷性、安全性、环保性等方面更加突出，产品效益提高。

一般来说，精细化学品具有以下特征：

① 产品种类繁多，应用领域广。精细化学品目前已有 40～50 个门类，10 万多个品种。其应用无处不在，除传统领域外还应用于航空航天、生物技术、信息技术、新材料、新能源技术等高新技术领域。

② 技术依赖度高，生产路线复杂。精细化工可用一种中间体产品经不同的技术路线和工艺流程衍生出多种不同用途的衍生品，生产工艺和技术复杂多变。产品需要经过实验室开发、小试、中试再到规模化生产，还需要根据下游客户的需求变化及时更新或改进产品品种、工艺和品质。因此，对细分领域精细化工产品的衍生开发、对生产工艺的把控及创新是精细化工企业的核心竞争力。

③ 产品附加值高。精细化工产品涉及的生产流程较长，需经过多个单元操作，制造过程较为复杂，并在生产过程中要满足温和的反应条件、安全的操作环境、特定的化学反应等条件。实现化学品易于分离和较高的产品收率需要高水平的工艺技术和反应设备。因此，其产品技术门槛高，附加值较高。

④ 复配产品种类多。精细化学品在实际应用中，需要表现产品的综合功能。在化学合成中筛选不同的化学结构，在剂型生产中充分发挥精细化学品自身功能，与其他物质协同配伍。工业生产对精细化工产品的需求多种多样，单一产品难以满足生产或使用的需要，以水处理行业为例，水处理专用化学品的产品包括杀菌灭藻剂、阻垢剂、缓蚀剂、絮凝剂等，每种用途的化学制剂往往需要几种化学药剂复配而成。

⑤ 产品与下游客户黏度较高。精细化工产品一般应用在下游生产的特定领域或实现下游产品的特定功能，对产品的质量和稳定性要求较高，对供应商的甄选过程和标准较为严苛。

1.1.2 精细化工的产业链

精细化工是国民经济的支柱产业，涉及国民经济中的诸多领域，具有很高的战略地位，其产业链结构如图 1-1 所示。

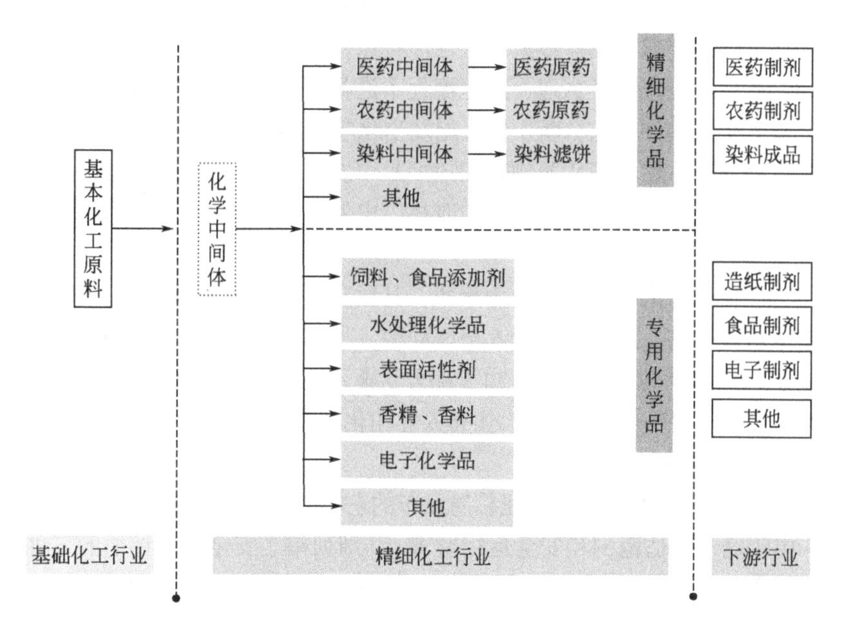

图 1-1　精细化工产业链结构图

1.1.3 精细化工的安全风险

精细化工产品更新快，需要根据客户需求及时调整和更新产品品种。新品种、新工艺、新催化体系以及温度、压力、时间等工艺过程控制因素对研发方向和路径选择至关重要。精细化工对结晶分离技术、精馏提纯技术、色谱检验技术、安全操作技术和污染物处理技术等的要求也非常高，从事精细化工领域工作的高端技术人员需要具备专业的学术背景和研发生产实践经验。生产过程中使用的部分原材料和中间产品涉及易燃、易爆、有毒等危险化学品，存在着火、爆炸、中毒等风险。精细化工操作过程有“四多”，即物料种类多（反应物、产物、溶剂、萃取剂等）、相态多（气、液、固）、设备开口加料次数多、生产期间设备取样次数多。精细化学品涉及的危险工艺以磺化、氯化、氧化、加氢、硝化、氟化反应为主，尤其是氯化、硝化、氧化、加氢等工艺风险高，一旦失控，将造成人员中毒和爆炸。精细化工生产工艺中的化学反应多样，物料多且容易造成设备严重腐蚀，存在泄漏、燃烧、爆炸等安全风险。如果违反安全操作规程，将导致反应温度、浓度及压力变化超过安全标准，设备严重老化失修可能导致爆炸、泄漏、火灾等安全事故，从而导致人员伤亡和财产损失。精细化工工艺控制系统自动化程度低，尚不能完全实现自控。精细化工以间歇生产为主，间歇釜一釜多用，一个设备要完成多个单元操作，如反应（多次）、萃取、洗涤、分层、精馏等操作。对操作步骤的执行顺序和执行时间有严格要求，缺乏有效管控、人为误操作会导致事故发生。操作温度、压力剧烈变化［一个反应釜一般都有冷冻水、冷却水、蒸汽三种换热介质，一般一个生产过程温度能在-15～120℃变化；

精（蒸）馏时接近于绝对真空，压料时能达到 0.3MPa]。

另外，由于精细化学品生产技术保密程度高，工艺操作培训相对较少，因培训不到位、操作参数控制不平稳，造成固体废物、废液库存量大，使危险废物库房成为一个重点管控的风险点。部分企业工厂对于反应安全风险认识不科学，对生产工艺控制要素掌握不透彻，没有按照化工行业通行的“统一规划，分步实施”的原则布置装置、罐区、仓库，或是没有充分考虑卫生防护要求和环境保护要求，没有根据厂区地形特点、化工产品生产工艺特点和各类建筑物的功能合理布局，造成功能分区不合理、处理流程不通畅，不利于生产，不方便管理。安全泄放系统设计往往缺乏全面的评估与分析，将可能发生化学反应并形成爆炸性混合物的物质引到同一处理系统进行处理，易燃易爆危险物料泄放后易引发火灾。厂房内设备布局紧凑，厂房的外挂设备多。因间距要求，厂房内不设罐区，而在厂房外设置较多的中间罐和尾气处理系统，易造成二次火灾或爆炸。

企业员工方面，厂房内作业人员较为聚集，甚至在厂房内设置操作室、记录台，一旦发生事故，容易造成群死群伤。此外，从业人员流动快，上岗工人专业知识薄弱，不注意职业卫生防护，造成安全隐患。尤其是近年来，由于部分企业不注重安全与环保管理，造成事故频发，人们对精细化工产生了“恐惧”的感觉，优秀人才和化学化工专业毕业生不愿意进入这个行业，阻碍了行业的安全发展。

2017 年我国国家安全生产监督管理总局发布的《关于加强精细化工反应安全风险评估工作的指导意见》中明确了评估范围和安全运行要求，详细列举了安全风险评估的三种情形：第一，国内首次使用的新工艺、新配方投入工业化生产的以及国外首次引进的新工艺且未进行过反应安全风险评估的；第二，现有的工艺路线、工艺参数或装置能力发生变更，且没有反应安全风险评估报告的；第三，因反应工艺问题，发生过生产安全事故的。总之，国家严切关注精细化工的安全风险，安全生产成为行业的头等大事。

1.1.4 精细化工的环境保护

精细化工企业有其自身的特殊性，其环境保护工作尤其重要。一旦企业发生了事故和各类环境污染事件，不仅会影响企业职工和周围居民的生命健康和安全，同时使企业蒙受巨大的经济损失，甚至会对整个行业的声誉造成不良影响。在环保方面，精细化工产品生产过程中产生大量废水、废气、固体废物等有害物质，企业需投入大量资金用于有害物质的治理，以符合国家环境保护标准。根据我国生态环境部发布的《2020 年全国大、中城市固体废物污染环境防治年报》，大、中城市一般工业固体废物产生量为 13.8 亿吨，工业危险废物产生量为 4498.9 万吨，医疗废物产生量为 84.3 万吨，城市生活垃圾产生量为 23560.2 万吨。随着国家环境保护标准日益提高，企业必须持续加大污染物处理技术研发、环境保护设施投入和污染物处置力度。同时，因环保和安全的要求日趋严格而不断增加的人力物力投入，构成了精细化工行业环保与安全壁垒。每一个行业都有自己的特点，了解掌握精细化工行业的特点，是行业安全健康发展的基础。精细化工企业要想持续稳定发展，必须保障生产环境的安全，保护人们的健康和安全，这样才能够实现可持续发展、良性循环。在化工产品生产过程中，应从工艺源头上运用环保的理念，推行源头消减，进行生产过程的优化集成、废物再利用与资源化，从而降低成本与消耗，减少废弃物的排放和毒性，减少产品全生命周期对环境的不良影响。可喜的是，绿色化工和可持续发展理念的兴起，使化学工业环境污染的治理由先污染后治理转向从源头上根治。

1.1.5 精细化工的行业现状

精细化工是世界各国和各大化工企业巨头的重点发展对象，行业竞争非常激烈，全球化工行业由粗放式生产向精细化的转变也正是由市场的激烈竞争造成的，近年来多家特种化学品公司竞相并购重组可充分体现该趋势。化工巨头对精细化工产品发展的重视，也促进了精细化工领域生产技术和新产品的大发展。医药保健品、电子化学品、特种聚合物、复合材料等精细化工产品的发展十分迅速。2020 年全球精细化工行业市场规模达到 16890 亿欧元。由此可见，精细化工产业具有较好的发展前景。

我国对精细化工产业的发展也日渐重视，精细化工作为化学工业发展的战略重点，多项国家发展计划从政策和资金上予以倾斜支持。随着企业科研力量的增加及科研院所科学研究的投入，精细化工率不断提升，细分品种与日俱增，其产能、产量、品种和生产厂家数量仍在不断增长。尽管如此，与化学工业发展历史悠久的发达国家相比，整体技术水平仍然偏低，精细化工行业的核心技术与国际先进水平还存在一定差距，高性能、功能化和高附加值的精细化学品进口依存度仍然较高。相比发达国家的精细化工率，我国精细化工行业仍具有较大的提升空间，尚未形成完整的行业体系。目前全球精细化工产品大概有 10 万种，而我国大概有 2 万种，仅为全球品种的 20%左右。总量不足，质量也不稳定，专业化、功能化、高性能的产品欠缺，难以满足各个市场领域的需要，也制约了下游行业尤其是战略性新兴产业的发展。例如高端电子化学品领域，几乎全部被国外产品垄断。

因此，针对精细化工产业面临的安全、环保、发展的重大课题，必须从构建系统技术和源头创新入手，整合产业技术的创新资源，加大典型化工产品及清洁生产成套工艺的创新开发力度；建立以企业为主体、市场为导向、产学研用紧密结合的创新体系，全面提升技术创新能力；推动产业结构调整及产品升级换代，促进精细化工产业技术进步，行业快速发展。

1.2 绿色精细化工和可持续发展

随着经济发展的全球化，化工产业结构也在不断调整和发展。现代精细化工生产以“绿色合成”为目标，坚持“绿色化学”的基本导向，更加注重化学品对使用者以及对环境的影响。绿色化学是用化学的新技术、新原理和新方法，通过低污染或无污染的生产阶段，减少或消除那些对人类健康、社会安全、生态环境有害的原料、催化剂、溶剂和试剂、产物和副产物等。绿色化学的目标是不再使用有毒有害的物质、不再产生废物和处理废物，从源头上阻止污染和防止污染，尽可能实现“零排放”。绿色化学为精细化学工业提出了新理念以实现可持续发展。

目前，著名化工企业都尽可能秉持绿色化学和可持续发展的原则。一项调查研究针对 17 家公司开展了问卷咨询。其中包括 13 家制药公司，即雅培、阿斯利康、勃林格殷格翰、葛兰素史克、辉瑞、强生、默克、诺华、罗氏、赛诺菲-安万特、安进、拜耳医疗和吉利德；2 家精细化学品制造商，即龙沙和帝斯曼；1 家农用化学品制造商，即陶氏益农公司；1 家香精和香料公司，即奇华顿。该调查覆盖了绿色化学和可持续发展的诸多组织层面因素，如公司的政策和实施、绿色化学和技术、工艺指标、如何应用绿色化学改变不同阶段的发展等。上述各大公司在绿色化学、技术革新和可持续发展方面不断进步，尝试使用绿色溶剂而尽量避免二氯甲烷类溶剂的使用，引入两个过程指标 PMI（过程质量强度）和 E-facfor（生产每公斤产品产生的废物量）强调环保理念。另外，香料制造商奇华顿公司遵循以下四个原则，这些原则适用于公司各个层面：①大自然不应受到地壳中物质（重金属、化石燃料）的增加带来的影响；②大自然不应受到社会生产的物质增加带来的影响；③大自然不应因物理手段（砍伐森林）而退化；④人们不能削弱大自然的能力来满足自己的需求。

绿色化学和技术革新在一定程度上解决了精细化工产业可持续发展中的环保问题。通过对上述多家精细化工企业的调查发现，下述绿色化学技术备受关注：

① 连续过程/流体化学/微反应器。连续过程/流体化学/微反应器是热门话题，其中许多已经应用于生产。例如，辉瑞公司注册了连续过程工艺用于生产普瑞巴林。

② 化工过程强化。化工过程强化有很多种定义，大部分企业的过程研发团队多年来一直在做提高浓度、减少溶剂使用的工作，旨在推动将化学过程的极限由设备极限转变为化学和物理极限。大多数公司强调单一阶段设备同时允许进行两个或两个以上的过程强化操作。

③ “新”合成技术，如电化学、光化学和微波化学等。大多数公司正在寻找新的或前瞻性的技术。电化学、微波化学和光化学并不是真正的新技术，但大多数精细化工和制药企业非常感兴趣，正在探索这些技术在工业化方面的应用。

④ 催化合成技术。催化化学作为关键技术不会被任何一家公司忽略，大部分公司将探寻异相催化和均相催化作为企业的一个发展重心。或依靠与外部公司合作，例如 Solvias 公司和 Takasago 公司合作寻找合适的催化剂和反应条件用于特定的化学反应。

⑤ 生物催化合成技术。酶生物催化的应用在过去十年几乎成倍增加，特别是伴随着定向进化、突变等技术的发展。例如 Codexis 公司和 Verenium 公司在生物催化技术方面进行了合作。大型制药公司也组建了生物转化领域的专家团队，倾向于使用生物催化技术而非基于化学催化的贵金属催化剂。

⑥ 总体流程优化技术。几乎所有的公司在设计高效的流程时会考虑总体流程优化。寻求减少用于清洗、反应、启动和分离的溶剂用量的方法，并尽可能多地通过灵活设计（Flexible Design）提高效率。

1.3 精细化工的未来和展望

2020 年，耶鲁大学（Yale University）的著名绿色化学专家 Julie B. Zimmerman、Paul T. Anastas、Hanno C. Erythropel，亚琛工业大学（RWTH Aachen）教授、原 *Green Chemistry* 期刊主编 Walter Leitner 在 *Science* 杂志上共同发表了“Designing for a green chemistry future”(Science, 2020, 367: 397-400)。以“绿色化学未来的蓝图”为题，描述对可持续发展和绿色化学的思考，提出未来化工产品的设计原则：化工产品和工艺的设计目标是“追求理想生活”。设计阶段需要考虑分子的本质特性，从而实现产品及其生产工艺的可重复、安全及稳定等。未来的化工产品、制造原料以及制造过程，将绿色化学和绿色工程融入可持续发展的理念中。这一转变需要先进的科学技术和创新能力，以及从微观分子层面开始并在全球范围内产生积极影响的系统思维和系统设计。

未来，精细化工领域面临的问题不再是化工产品是否必需，而是一个可持续发展的社会需要什么特性的化工产品和生产工艺。当前的化工产业是一条依赖于原料的生产链，其原料主要是自然界中有限的化石资源。精细化工产品通常是按预期用途进行设计的，过程工艺产生的具有毒性、持久性和生物积累性的废物一般是产品的5～50倍，然后通过控制生产工艺来降低泄漏可能造成的危害，而这些危害往往缺乏相应的工具和模型进行评估，因此发生了大量的事故。将来化工产品的设计必须包含两个目标：一是如何保持并改善性能；二是如何限制或消除威胁人类社会可持续发展的有害影响。因此，精细化学品“性能”的定义需要从“功能”转变为“功能和可持续性”。产品设计需要充分掌握分子的本质特性及其变化，需要在综合的复杂体系框架中进行设计和创新，实现可持续发展。精细化学品的商业合成始于19世纪中叶的Perkin紫染料，一直以来，判断化工产品好坏的唯一标准是产品性能，例如，染料的光亮度、胶水的粘力、农药的杀虫能力。未来需要对性能定义进行扩展，包括功能以外的所有方面，特别是可持续性。因此，要求任何设计、发明和制造化工产品的人必须了解产品相关危害的知识，包括物理危害（如爆炸和腐蚀）、全球性危害（如温室气体和臭氧消耗）、毒理危害（如致癌和内分泌干扰）。此外，性能的重新定义也直接影响整个化工产业的商业模式，因为战略调整的一部分是减少精细化学品的数量，从而减少对整个生态系统的潜在危害。

当前人们仅仅关注精细化学品产品的功能，却忽略了可持续发展的需求。可持续性作为一种综合性、体系性的多维问题，仅仅控制个别指标如温室气体排放、能源或淡水消耗等是不够的。例如农化产品虽然能增加农作物产量，却导致鱼类死亡和地下水水质退化；橡塑添加剂使材料经久耐用，很多却在生物链中累积。当前化工行业中诸多可持续发展工作的重点仅仅是通过提高效率来逐步改善产品和工艺，从而降低“三废”和保护环境，这是不完善的。相反，需要进行颠覆式的变革来应对未来可持续发展社会的需求，整体统筹提出协同推进多种可持续发展的方案。因此，传统思路必须与体系性思维相结合，才能为未来可持续发展社会的化学品设计提供指导。了解一个分子的性能只是最低要求，还需要了解其潜在危害，因为解决单一问题的方式可能会带来其他挑战。例如，使用生物燃料可能会增加土地的使用压力和与粮食的竞争。

未来精细化工行业的发展应从理念上发生转变，产业获取利润的方式从销售材料本身转变为提供相关的功能服务，如上色、润滑或清洁等，同时降低危害。应符合联合国工业发展组织提出的“化学品租赁”，即出售化学品的功能，在降低材料生产成本、提升材料性能的同时，实现利润最大化与可持续发展。在绿色化学的发展中，Roger Sheldon的环境因子（E-factor）和Barry Trost的原子经济性（Atom-Efficiency）作为衡量化工生产的标准得到了广泛认可，但是这些准则没有涵盖产品毒性对环境的危害（如果氯化钠的毒性为1，则六价铬的毒性为1000）。Walter Leitner教授在*Green Chemistry*杂志上发文提出了F-factor（F for Function），即实现功能最大化的同时应使用最少的化学物质。运用材料用量最小化的理念是为了减少原料的使用、加工和运输中能源的消耗、废弃物的产生与管理以及相应的危害。

未来化工产品的设计旨在减少甚至消除危险，同时保持产品功能的有效性。具体而言，保持化学品的功能及其固有性质，还要考察其在环境中的可再生性、无毒性和可降解性。

① 可再生性。从化石资源过渡到可再生资源的转变，包括从线性工艺到循环工艺的转变。进行系统的周密设计，考虑土地转化、用水或与食品生产竞争等因素引起的负面影响。低价值材料可作为可再生原料，例如将造纸厂废物中的木质素转化为生产香兰素的原料、聚氨酯生产中直接使用二氧化碳实现部分取代石油基环氧丙烷等。这些革新都大大减少了碳排放，同时改善了环境参数。因此，化学家需要更深入地考虑“废物设计”问题：调整合成路线，尽量避免

副产物的处理，或者让副产物作原料。

② 无毒性。无毒化工产品的设计需要通过化学、毒理学、基因组学和其他相关领域的合作来实现。理解和研究潜在的分子机制，包括分子是如何在体内分布、吸收、代谢和排泄的，以及溶解度、反应性和细胞渗透性等物理化学特性如何影响这些过程。

③ 可降解性。未来的化学物质必须设计成易降解、不破坏环境的非持久性化合物。例如，通过化学修饰的方法来改善其生物降解性，成功发现了对哺乳动物低毒且可快速降解的杀虫剂；可再生的琥珀酸基增塑剂用于合成快速降解的无毒聚氯乙烯（PVC）。通过理解持久性的分子特征和环境机制建立预测模型，评估合成化合物的潜在持久性对最终可能分布于环境中的每个（新）设计的化合物的重要性（如药物和个人护理产品）。矛盾的是，考虑化合物修饰、合成路线的能量消耗与分子复杂性时，稳定可能是理想的属性。对于来源可再生、高度复杂且不是天然化合物的分子，需要通过重复使用或循环路线将其重新融入价值链中；如果分子是天然化合物，无论其复杂程度如何，都具有可降解性。

总之，利用可再生资源重新设计化工价值链，是精细化工产业，甚至是化学工业的未来潮流。自 20 世纪下半叶起，化学工业几乎完全依赖石油、天然气和煤作为碳的来源，形成了一个高度集成的网络，称为“石油树”。石化炼油厂生产的模块不到 12 个，特别是短链烯烃和芳烃，与合成气体一起成为石油树的枝干，然后衍生出石油树的树枝和树叶，最终形成 100000 多种化学物质，构成了分子的多样性，形成了精细化工产品群。其成功的基础很大程度上是众多在分子中引入官能团的有机合成方法（官能团引入，即化学键操控，包括切断与生成）。因此，原料的可用性和所需产品的功能对化工生产路线和工艺开发有直接的反馈作用。合成方法的改进无疑是一个主要的研究领域，对环境具有最直接的影响。由于资源的枯竭、全球气候的变化以及产生毒副产物等问题，石化价值链不是一个可持续发展的选择。最终，基于非化石碳源和可再生资源的新价值链设计将为可持续的循环铺平道路。该转变将成为化学领域的下一次工业演变。

可再生碳资源的利用具有经济价值，但是需要重大的科学突破和创新。其一，碳源材料中，木质纤维素生物质和二氧化碳是地球上最丰富的原料之一，其数量足以实现化学价值链的“去石油化”。其二，再生塑料材料是循环经济框架下另一个潜在的丰富碳源，由高度氧化和“过度功能化”的分子组成。其三，利用可再生原料固有的复杂性，实现通往目标官能团分子的捷径。例如，在室温下通过微生物发酵废甘油或糖，在水中生产重要的化工产品（如 1,3-丙二醇或琥珀酸）。类似的方法也适用于二氧化碳，它可以通过现有化工产品整合到价值链中。将二氧化碳直接纳入消费产品的聚合物链已经实现了工业化。越来越多基于二氧化碳和氢气与其他底物选择性偶联的新合成方法说明了它们在产物合成后期构建官能团的巨大潜力。其四，定制的化学品和生物催化剂可以适应原料质量的变化和能源供应的波动，以及高度集成和高能效净化工艺，将成为可持续发展背后的重要科学动力。此外，可再生原料提供了全新的化学模块，可以推动功能的改善，且不会对人类健康和环境造成负面影响。例如，单糖衍生合成的呋喃二甲酸（FDCA）成为新型聚酯产品（如碳酸饮料的容器）的基础材料。因此，分子和工程科学与产品性能进行系统整合，能源和物质在化学-能源关系上的统一成为可能，并为化学与农业、钢铁、水泥等行业的耦合创造新的机会。通过“反合成分析”解构高度复杂的目标分子，从而从现有的原料和合成方法中设计其合成路线，是当今合成有机化学的核心支柱。同样的思路可以转化为一种新的设计框架，用于从可再生原料合成目标产品。

精细化工产业的升级换代需要新的工具和方法，譬如利用弱相互作用而非共价键作为设计工具，设计复杂而非理想态的混合物，不是通过合成单个分子来实现某种功能。从动态化学体系而不是简单从静态了解分子，了解与控制局部结构化学反应的远程相互作用，并从一系列实验数据分析发展到对多样数据集的统计挖掘。本质而言，新设计框架从物质和能量流的角度进行思考，当前的精细化工产品和生产工艺对生物圈和生态系统造成的危害应该被视为一个重要的设计缺陷，应该从功能和可持续性两方面来同时扩展性能的新定义。

思考题

1-1 为什么说精细化工安全问题是伴随精细化工行业发展而来的?

1-2 精细化工安全风险能否通过理论分析加以预判并预防?

1-3 高度发达的精细化工行业以及数目众多的精细化学品，在提高人类生活水平和促进文明进步的同时，也给人类自身以及周边环境带来了日益严重的危害。人类应该如何取舍?“利”和“弊”之间如何找到一个平衡?

1-4 什么是精细化工? 如何定义精细化工?

科学人物小传：精细化工的先驱——Sir William Henry Perkin 的传奇人生

William Henry Perkin 是有机化学学术界的著名人物，在合成化学工业史上留下了浓重的一笔。Perkin 是合成染料——苯胺紫的发现者和工业实践者，也是有机染料工业的先驱者，拉开了精细有机化工的序幕。

1838 年，Perkin 出生于伦敦，父亲是一名木匠兼建筑师，家境富裕。Perkin 兴趣爱好广泛，尤喜摄影、园艺、绘画和音乐。13 岁生日前，他意外邂逅了化学，从此改变了人生轨迹。随后，Perkin 进入伦敦城市学校（City of London School）学习，他的老师 Thomas Hall 聘用 Perkin 作为实验室助手，进行一些简易的实验。在 Thomas Hall 和 Henry Letherby 的鼓励下，Perkin 给当时大名鼎鼎的科学家 Michael Faraday（电的发明者之一）写信参加讲座，并得到了亲笔回信。1853 年，Perkin 说服父亲，进入了英国皇家化学学院（The Royal College of Chemistry，1845 年开办），追随德国化学家 August Wilhelm von Hofmann 学习。Perkin 被任命为实验助手，开展一系列实验研究奎宁的合成路线。1856 年复活节期间，Perkin 在其公寓顶楼的实验室继续研究，利用苯胺作为反应物的实验过程中得到了黑色残渣。加入酒精后，残渣溶解，得到了一种紫红色的溶液。对绘画和摄影感兴趣的 Perkin 马上想到，能否将其作为一种染料? 并尝试染了一块丝绸，取得了较好的染色效果，染色的丝绸在光照下和洗涤后依然保持稳定的染色牢度。Perkin 将他得到的紫红色物质寄给了染坊 Pullar & Son，因为良好的染色效果，Perkin 试图扩大生产并将该紫色物质商业化，并命名为 Mauveine（苯胺紫），申请了苯胺紫合成方法的专利，即英国第一个合成染料的专利。

时值英国工业革命时代，纺织品大规模化生产引发了染色的需求，煤化工的发展又提供了原材料来源。获得专利后，Perkin 不顾 Hofmann 的反对离开了英国皇家化学学院，走上了实践化学工业化的道路。在有机化工规模化生产方面，Perkin 当时没有经验，面临着筹集生产资金、低成本制造、适应染色工艺、获得染色商的认可以及引导市场需求等诸多问题。他最终说服他的父亲提供资本支持，与兄长 Thomas Dix Perkin 合作成立了 Perkin & Sons 公司，凭借着热情和耐心克服了每一个障碍。苯胺紫问世后，得到了英国维多利亚女王（Queen Victoria）和法国拿破仑三世的皇后欧仁妮（Empress Eugénie）的青睐，在欧洲风靡一时。正如英国利兹大学（Leeds University）商业史教授 Lee Blaszczyk 所言："Perkin 奠定了有机合成化工的基础，并彻底改变了时尚界。"

Perkin & Sons 公司的事业相当成功。接下来的 17 年间，Perkin 继续从事有机化学研究，及时跟进时代的发展，在染料及其中间体方面取得了 9 项英国专利，发表了 48 篇学术论文。Perkin & Sons 公司生产的染料色彩范围不断扩大，应用领域也不断拓展，尤其是在印刷业的应用。1874 年，Perkin 决定从商业中抽身，将公司和专利技术打包出售给了 Brooke，Simpson & Spiller，从而全身心投入他最爱的科学研究。为此，他将一所房子改造成实验室，继续从事合成化学研究。在 1874～1907 年间，Perkin 围绕香豆素和蒽类衍生物的合成与应用发表了 60 多篇论文，其中包括著名的 Perkin 反应——醛与脂肪酸酐在碱性条件下合成肉桂酸衍生物。除了染料与色素，Perkin 的另一大成就是在 1868 年利用 Perkin 反应合成了香豆素，即第一个人工合成香料。Perkin 也因此被认为是香料工业的先锋。另外，Perkin 以煤焦油为原料成功地合成了杀虫剂、杀菌剂、甜味剂、维生素、消毒剂和防腐剂，并且在炸药和颜料领域也做出了不少贡献。

Perkin 不仅多才多艺，而且品德高尚，内敛谦和。Perkin 兄弟深切关注工人福祉，Perkin & Sons 公司利用硝酸汞的专利工艺制造洋红色素，但获悉汞有害健康后，毅然停止了洋红色素的生产。Perkin 经常表达对其父亲和兄长及 Hofmann 的感激之情，也对精细有机化工行业崛起而创造的诸多工作岗位感到欣慰。Perkin 的三个儿子都在化学领域取得了杰出的成就，皆成为英国皇家学会的会士。

第 2 章

环境、健康、安全（EHS）管理体系基础

2.1 EHS 管理体系

EHS 是环境（Environment）、健康（Health）与安全（Safety）一体化管理的缩写。为了突出环境、健康和安全三要素各自的重要性而分别有“SHE”“ESH”和“HSE”等不同形式。EHS 管理是通过系统化的预防管理机制消除隐患，以最大限度地减少事故、环境污染和职业病的发生，从而达到改善企业环境、健康和安全的管理方法。EHS 管理体系要求企业或组织在其运作的过程中，按照科学化、规范化和程序化的管理要求，分析其活动过程中可能存在的环境、健康和安全等方面的风险，从而采取有效的防范和控制措施，防止事故发生。同时通过体系审核和评价等活动，推动体系的有效运行，达到管理水平不断提高的目的。安全是企业生产和经营的前提，没有安全就没有一切。EHS 管理体系要求以人为本，首先人要有健康的体质和良好的精神状态，企业和组织提供一个良好的生产、活动环境，才可以生产出高质量和高效益的产品。因此，实际过程中，环境、健康和安全三者不可分割，相辅相成，形成一体化的 EHS 管理体系。

2.1.1 EHS 管理体系的架构

EHS 管理体系的架构有很多不同的元素，根据所涉及的行业及企业自身情况的不同，也会有很大的差别。对于一个 EHS 体系来说，“三全”管理是最基本的要求。所谓“三全”，指的是全要素、全过程、全业务。这三个环节中涉及的大多数内容无外乎是人、机、料、法、环这五个方面，而在“三全”管理中每个因素所占的比例则是根据企业的具体情况而定的。在 EHS 管理体系中，关于“人”的因素是最多的，很多时间都是在处理人和人之间的关系。据统计，人在生产活动中出现错误的概率要远远大于机器出现错误的概率，也就是说，人在生产活动中更容易引发事故。因此管理中的重点始终是人。另外，考虑到具体的生产活动是发生在具体的人身上，每个人所拥有的性格和感情决定了在执行力上的偏差，导致了更多不确定因素的出现，阻碍了生产活动的有序进行，这部分问题同样需要在管理中予以解决。其次是关于“机”的问题，即对各类机械设备的不安全状态进行监控。虽然现代科技水平已经相当发达，但是因为操作系统失效而导致的事故依然时有发生，因此需要对机器的监控提出更高的要求。还有一类情况是有些老企业由于建设时间早，设备陈旧，这些机械设备并没有充分考虑人机工程学以及各种安全问题，很多容易出事故的环节都没有必要的联锁措施和本质安全设计，使得出现隐患的概率大大增加。但是出于对成本的考虑，这些企业很难拿出资金进行大面积整改和完善。这样

的企业就要对“机”提出更高的要求，其所占的比例也应该更高。对“料”的管理即对物品的不安全状态进行监测监控。有些特殊的企业如从事仓储和运输活动的企业，需要对这方面的因素给予更多的权重。特别是涉及危险化学品或者易燃易爆物品时，需要严格按照管理制度执行。“法”是方法、法则，包括作业指导方法、检验指导方法、机器作业方法，以及生产过程中所需遵循的规章制度。合理的工艺加上正确的生产操作过程构成合格的产品。“环”是环境，指产品制造过程中所处的环境。

2.1.2 EHS 管理体系的基本要素及运行模式

EHS 管理体系执行的依据分别是 ISO 14001 环境管理体系标准、OHSAS 18001 职业健康安全管理体系标准。ISO 14001 和 OHSAS 18001 标准的内容和要求非常相似，均有 17 个要素（见表 2-1）。因此，企业在执行 EHS 管理时，通常将两个体系整合在一起。

表 2-1 ISO 14001 和 OHSAS 18001 标准的 17 个要素

一级要素	二级要素	
	ISO 14001	OHSAS 18001
方针	环境方针	职业健康和安全方针
策划	环境因素	危险源辨识、风险评价和决定控制方法
	法律法规和其他要求	法规和其他要求
	目标、指标和方案	目标和方案
实施与运行	资源、作用、职责和权限	资源、作用、职责和权限
	能力、培训和意识	能力、培训和意识
	信息交流	沟通、参与和协商
	文件	文件
	文件控制	文件与资料控制
	运行控制	运行控制
	应急准备和响应	应急准备和响应
检查	监测和测量	绩效测量与监视
	合规性评价	合规性评价
	不符合、纠正和预防措施	事件调查、不符合、纠正措施和预防措施
	记录控制	记录控制
	内部审核	内部审核
评审	管理评审	管理评审

根据 ISO 14001 和 OHSAS 18001 标准的要求，企业基于 PDCA 模式［Plan、Do、Check、Act；又叫 Deming Cycle（戴明环），是管理学中的一个通用模型］，开展 EHS 管理体系的各项运行活动。具体内容可以由以下几个部分组成。

（1）P（策划）

识别环境因素和危险源，找到重大 EHS 风险；识别所有关于 EHS 方面的法律法规和标准，收集合适的、必须遵守的相关要求；以重大风险和相关要求为依据，制定 EHS 体系的目标、指标，并策划管理方案。

（2）D（实施）

为 EHS 管理提供必要的基础设施和财务支持；给员工制定 EHS 方面的培训和教育计划，并按计划实施培训；制定必要的 EHS 管理文件和流程，并对文件和相应的记录进行管理和控制；采取运行控制的措施和方案，以消除或减少各类 EHS 风险；促进企业内部和外部的有效沟通，使信息传递保持通畅；制定应急准备和响应程序，确保发生紧急情况时做出有效反应并减轻有害后果。

（3）C（检查）

监测 EHS 目标、指标的达成情况；监测各项运行控制措施的有效性；评价法律法规要求的合规性情况；评估员工培训的有效性；监测应急预案的有效性；对整个 EHS 管理体系进行内部审核，发现问题并纠正问题。

（4）A（改进）

定期召开管理评审会议，报告和评审整个 EHS 管理体系的实施情况，证实 EHS 管理体系的充分性、适用性和有效性；根据本阶段的 EHS 目标和指标，制定下一阶段的目标和指标；提出 EHS 管理的改善建议，并制定提高 EHS 绩效的可行性计划。

2.2　EHS 管理体系的发展过程及趋势

人类所从事的所有工作都是为了不断提高生活质量。人的理想就是实现理想的生活，这也是 EHS 管理的目标。正如马斯洛人类五项需求理论所述，安全需求（Safety Needs）是人类最重要、最基本的需求，一切生产活动都源于生命的存在，如果失去了生命，生活及生产也就失去了存在的意义。虽然精细化工行业是我国重要的基础产业之一，是人类日常生活和社会进步发展离不开的支柱，但是精细化工生产具有风险性，由此产生的环境、安全以及健康问题已经成为当前国内外关注的焦点，这也是精细化工产业可持续发展的重要限制性因素，特别是人口密度大、水域众多的珠三角、长三角等区域。随着我国经济的快速发展和新媒体的诞生，化工安全事故以及环境风险问题频繁发生并不断被曝光，“化学化工”变成安全事故和环境风险的代名词。在众多的安全事故和环境风险事件中，绝大多数与危险化学品生产和使用密切相关。

2.2.1　EHS 管理体系的发展过程

在历史初期，由于生产技术的落后，人类只考虑对自然资源的索取和开采，并没有考虑由此带来的负面影响。20 世纪 60 年代，安全管理还停留在对生产装备进行不断改善从而实现对人的保护。70 年代，安全管理开始注重研究人的行为，注重人与环境的关系。80 年代，几次重大事故的发生对 EHS 管理的深化发展和完善起到了巨大的推动作用。其一，1984 年印度博帕尔毒气泄漏事件。1984 年 12 月，印度博帕尔地区的空气中突然弥漫起一种毒气，毒气致使熟睡的人们呼吸极为困难和眼睛灼伤。该中毒事件导致当地数万人相继死亡、25 万人受伤。泄漏事故的起因是联碳化学公司下属工厂的一个小小的失误。工人不小心让水灌入一种氰化物的储罐内，导致罐内瞬间压力过大，发生 40t 异氰酸甲酯泄漏，造成巨大环境灾难。其二，1987 年瑞士 Sandoz 大火事故。1986 年 11 月 1 日深夜，瑞士巴塞尔市 Sandoz 化学公司的一个化学品仓库发生火灾，装有约 1250t 剧毒农药的钢罐爆炸，各种化学品和有毒物质随着大量的灭火用水流入下水道，排入莱茵河，形成 70 公里长的微红色飘带向下游流去。污染使莱茵河的生态受到了严重破坏，约 160 公里范围内多数鱼类死亡，约 480 公里范围内井水受到污染，不能饮用。其三，1988 年，英国大陆架帕玻尔·阿尔法（Piper Alpha）海上平台爆炸事故。1976 年投产的帕玻尔·阿尔法海上平台设在英国一个油田附近，在此生产原油及天然气。平台设有三条独立管线，一条与北海的弗洛塔连接，另外两条则与用户相连。1988 年 7 月 6 日，工人在启动泵时，管道系统突然承受了过高的压力，发生了大规模天然气冷凝物泄漏，随后由于工人吸烟引起燃烧并引发爆炸，使得原油起火，一条天然气输送管线爆裂，火球瞬间在北海上空出现，整个作业平台遭受重创。22min 之内，平台上工作的 220 多位工程师，有 165 人死亡。事故发生后，经过两年时间的缜密调查发现，压缩机房内的凝析油注入泵上的安全阀被拆下检修，并被不标准的法兰临时替代。工人一时疏忽忘记拧紧法兰，结果在启动泵时，凝析油冲破了法兰，酿成悲剧。这起事故是世界海洋石油工业历史上伤亡人数最多的事故。由英国能源大臣等组成的调查组对整个事故进行了分析，提出了 100 多条建议，安全及健康执行条例 57 条，40 多条管理责任、行业改进意见等被整个工业界认同和接受，为 EHS 管理体系的建立做了重大贡献，推动了全球健康、安全及环境管理体系和海上安全法规的完善。

安全事故警钟长鸣，人们认识到环境、健康和安全在管理过程中是一个不可分割的有机统一体。鉴于此，1985 年荷兰壳牌石油公司首次在石油勘探开发领域提出强化安全管理的方法，于 1991 年颁布了 EHS 方针指南，随后 1995 年又采用与 ISO 9000 和英国标准（BS）5750 质量保证体系相一致的原则，形成了一体化的 EHS 管理体系。随后，EHS 管理体系在全球范围内迅速实施，成为石油化工、化学化工行业广泛推行的一种管理方法。中国目前正处于经济转型时期，经济从数量型增长向质量型增长转变，其中包含了关于环境保护、节能减排、走绿色发展之路、提升劳动者健康、安全生产、社会责任、持续发展等一系列目标。2016 年 3 月 5 日的政府工作报告中明确指出：“要加强安全生产监管，事故总量和重特大事故、重点行业事故数量继续下降。生命高于一切，安全重于泰山。”2016 年 10 月国务院发布了《健康中国 2030 规划纲要》，再次强调“完善公共安全体系，强化安全生产和职业健康”，加强安全生产，加快构建风险等级管控、隐患排查治理两条防线，切实降低重特大事故发生频次和危害后果。当前中国石油化工股份有限公司等国内化学工业大型企业也在积极推进 EHS 一体化管理体系，为企业建立有效的安全生产机制奠定了基础。

2.2.2 EHS 管理体系的发展趋势

随着社会的进步与发展，EHS 管理受到广泛的关注和重视。根据对国际知名企业的调查，IBM 总结出国际上 EHS 管理体系的发展历程，如图 2-1 所示，由最初的高能耗、高成本、无法律约束开始，经过一系列理念和管理模式的发展，最终到通过一体化管理缔造 EHS 文化和持续改进。这个过程是 EHS 管理的萌芽、诞生、成长、最终成熟完善过程。

目前，EHS 管理已成为工业界管理的主要潮流，建立和持续改进 EHS 管理体系不仅成为国际石油公司的大趋势，也成为化工、汽车工业、建筑工业等各行各业的管理趋势。

（1）EHS 管理体系与质量、环境等管理体系进行一体化管理

有些公司将 ISO 9001 论证与 EHS 管理体系有机结合到一起，形成 QSHE 管理体系；另外在建立 EHS 管理体系时，充分考虑 ISO 45001 和 ISO 14001 的论证要求，将三者的特点进行有机结合，形成一体化的 EHS 管理体系。EHS 管理体系与其他管理体系框架集成。根据企业自身特点将 EHS 框架的要素分解和强化，突出其行业的特点。框架要素包括方针、政策与承诺，风险评估与管理，法律法规要求，管理方案，运行与维修，文件与数据控制培训，人员与能力等。

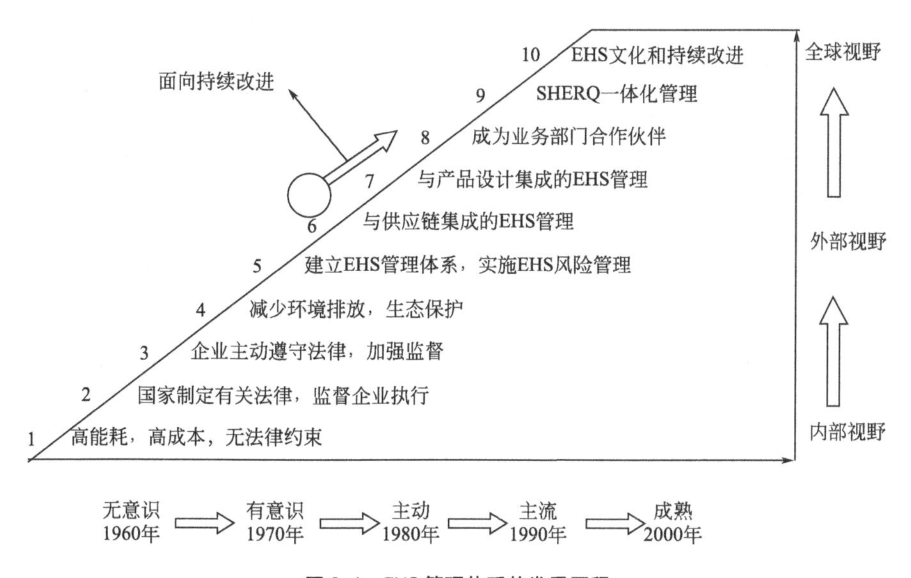

图 2-1 EHS 管理体系的发展历程

（2）EHS 管理核心充分体现“以人为本”的思想

EHS 方面的事故主要是技术和人为因素造成的，其中人为因素引起的事故占 80%。因此 EHS 强调对人的行为、意识、技能等方面进行培训和教育，用表扬、激励等正面强化方式逐步取代惩罚、追究的负面强化模式。树立“我要安全，而不是要我安全”的正确意识，大大减少人为因素引发的事故。

（3）世界各国的环境立法更加系统，环境标准更加严格

企业在环境方面严格要求自己，不仅是企业的职责，也是企业社会公德的表现，能更好地树立企业形象，提高经济效益。全球跨国化工大型企业大多数已经制定了环境可持续发展的策略与规划。

2.3 风险与安全

(1) 风险定义与关联公式

目前为止，风险尚没有统一的定义，每个研究者根据自己研究对象的特点给出相关的定义。风险总是和某种事故相联系，事故是随机发生的可能造成灾害或损失的偶然事件，无风险的项目是不存在的，区别只是在于风险的大小而已。危险是指可能导致某种事故或一系列事故（事故链）的一种状态。事故链上的最终事故会引起人员伤亡、财产亏减或环境破坏等损失。不确定的是危险的出现概率、发生何种事故及其发生概率、导致何种损失及其概率。因此，广义上的风险就是事故形成过程中的不确定性，可写为：$R=\{H, P, L\}$。其中，R 为风险；H 为危险；P 为危险发生的概率；L 为危险发生导致的损失。在实际风险分析中，人们重点关心事故造成的损失，并把这种不确定损失的期望值叫作风险，即狭义的风险，可写为：$R=\{L\}$。工业企业是以盈利为目的的经济单位。为了赢利，企业需要做好产品开发、原料供应、质量控制、市场营销等各个环节的工作，但是最根本的前提是尽可能避免和减少事故的发生。一次重大事故会给企业带来巨大的损失，甚至可能是灭顶之灾。安全是效益的前提，要尽可能降低工业系统的风险。对风险的事前预测和控制、减小风险损失的管理工作就是风险管理，它包括风险识别、风险分析、风险评价、风险控制和风险转移五个环节。风险识别是确定可能发生的风险类型；风险分析是对各种类型的风险进行定量分析；风险评价是根据相应的风险标准，判断该系统的风险能否接受，是否需要采取进一步的安全措施；风险控制是采取行为降低风险的发生概率和风险损失；风险转移是指通过一些正当的手段将风险转移给保险公司，或者通过合作方式将部分风险转移给合作伙伴。

(2) 风险识别

风险识别是按照全面、系统、准确、科学的原则分析和识别危险化学品生产过程中各类作业的风险要素，其目的在于找出所有需要管理的风险。进行风险识别时，一般要确认风险的客观存在；之后将识别出的风险逐一列出，建立风险清单，风险清单必须客观全面，尤其不能遗漏主要风险；最后进行风险分类。

对于风险因素的识别，即对危险有害因素的识别。包括：

① 第一类危险源。

生产过程中存在的，可能发生意外释放能量的能源或能量载体或危险物质。包括产生、供给能量的装置、设备，例如变电所、供热锅炉等，它们运转时供给或产生很高的能量；使人体或物体具有较高势能的装置、设备、场所，例如起重、提升机械，高度差较大的场所等，使人体或物体具有较高的势能；能量载体，例如运动中的车辆、机械的运动部件、带电的导体等，本身具有较大能量；一旦失控可能发生能量蓄积或突然释放的装置、设备、场所，例如各种压力容器、受压设备，容易发生静电蓄积的装置、场所等；生产、加工、储存危险物质的装置、设备、场所等。

② 第二类危险源。

物的故障：机械设备、装置、部件等由于性能低下而不能实现预定功能的现象。从安全功能的角度，物的不安全状态也是物的故障。物的故障可能是由于设计、制造缺陷等因素造成的，也可能是由维修、使用不当，或磨损、腐蚀、老化等原因造成的。

人的失误：人的行为结果偏离了被要求的标准，即没有完成规定功能的现象。人的失误会造成能量或危险物质控制系统故障，使屏蔽破坏或失效，从而导致事故发生。

环境因素：生产作业环境中的温度、湿度、噪声、振动、照明或通风换气等方面的问题，会促使人的失误或物的故障发生。

（3）风险分析

根据风险的定义，可导出风险分析的全部过程，其中包括频率分析和后果分析，如图 2-2 所示。

① 频率分析是指分析发生特定危险的频率或概率。

② 后果分析是分析在环境因素下特定危险可能导致的各种事故后果及可能产生的损失，包括情景分析和损失分析。情景分析是分析在环境因素下特定危险可能引发的各种事故后果。损失分析是分析特定后果对其他事物的影响，并进一步分析其造成的利益损失，进行定量化和货币化。

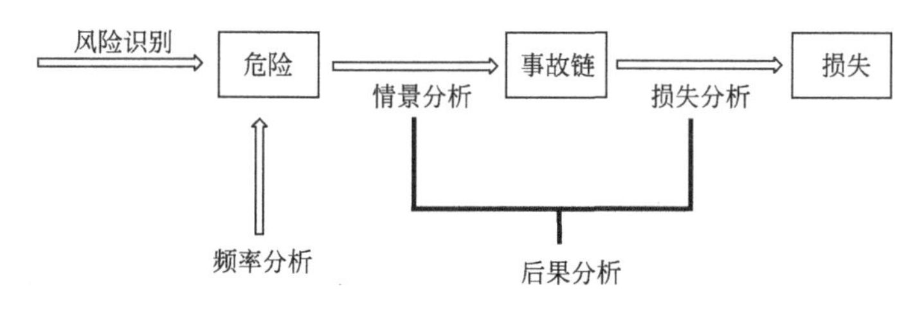

图 2-2　风险分析的过程

（4）风险评价

风险评价即通过风险指数半定量评价矩阵确定风险等级。可通过构造风险指数矩阵对所辨识的风险进行等级划分。可根据风险事件出现的频繁程度，将危险事件发生的可能性定性地分为若干级，称为风险的可能性等级，通常风险的可能性等级分为五级（见表 2-2）。

表 2-2　风险的可能性等级

可能性等级	等级说明	总体发生情况
A	频繁	连续发生
B	很可能	频繁发生
C	有时	发生若干次
D	极少	从未发生过，但是在非常情况下可能发生
E	不可能	不可能发生

根据事故发生后人员、生产和设备的损害程度，将危险事件发生的严重性定性分为若干等级，称为风险事件严重度等级，见表 2-3。

表 2-3　风险事件严重度等级

严重度等级	等级说明	事故后果说明
Ⅰ	灾难事故	人员死亡或系统全部毁坏
Ⅱ	严重事故	人员严重受伤、严重职业病，或系统严重破坏
Ⅲ	轻度事故	人员轻度受伤、轻度职业病，或系统轻度损坏
Ⅳ	可忽略的事故	人员伤亡程度和系统损害程度都轻于Ⅲ级

根据可能性等级和严重度等级确定风险等级。以风险事件的严重度等级作为列项，以风险事件的可能性等级作为行项，制成二维表格，在行列的交点上给出定性的加权指数，所有加权指数构成一个矩阵，称为风险指数矩阵（见表 2-4）。

表 2-4　风险指数矩阵

项目	Ⅰ（灾难事故）	Ⅱ（严重事故）	Ⅲ（轻度事故）	Ⅳ（可忽略的事故）
A（频繁）	1	2	7	13
B（很可能）	2	5	6	16
C（有时）	4	6	11	18
D（极少）	8	10	14	19
E（不可能）	12	15	17	20

风险指数是由风险事件的可能性和严重程度确定的，其数值越小危险程度越高，通常将最高风险指数定为 1，此时对应的风险事件是具有灾难性的，且发生频繁；反之，其数值越大危险程度越低。最低风险时风险指数为 20，事故发生的概率微乎其微，其危害性也是可以忽略的。另外，数字等级的划分虽然具有随意性，但要便于区分各种风险的档次，划分得过细或过粗都不便于风险评价，因此需要根据实际情况来确定，可应用此方法对化工企业各子系统单元灾害程度进行定性划分，并以此确定需要重点分析、控制的目标。

（5）安全评价的程序

安全评价的程序（图 2-3）主要包括：

① 准备阶段。确定被评价对象和评价范围，收集与评价项目相关的法律法规、技术标准规范及相关政府批复文件。

② 危险、有害因素分析与辨识。根据被评价对象的实际情况，辨识和分析危险、有害因素，确定危险、有害因素存在的部位、方式以及事故发生的途径和变化的规律。

③ 风险评价。通过划分评价单元，选择评价方法，对系统发生事故的可能性和严重程度进行定性、定量评价。

④ 安全对策措施。根据定性、定量评价结果，提出具有针对性的消除或者减弱危险、有害因素的技术、管理措施及建议。

⑤ 安全评价结论及对策措施建议。

⑥ 编制安全评价报告。

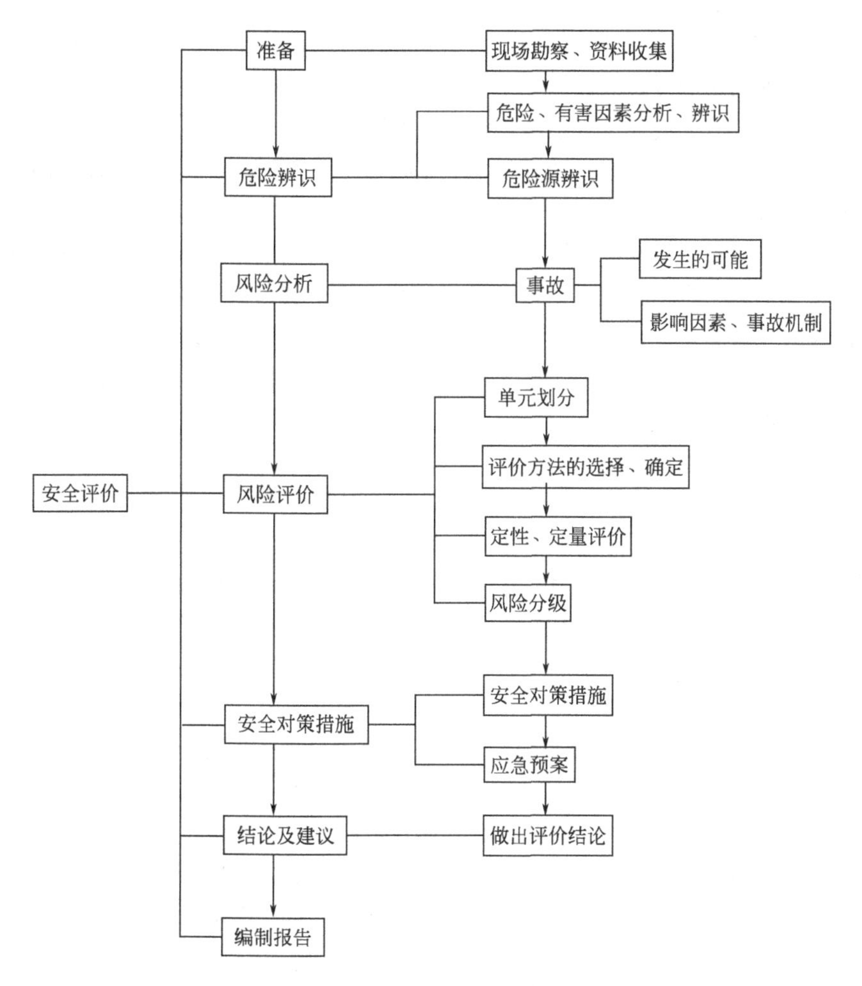

图 2-3　安全评价的程序

2.4　环境保护

精细化学工业产品和废弃物从化学组成上而言是多样化的，而且数量大。废弃物含量超过一定浓度时大多是有害的，其中包含有毒物质，进入环境就会造成污染。有些化工产品在使用过程中也会引起一些污染，甚至比生产本身所造成的污染更严重、更广泛。

我国的工业污染在环境污染中占 70%。随着社会发展，工业污染的治理工作引起广泛关注。新中国成立以后，各级环境保护部门积极开展工业“三废”的治理和综合利用。随着近年来工业的迅猛发展，当前我国的工业污染治理还存在欠缺。以作为近代工业发展源头的发达国家为视角，化学工业的发展过程与化工污染大体可以分为以下三个阶段。

（1）化学工业污染的发生期

早期的化学工业（大约在 19 世纪末）是以生产酸、碱等无机化工原料为主，虽然也有些工业涉及有机化工原料，如以煤焦油为原料合成染料以及酒精工业等，但都处于发展的初级阶段。特别是在生产规模上与无机化学工业相比要小得多，所以当时化学工业主要的污染物还是酸、碱、盐等无机污染物。这一时期的无机化工生产规模无法与现在的化学工业相提并论，品种也比较少，因此产生的污染物比较单一，不足以构成大面积的流域性污染，环境污染问题还不明显。

(2) 化学工业污染的发展时期

从20世纪初到80年代，由于冶金、炼焦和石油工业的迅速发展，化学工业也随之发展，并进入以煤为原料来生产化工产品的煤化学工业时期。一系列以煤、焦炭和煤焦油为原料的有机化学工业产品开始大量生产，大量化工企业兴建，世界化学工业有了较快的发展。20世纪60年代起，石化工业得到蓬勃发展，化学工业进入大规模生产的主要阶段，逐步形成现代化学工业。合成氨快速发展，规模大型化，1963年美国建立第一套日产540吨的合成氨装置。同时，无机化工的规模和数量也在迅速扩大，导致无机污染物和有机污染物对环境的污染在数量上及危害程度上都开始急剧上升。此外，高分子化工崛起，精细化工逐渐兴起。因此，化学工业污染现象显得非常严重。

(3) 化学工业污染的治理与预防时期

20世纪90年代起，化工污染日益严重，引发了人们的广泛关注。绿色化工和绿色化学开始兴起并成为发展主流。新的绿色化学工艺开始得到重视并被广泛接受。这一阶段，精细化工迅速发展，高性能合成材料、能源材料和节能材料、专用化学品和功能化学品全面开花，标志着化学工业进入了一个新的阶段。在环境污染方面，也出现了一些新的变化，发达国家的重污染化工企业跨国转移至发展中国家和不发达国家。虽然技术得到进步，但是世界人口继续增长，化学品产量持续增加，化学工业对环境的污染也在进一步加重。

我国在1989年12月26日，第七届全国人民代表大会常务委员会第十一次会议通过了《中华人民共和国环境保护法》。2014年4月24日，第十二届全国人民代表大会常务委员会第八次会议修订通过。环境保护法是为保护和改善环境，防治污染和其他公害，保障公众健康，推进生态文明建设，促进经济社会可持续发展而制定的法律，该法于2015年1月1日开始实施。环境保护法是我国环境保护方针、政策在法律上的体现，是环境保护方面社会关系的基本指导方针和规范，也是环境保护立法、执法、司法和守法必须遵循的基本原则，研究和掌握这些原则，对正确理解、认识和贯彻该法具有十分重要的意义。

① 经济建设和环境保护协调发展的原则。经济建设和环境保护协调发展是指在发展经济的同时，也要保护好环境，使经济建设、城乡建设、环境建设同步规划、同步实施、同步发展，在符合“三同时”政策的同时，使经济效益、环境效益和社会效益统一协调起来，达到经济和环境和谐有序向前发展。

事实证明，经济发展与保护环境是对立统一的关系，二者互相制约、互相依存，又互相促进。在经济发展的同时必然要影响环境，而经济的发展同样受到环境的制约，如果环境受到严重的污染、资源遭到破坏，势必影响到经济的发展。既不能因为保护环境、维持生态平衡，而主张实行经济停滞发展方针，即所谓的经济“零增长”；也不能优先发展经济而后治理环境污染，以牺牲环境为代价来谋求经济的发展。同时，环境污染如果没有经济基础的支持，就得不到有效的治理，所以经济的发展，能为保护环境和改善环境创造经济和技术条件。

② 预防为主、防治结合、综合治理的原则。预防为主是解决环境问题的一个重要途径。近百年来，大部分发达国家的环境保护工作，经历了环境污染的限制阶段、“三废”治理阶段、综合防治阶段、规划管理阶段四个发展阶段。可见，发达国家在环境保护上走了很多弯路，付出了很沉重的代价。我国的环境保护也遇到了相似的问题，很多地方已产生了较为严重的环境污染和生态破坏问题，必须采取有效的措施进行积极治理。对于治理污染和生态破坏要采取防治结合、治中有防、防中有治的办法。

环境保护应冲破“以环境论环境”的狭隘观点，应把环境与人口、资源和发展联系在一起，从整体上解决环境污染和生态破坏问题。同时应采取各种有效的手段，包括经济、行政、法律、技术、教育等手段，对环境污染和生态破坏进行综合防治。

③ 污染者付费的原则。污染者付费的原则，在我国的环境保护法中又被称为“谁开发、谁保护”“谁污染、谁治理”原则，自然资源的保护涉及面广，不可能由环境保护部门全权负责。凡是对环境造成污染，对资源造成破坏的企事业单位和个人，都应该根据法律的有关规定承担防治环境污染、保护自然资源的责任，都应支付防治污染、保护资源所需的费用，这是排污者理应负起的治理污染责任。

④ 政府对环境质量负责的原则。实行“谁污染、谁治理”的原则，并不意味着排除排污单位的上级主管部门和环境保护部门治理环境污染的责任，环境保护是一项涉及政治、经济、技术、社会等各方面的复杂而又艰巨的任务，是我国的基本国策，关系到国家和人民的长远利益，解决这种事关全局、综合性很强的问题，是政府的职能。

排污单位的上级主管部门必须支持和帮助所属企业对已经造成的环境污染进行积极治理，同时在必要的情况下给予经济上和技术上的帮助。环境保护部门也需要检查和督促排污单位治理污染，并负责组织协调区域性环境污染的综合治理，把单项治理和区域的综合治理结合起来，以达到有效、合理地防治环境污染，携手保护和改善本地区的环境质量，实现国家制定的环境目标。

⑤ 依靠群众保护环境的原则。环境质量的好坏关系到广大人民群众的切身利益，因此保护环境不受污染危害，不仅是公民的义务，也是公民的权利。因此，每个公民都有了解环境状况、参与保护环境的权利。在环境保护工作中，依靠广大群众，组织和发动群众对污染环境、破坏资源和破坏生态的行为进行监督和检举，组织群众参加并依靠群众加强环境管理活动，使我国的环境保护工作真正做到“公众参与、公众监督”，把环境保护事业变成全民的事业。

⑥ 奖励和惩罚相结合的原则。我国的环保法律不仅要对违法者给予惩罚，依法追究法律责任，给予必要的法律制裁，而且还要对保护资源和对环保有功者给予相应的奖励，做到赏罚分明，通过这条原则加强环境保护工作。

2.5 产品安全

产品安全是指产品在使用、储运、销售等过程中，保障人身、财产安全免受伤害、损失的能力。各种精细化学品生产和使用极大地丰富了人类的物质生活，成为了人类基础生活不可或缺的部分。从衣食住行到交通运输，从治疗疾病到饮用水净化，精细化工对提高人类生活水平做出了重要贡献。但是人们必须清晰认识到不少化学品是有毒有害的，有些可能会致癌、致突变，导致生理缺陷和损伤免疫系统。在化学品的生产、使用、储存、销售、运输直至作为废弃物处置的过程中，误用、滥用、化学污染物排放、化学事故或处理处置不当会损害人体健康和污染生态环境。危险化学品的安全控制已经成为世界各国普遍关注的重大国际性问题之一，因此需要在化学品安全性评价和安全技术说明书方面进行全球统一协作。

2.5.1 GHS 分类制度

据美国化学文摘社统计，截至 2021 年 2 月，在化学文摘登记数据库中已经收录了 7500 万种小分子化学物质。众多的化学品需要分门别类，统一标签，提示人们使用时的风险和潜在的危险因素。

全球化学品统一分类和标签制度（The Globally Harmonized System of Classification and Labelling of Chemicals，GHS）是在联合国有关机构的协调下，经过多年的国际磋商和努力，以世界各国现行的主要化学品分类制度为基础创建的一套科学的、统一标准化的化学品分类和标签制度。

GHS 定义了化学品的物理危害、健康危害和环境危害，建立了危险性分类标准，规定了如何根据可提供的最佳数据进行化学品分类，并规范了化学品标签和安全技术说明书中包括象形图、信号词、危险性说明和防范说明等标签要素的内容。该制度的实施意味着世界各国所有现行的化学品分类和标签制度都必须根据 GHS 做出相应的变化，以便实现全球化学品分类和标签的有效协调统一。

GHS 本身不是一项强制性国际公约和法律文书，但是由 GHS 确立的化学品危险性分类及危险性公示要素的有关规定已经被国际社会广泛接受。各国政府都需要按照 2002 年 9 月 4 日联合国在南非约翰内斯堡召开的可持续发展世界首脑会议上通过的《可持续发展世界首脑会议实施计划》文件的要求，尽早地执行全球化学品统一分类和标签制度。化学品的安全使用、储存和运输很大程度上取决于一个国家是否有健全的化学品危险性分类、包装和标签的管理法规，以及人们是否了解这些化学品的危险性质及其安全处置、防范措施。多年来联合国有关机构以及美国、加拿大和欧盟等国家和地区都通过化学品安全立法对化学品危险性分类、包装和标签做出明确规定。要求通过标签或安全技术说明书向化学品的使用者传递相关安全信息，使他们了解化学品的危险特性和风险，并在当地的使用环境下能够采取适当的防护措施。

全球化学品统一分类和标签制度是一套标准化的统一协调的化学品分类标签制度，明确定义了化学品的物理危害、健康危害和环境危害，创造性地提出了对照化学品的危险性分类标准，利用可提供的数据进行分类的程序方法，并规定了通过标签和化学品安全技术说明书等公示化学品危险性信息以及防护措施要求。

GHS 的内容包括：按照物理危害、健康危害和环境危害对化学物质和混合物的分类标准；危险性公示要素，包括对包装标签和安全技术说明书的要求。GHS 是根据化学品固有的危险性，而不是基于其风险做出的分类。全球化学品统一分类和标签制度共设有 29 个危险性分类（Hazard Class），包括 17 个物理危害、10 个健康危害以及 2 个环境危害。危险性分类表示一种化学物质固有的物理危害、健康危害或环境危害，例如易燃固体、致癌性、急性毒性。在各危险性分类中下设若干个危险性类别（Hazard Category），进一步划分为几个等级，以反映危险的严重程度。如易燃液体包括 4 个危险性类别，急性毒性包括 5 个危险性类别。GHS 化学品危险性分类如表 2-5 所示。

表 2-5　GHS 化学品危险性分类

物理危害	健康危害
爆炸物	急性毒性
易燃气体	皮肤腐蚀/刺激
气溶胶	严重眼损伤/眼刺激
氧化性气体	呼吸道或皮肤致敏

续表

物理危害	健康危害
加压气体	生殖细胞致突变性
易燃液体	致癌性
易燃固体	生殖毒性
自反应物质和混合物	特异性靶器官毒性（一次接触）
自燃液体	特异性靶器官毒性（反复接触）
自燃固体	吸入危害
自热物质和混合物	
遇水放出易燃气体的物质和混合物	环境危害
氧化性固体	对水生环境的危害
氧化性液体	对臭氧层的危害
有机过氧化物	
金属腐蚀物	
退敏爆炸物	

GHS 设计上具有一致性和透明性特点，在危险性种类和类别之间确定了清晰的界限，以便使用者可以进行自我分类。对于许多危险性种类（如眼刺激），GHS 文件中提供了决策树方法。有些危险性类别，GHS 的标准是半定量的或者定性的，因此，依靠 GHS 分类标准进行分类可能需要较丰富的理化、毒理学专业知识，并需要分类专家帮助判断并解释危险（害）性相关数据。

GHS 本身并不包含对化学物质或混合物进行测试的要求。进行化学品分类需要的数据可以通过试验、文献查询和实际经验获得。由于 GHS 物理危害分类标准与特定的测试方法相关，因此，物理危害应当通过其测试结果进行分类。对于健康危害和环境危害，只要根据国际公认的科学实验准则和原则进行测试得到的数据都可以用于分类。在根据 GHS 进行分类时，应当接受根据现行化学品分类制度已经产生的化学品测试数据，以避免重复测试和测试动物的不必要使用。

GHS 分类适用于化学物质及其稀释溶液以及混合物。当工人暴露于这些化学品以及运输中可能发生暴露时，GHS 就适用。但是，GHS 不适用于医药品、食品添加剂、化妆品或者食品中的农药残留物。

GHS 保护的重点对象是从事工业化学品、农用化学品（农药和化学肥料）以及日用化学品生产、使用、运输等可能直接或间接接触化学品的职业人群、消费者人群以及生态环境。化学品污染环境后除了会造成动植物等伤害之外，也会通过环境污染对人体健康造成危害，因此，GHS 设立了环境危害分类标准。目前 GHS 只包括对水生环境的危害以及对臭氧层的危害两个分类标准，危害陆生环境等分类标准尚在研究制定中。

此外，GHS 旨在统一运输、作业场所和消费产品中化学品的分类和标签。标准化的标签内容包括象形图、信号词、危险性说明以及防范说明等。在安全技术说明书中要求以标准化格式和方式表述 GHS 信息。GHS 文书还提供了产品标识符、保密商业信息处理以及危险性先后顺序排列方法等与 GHS 实施相关的指南说明。

2.5.2 化学品安全技术说明书

MSDS 即物质安全数据单（Material Safety Data Sheet）的英文简写，MSDS 也常被翻译成

化学品安全技术说明书。它是化学品生产、销售企业按法律要求向下游客户和公众提供的有关化学品特征的一份综合性法律文件。它提供化学品的理化参数、燃爆性能、对健康的危害、安全使用储存、泄漏处置、急救措施以及有关的法律法规等十六项内容。MSDS 可由生产厂家按照相关规则自行编写。

MSDS 简要说明了化学品对人类健康和环境的危害性，并提供如何安全搬运、储存和使用该化学品的信息。作为提供给用户的一项服务，生产企业应随化学商品向用户提供化学品安全技术说明书，使用户能够了解化学品的有关危害，使用时能主动进行防护，起到减少职业危害和预防化学事故的作用。目前美国、日本、欧盟等国家和地区已经普遍建立并实行了 MSDS 制度，要求危险化学品的生产厂家在销售、运输或出口其产品时，提供该产品的 MSDS。

无论是国内贸易还是国际贸易，卖方都必须提供产品说明性的法律文件。由于各个国家化学品管理及贸易的法律文件不一致，如果提供的 MSDS 不正确或者信息不完全，将面临法律责任追究。因此 MSDS 的编写质量是衡量一个公司实力、形象以及管理水平的重要标志。为了跟国际标准 ISO 11014 接轨，我国也制定了相关的标准，即 GB/T 16483—2008《化学品安全技术说明书 内容和项目顺序》，规定 MSDS 要有十六部分的内容。

① 化学品及企业标识（Chemical Product and Company Identification）。主要标明化学品名称，生产企业名称、地址、邮编、电话、传真和电子邮件地址、应急电话等信息。

② 危险性概述（Hazard Summary）。简要概述本化学品最重要的危害和效应，主要包括：危害类别、侵入途径、健康危害、环境危害、燃爆危险等信息。

③ 成分/组成信息（Composition/Information on Ingredients）。标明该化学品是纯化学品还是混合物。纯化学品，应给出其化学品名称或商品名和通用名。混合物，应给出危害性组分的浓度或浓度范围。无论是纯化学品还是混合物，如果其中包含有害性组分，则应给出化学文摘索引登记号（CAS 号）。

④ 急救措施（First-Aid Measures）。指作业人员意外受到伤害时，所需采取的现场自救或互救的简要处理方法，包括眼睛接触、皮肤接触、吸入、食入的急救措施。

⑤ 消防措施（Fire-Fighting Measures）。主要标示化学品的物理和化学特殊危险性，适用的灭火介质，不适用的灭火介质，以及消防人员个体防护等方面的信息，包括危险特性、灭火介质和方法、灭火注意事项等。

⑥ 泄漏应急处理（Accidental Release Measures）。指化学品泄漏后现场可采取的简单有效的应急措施、注意事项和清除方法，包括应急行动、应急人员防护、环保措施、清除方法等内容。

⑦ 操作处置与储存（Handling and Storage）。主要是指化学品操作处置和安全储存方面的信息资料，包括操作处置作业中的安全注意事项、安全储存条件和注意事项。

⑧ 接触控制和个体防护（Exposure Control/Personal Protection）。在生产、操作处置、搬运和使用化学品的作业过程中，为保护作业人员免受化学品危害而采取的防护方法和手段。包括最高容许浓度、工程控制、呼吸系统防护、眼睛防护、身体防护、手防护、其他防护要求。

⑨ 理化特性（Physical and Chemical Properties）。主要描述化学品的外观及理化性质等方面的信息，包括外观与性状、pH 值、沸点、熔点、相对密度（水=1）、相对蒸气密度（空气=1）、饱和蒸气压、燃烧热、临界温度、临界压力、辛醇/水分配系数、闪点、引燃温度、爆炸极限、溶解性和其他特殊理化性质。

⑩ 稳定性和反应性（Stability and Reactivity）。主要叙述化学品的稳定性和反应活性方面的信息，包括稳定性、禁配物、应避免接触的条件、聚合危害、分解产物。

⑪ 毒理学信息（Toxicological Information）。提供化学品的毒理学信息，包括不同接触方式的急性毒性（如 LD_{50}、LC_{50}）、刺激性、致敏性、亚急性和慢性毒性、致突变性、致畸性、致癌性等。

⑫ 生态学信息（Ecological Information）。主要陈述化学品的环境影响、环境行为和归宿，包括生物效应（如 LD_{50}、LC_{50}）、生物降解性、生物富集、环境迁移及其他有害的环境影响等。

⑬ 废弃处置（Disposal）。是指对被化学品污染的包装和无使用价值的化学品的安全处理方法，包括废弃处置方法和注意事项。

⑭ 运输信息（Transport Information）。主要是指国内、国际化学品包装、运输的要求及运输规定的分类和编号，包括危险货物编号、包装类别、包装标志、包装方法、UN 编号及运输注意事项等。

⑮ 法规信息（Regulatory Information）。主要是化学品管理方面的法律条款和标准。

⑯ 其他信息（Other Information）。主要提供其他对安全有重要意义的信息，包括参考文献、填表时间、填表部门、数据审核单位等。

2.6 危险化学品安全管控

2.6.1 常见的危险化学品

危险化学品是具有易发生爆炸、燃烧、毒害、腐蚀和放射性等危险性的物质，以及受到外界因素影响能引起灾害事故的化学药品。在使用前必须全面了解其安全性能，包括易燃易爆性、腐蚀性、毒性、放射性等，这样使用时才能采取有针对性的安全防护措施，以避免造成不必要的危害。按目前我国已公布的法律法规和行业标准，危险化学品可分为八类，而其中每一类又可分为若干种。

第一类：爆炸品。爆炸品是指在一定的外界物理或化学作用下会发生剧烈化学变化，在一瞬间产生大量的热量，并产生一定量的气体，使该物体周围的气压快速大幅升高，进而发生爆炸，从而对周围的人员（生物）、设备和环境造成不同程度破坏的化学物品。

第二类：压缩气体和液化气体。指经过压缩的、液化的或经过加压溶解的气体。在受热、撞击或强烈震动等外界影响时，容器内压会快速增大，从而使容器破裂产生物质泄漏和爆炸等情况。它分三种：第一种是易燃气体，如甲烷等；第二种是不可燃气体（其中也含可助燃的气体），如氮气等；第三种是有毒性的气体，如液氯和液氨等。

第三类：易燃液体。这一类物质有在常温下易挥发的特性，其挥发后的蒸气与空气中的氧气混合可形成具有爆炸性的混合物。它分为三种：一是闪点（可燃性液体表面上的蒸气和空气的混合物与火接触而初次发生闪光时的温度）在 23～61℃的高闪点液体，如柴油（开口闪点55℃以上）；二是闪点在–18～23℃的中闪点液体，如甲醇（闪点–12.22℃）；三是闪点低于–18℃的低闪点液体，如乙醛（闪点–40℃）。

第四类：易燃物质。这类物质容易引发火灾，按燃烧特性分三种。第一种是易燃固体，指对外界的刺激（如加热、冲击）比较敏感，燃点较低，且迅速燃烧能散发有毒烟雾和气体的固体物质，如红磷等。第二种是易自燃物质，指燃点低，在常温下易发生氧化反应，且放出热量的物质，如白磷等。第三种是遇湿易燃物品，是指遇水或受潮时，发生剧烈反应放出大量气体和热量的一类物质，如金属钠等。

第五类：氧化剂和有机过氧化物。这类物质具有强氧化性，容易引起其他物质的燃烧，按照其组成成分可分为两种。第一种是氧化剂，指具有强氧化性，易分解放出氧和热量的物质，如高锰酸钾等。第二种是有机过氧化物，指分子结构中含有过氧键的有机物，其本身对热、震动和摩擦极为敏感，易发生爆燃，自身极其容易分解，如过氧化甲乙酮等。

第六类：毒害品。毒害品指当该类物质进入人或动物体内并且累积达到一定的量时，与生物组织发生生化反应，干扰和损坏生物的各种正常生理功能，引起永久性、持续性或者暂时性的生理病理反应，甚至可能危害生命的物品，如氰化钾等。

第七类：放射性物质。是指可在原子裂变衰减的反应过程中释放出放射性射线的物质，如铀矿等物质。

第八类：腐蚀品。腐蚀品指能对金属等物品造成损伤并对人体组织产生灼伤的固体或液体。这类物质按属性可分为三种：第一种是碱性腐蚀品，如氢氧化钠、氢氧化钙等；第二种是酸性腐蚀品，如硫酸、盐酸等；第三种是其他腐蚀品，如苯酚钠等。

2.6.2 危险化学品安全管理及防控措施

危险化学品安全管理是指管理者（特别是政府及相关管理部门）按照国家制定的法律法规及相关的行业标准和规章要求，为了确保人民群众生命财产安全，采取行政权力，对危险化学品生产企业等有关生产单位的生产工作进行的筹划、指导、协调和管控等一系列活动，危险化学品安全管理的目的是保证生产经营活动中的人身、健康及财产安全。图 2-4 为危险化学品安全管控体系。

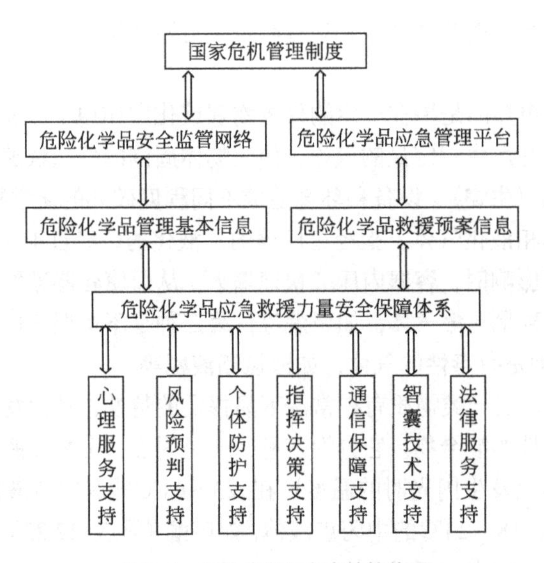

图 2-4 危险化学品安全管控体系

选择安全防控措施时应首先考虑环境风险和生产风险的发生程度，同时考虑防控措施的可行性、可靠性、先进性、安全性及经济合理性。

（1）完善行业标准法规

随着国家对危险化学品行业的重视程度日益加大，相继颁布了《安全生产法》《危险化学品安全管理条例》《危险化学品经营许可管理办法》等一系列相关法律法规，标志着我国已经建立了由国家法律、部门规章、地方法规和地方规章组成的较为完整的危险化学品相关法律法规体系，这为危险化学品的安全防控提供了法律法规依据。

（2）完善管理措施

不断学习和吸取国内国外的先进的危险化学品安全生产管理经验，把规范安全管理作为首要目标来抓，严格推行岗位责任制，贯彻执行岗位安全操作规程。形成生产操作有程序，安全管理有制度，生产行为有标准，安全检查有效果，管理考核有方式，应急处理有预案的现代化安全生产管理体系。

（3）完善自动化控制水平

采取先进的科学技术和安装先进的装备，实现危险化学品生产企业的高度自动化控制，实现危险化学品生产的本质安全。危险化学品企业的自动化控制就是根据各类危险化学品的工艺特点、生产规模、储藏方式和危险管控制度等，采用智能的自动化仪器仪表、可编程序控制器（PLC）、集散控制系统（DCS）、紧急停车系统（ESD）或安全仪表系统（SIS）等自动控制系统，设置相应的安全联锁设备，温度、压力和液位的超限报警，可燃有毒气体浓度检测报警，自动泄压、紧急切断、紧急联锁停车等自动控制方式。原国家安全生产监督管理总局明确要求18种危险化工工艺的生产装置及其辅助设施、74种重点监管危险化学品的生产储存装置、危险化学品重大危险源必须装备自动化控制系统，选用安全可靠的仪表、联锁控制系统，全面实现温度、压力、液位、流量、可燃有毒气体等重要参数自动监测监控、自动报警和连续记录。

（4）完善教育培训措施

由于我国安全监管体制建设相较于国外来说起步较晚，且初期专业性不足，国内危险化学品安全生产相关专业的专业技术人才相对缺少，因此应该加强对专业技术人员的培养力度，并且对现有的专业人员不断进行培训，提高现有专业技术人员的技能素养，进一步增强其安全生产意识。

危险化学品储存的基本要求：

① 储存危险化学品须遵照国家法律、法规和其他有关规定。

② 危险化学品须储存在经公安部门批准设置的专门的危险化学品仓库中，经销部门自管仓库储存危险化学品及储存数量必须经公安部门批准。未经批准不得随意设置危险化学品储存仓库。

③ 若危险化学品露天堆放，应符合防火、防爆的安全要求，爆炸物品、一级易燃物品、遇湿燃烧物品、剧毒物品不得露天堆放。

④ 储存危险化学品的仓库必须配备具有专业知识的技术人员，其库房及场所应设专人管理，管理人员必须配备可靠的个人安全防护用品。

⑤ 储存的危险化学品要求有明显的标志，标志应符合GB 190—2009《危险货物包装标志》的规定。同一区域储存两种或两种以上不同级别的危险品时，应悬挂最高等级危险品的性能标志。

⑥ 危险化学品储存方式分为3种：隔离储存、隔开储存、分离储存。

⑦ 根据危险化学品性能分区、分类、分库储存。各类危险化学品不得与禁忌物料混合储存。

⑧ 储存危险化学品的建筑物区域内严禁吸烟和使用明火。企业必须了解和掌握全部有关

使用、储存和处置方面的安全信息和注意事项，并对职工进行培训教育。

危险化学品的管理：有毒品应执行“五双管理制度”，即双人验收、双人发货、双人保管、双把锁、双本账。

申购：避免试剂重复申请采购和积压，申购试剂前应先查看试剂存放处是否有存余，实验人员发现试剂不足时应及时通知试剂申购负责人。

入库：由至少两名剧毒与危险物品管理员对剧毒试剂的种类、数量、包装、危险标志、到货时间等进行验收和登记，然后存放于专用试剂柜中。专用试剂柜应当配备相应消防设施，设置明显标志，保证通信畅通。危险化学品储存必须隔离、隔开和分离，按性能分区、分类、分库储存，化学性质相抵触或灭火方法不同的各类危险化学品，不得混合储存。

使用：接触剧毒与危险物品时须穿戴必要的防护用品，严格实行双人发货、双人保管的制度。管理员应定期核查领用情况，发现有盗用、丢失或误用情况时，应立即向负责人上报。

危险废物处置：应遵循区别对待原则、分类处置原则、集中处置原则和无害化处置原则严格管制废物。实验后的反应物残渣、废液不能随便倒掉，应倒入指定容器内，尤其是一些易燃、有强腐蚀性、有毒的危险品（如浓酸、有机溶剂等），必须经过妥善处理后才能倒入废液缸中。不得挪作他用或擅自丢弃，并做好相关记录。

2.7 职业健康

2.7.1 职业健康安全状况

国际社会对于企业生产环境以及职业健康安全问题的重视程度不断提升，而职业健康安全问题主要体现在职业病、安全事故、心理健康三个方面。

（1）职业病

职业危害的概念：在组织运行过程中对人体和组织的环境所产生的不良影响。

《中华人民共和国职业病防治法》中所规定的职业病，必须具备四个条件：

① 患病的主体是组织的员工；

② 患病是在工作过程中；

③ 患病的原因是接触有毒有害物质；

④ 必须是国家公布的职业病目录所列的职业病。

职业危害的来源：

① 生产工艺过程中的有害因素。

a. 化学因素：刺激性气体、混合性粉尘等；

b. 物理因素：异常气压、辐射等；

c. 生物因素：布氏杆菌等。

② 生产过程产生的有害因素。

a. 生产劳动强度设置不合理。如生产服务时间过长、休息时间调整不当等。

b. 生产量过大。如生产加工量远远超过员工的承受能力。

c. 工作紧张。如长时间的劳动所造成的肌肉紧张、生理紊乱等。

d. 工效学角度。如机器的本质安全不到位，或者设计上存在缺陷。

e. 心理需求。心理需求是一种高层次的心理状态的满足，当生产和服务过程不能满足员工心理需求时就会产生心理上的不平衡，甚至身体上的功能性紊乱等。

③ 工作环境中的有害因素。

a. 自然环境：气候、辐射、温差等。

b. 工作环境不合理：如工作室无空调、噪声隔离不当、通风系统不好、有毒有害气体处理不当，厂房建筑面积过小，机械设备安置过密，热源无隔离，采光照明不足，有毒无毒工段在同一车间。

以上的各种因素会因为不同的组织、不同的地域、不同人员的处置不同而不同，它们是一种客观存在，只有组织的工作人员和管理者对其有充分的认识并加强管理才能充分保护劳动者。

我国法定职业病分为 10 大类 132 种，主要有：

① 职业性尘肺病及其他呼吸系统疾病：过敏性肺炎等；

② 职业性皮肤病：接触性皮炎等；

③ 职业性眼病：化学性眼部灼伤；

④ 职业性耳鼻喉口腔疾病：噪声聋等；

⑤ 职业性化学中毒：铅及其化合物中毒等；

⑥ 物理性因素所致职业病：中暑等；

⑦ 职业性放射性疾病：放射性皮肤疾病等；

⑧ 职业性传染病：森林脑炎等；

⑨ 职业性肿瘤：间皮瘤等；

⑩ 其他职业病：金属烟热等。

(2) 安全事故

安全事故是指组织在生产过程中由于人为因素、机器故障、环境等因素影响对人体、环境产生损害的，并相应造成一定经济损失的事件。多米诺学说提出了“五个因素的事故序列”，其中任何一个因素都能以多米诺的方式启动下一个因素，其事故序列如下：

① 社会的环境；

② 工人的错误；

③ 不安全行为并结合机械的和物理的危害因素；

④ 意外事故；

⑤ 破坏和损伤。

(3) 心理健康

心理健康是指心理处于健康状态，或没有精神疾病。健康的心理状态，能在情绪和行为调整中起积极作用。它可表现为个体内外部心理的和谐，包括个体意识层次的和谐，心理过程的和谐，与他人、社会和自己的和谐。

① 意识层次的和谐，是指意识和潜意识在现实层面的协调一致。

② 心理过程的和谐，是指认知、情感、意志和行动四个要素相互影响、相互促进。

③ 个体心理的和谐，是指个体心理特征、个性倾向和自我意识的各个成分之间的相容性。

④ 个体与他人的和谐，即人际信任、人际容纳、人际接触。

⑤ 个体与社会的和谐，指与社会规则的和谐，与社会角色的和谐，与社会团体的和谐。

⑥ 个体与自然的和谐，表现在与自然的亲近，对自然的关怀。

2.7.2 职业健康现状以及安全管理模式

我国职业健康的整体现状：当前严峻的安全形势导致我国职业健康安全状况不佳，其中职业健康安全管理体系、制度和方法不适应形势的发展要求。企业建立有效的风险防范机制，体现在通过对危害因素的有效控制以及对内部职工、临时工及相关方的培训，提高其安全意识和安全技能，使其做到“要安全、会安全”来防范职业风险。随着全球经济一体化，企业参与国际市场的竞争，包括职业健康安全方面在内的多方面与国际接轨，职业健康安全工作由被动行为变为主动行为。将职业健康安全与组织的管理融为一体，突破了职业健康安全管理的单一管理模式，将安全管理单纯靠强制性管理的政府行为变为组织自愿参与的市场行为，职业健康安全工作由被动消极服从转变为积极主动参与。促进职业健康安全管理水平的提高，有助于增强企业的凝聚力，通过加强职工劳动保护、改善职业卫生安全条件，保障职工健康与安全。推行职业健康安全管理体系势在必行，是安全生产的必由之路。

职业健康安全管理体系（Occupational Health and Safety Management System，OHSMS）是20世纪80年代后期兴起的现代安全生产管理模式，它是一套系统化、程序化和具有高度自我约束、自我完善的科学管理体系（如图2-5所示）。与质量管理体系（ISO 9000）模式和环境管理体系（ISO 14001）模式一并称为后工业时代的管理方法。其核心是要求企业采用现代化的管理模式，使包括安全生产管理在内的所有生产经营活动科学、规范和有效，建立健全安全生产的自我约束机制，不断改善安全生产管理状况，降低职业健康安全风险，从而预防事故发生和控制职业危害。

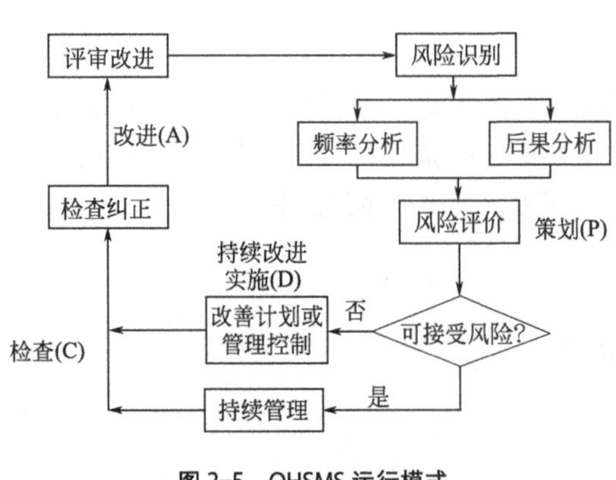

图2-5 OHSMS运行模式

职业危害状况主要表现为职业性有害因素分布广泛且危害人群数量大。职业病造成的经济损失严重，员工寿命缩短，社会影响恶劣。职业健康事关劳动者的基本人权和根本利益，工伤和职业危害对劳动者的生命与健康造成威胁。组织生产需要采用系统、科学、规范的职业健康安全管理体系，解决复杂的职业健康安全问题。职业健康安全管理是以系统安全的思想为基础，从企业的整体出发，把管理重点放在事故预防的整体效应上。管理的核心是系统中导致事故的根源，强调通过风险识别、风险评价、风险控制来达到控制事故的目的，实行全员、全过程、全方位的安全管理，使企业达到最佳安全状态，为组织提供一种科学、有效的职业健康安全管理规范和指南。2001年12月20日，国家经贸委颁布了《职业安全健康管理体系指导意见》和《职业安全健康管理体系审核规范》。2020年3月6日，国家市场监督管理总局国家标准化管理委员会（SAC）发布2020年第1号公告，批准GB/T 45001—2020《职业健康安全管理体系 要求及使用指南》，指导各单位建立并保持职业健康安全管理体系，推动安全管理工作进一步向科学化、规范化发展。

精细化工涉及多种化学品和工作场所，职业健康风险评估是在具体工作环境中识别存在的有害因素，根据相关条件评估其对人体健康影响的可能性和危害性，并进行分级、控制和管理。

预先采取措施对风险进行管控，最大限度防止职业危害的发生以保护劳动者健康。现行使用的各类风险评估方法具有不同的分级和评估标准，但每种方法的评估流程基本相似，大致可分为六个步骤：确定评估对象、识别危害因素、职业卫生学调查、现场浓度检测、风险评估、制定管控措施。确定评估对象即确定要评估的企业、岗位等；识别危害因素即通过生产资料或者现场调查确定某生产环境中可能存在的有害物；职业卫生学调查就是组织调查组前往企业进行调查，确定企业的生产工艺、原材料、工作制度、劳动人数等信息；现场浓度检测需要专业的检测技术人员携带检测仪器按照相关标准要求和研究计划检测特定工作场所中有害物的浓度；风险评估即使用风险评估模型，利用已知的信息对劳动者面临的职业健康风险进行评估；制定管控措施即根据评估结果制定有针对性的措施降低风险水平，从而保证劳动人员的健康。

2.8 过程安全

过程安全管理（PSM）的目的是确保工艺设施如化工厂、炼油厂、天然气加工厂和海上钻井平台得到安全的设计和运行。PSM 体系专注于预防重大工艺事故，如火灾、爆炸和有毒化学品的泄漏等。

在 20 世纪 80 年代发生了一系列的严重事故（见表 2-6），基于此，第一部过程安全管理的法规出台。美国最重要的过程安全管理法规是职业安全及健康管理局（OSHA）于 1992 年颁布的 29 CFR 1910.119（高度危险化学品的工艺安全管理）。1996 年美国环境保护局（EPA）又将工艺安全的监管范围扩展到了环境和公众安全。此外有一些州制定了过程安全管理法规，包括：新泽西州的《毒害物灾难防治法》（1986 年）；特拉华州的《剧毒物风险管理法》（1989 年）；内华达州的《化学品事故预防管理》（CAPP）。各种专业协会还建立了不同的过程安全管理标准和指导程序。各种专业公司和社团组织了与过程安全管理相关的各种研讨会，如化工过程安全中心、“成功工厂”和石油工程师协会等。

表 2-6　重大事故发生时间及立法时间

年份	事故及地点	过程安全相关立法
1974	Flixborough（英国），化学品泄漏，蒸气云爆炸（环己烷氧化装置泄漏后爆炸，28 人死亡）	
1975	Beck（荷兰），蒸气泄漏，蒸气云爆炸	
1977	Seveso（意大利），阀门破裂，有毒物泄漏（环己烷泄漏，30 人死亡，22 万人疏散）	
1982		Seveso Ⅰ 指令（欧洲）
1984	Bhopal（印度），有毒物泄漏	
1988		Responsible Care 责任关怀（美国）
1989	Texas（美国），反应器物料泄漏，蒸气云爆炸	
1990	Texas（美国），污水罐投入运行时发生爆炸	
1992		OSHAPSM，美国
1996		Seveso Ⅱ指令（欧洲）；KOSHAPAM（韩国）
1997		石油天然气加工工艺危害管理（中国）
1999		EPA 净化空气法案（Clean Air Act）；风险管理规定（Risk Management Program，美国）

PSM 不是一个由管理层下达到其雇员和承包商工人的管理程序，而是一个涉及每个人的管理程序。关键词是“参与”，绝不仅仅是沟通。所有管理人员、雇员和承包商工人都为 PSM 的成功实施负有责任。管理层组织和领导 PSM 体系初期的启动，职员在实施和改进上充分参与进来，内部职能部门和外部顾问组成的专家组可以针对特定领域提供帮助，但 PSM 从本质上来说是生产管理部门的职责。仔细考察其内容可以进一步理解 PSM 的概念。

PSM 包含 14 个要素：

① 过程安全信息（Process Safety Information，PSI）；

② 员工参与（Employee Involvement）；

③ 工艺危害分析（Process Hazard Analysis，PHA）；

④ 操作规程（Operating Procedures）；

⑤ 培训（Training）；

⑥ 承包商管理（Contractors）；

⑦ 开车前安全评审（Pre-startup Safety Review，PSSR）；

⑧ 设备完整性（Mechanical Integrity，MI）；

⑨ 动火作业（Hot Work）；

⑩ 变更管理（Management of Change，MoC）；

⑪ 事故调查（Incident Investigation）；

⑫ 应急响应（Emergency Response Planning，ERP）

⑬ 符合性审计（Compliance Audits）；

⑭ 商业保密（Trade Secrets）。

（1）建立过程安全信息的重要性

① 是对过程系统的准确描述，也是开展过程安全管理工作的基础；

② 是对过程系统设计规格的记录；

③ 是过程系统改造、扩建的重要设计依据，以及变更管理的基础；

④ 是积累工厂设计、操作、维护和维修实践经验的载体；

⑤ 是工厂遵守安全相关法律、法规的证据。

（2）过程安全信息种类

① 与化学品有关的信息。MSDS，包含化学品及企业标识、成分/组成信息等 16 项内容。

② 与过程技术相关的信息：a.工艺流程及相关化学反应的说明文件；b.工艺流程图（PFD）；c.设计确定的工艺物料（原料、中间产品和最终产品等）的最大储存量；d.主要参数（温度、压力、液位、流量和组分等）的安全操作范围；e.非正常工况的后果评估资料。

③ 与过程设备相关的信息：a.建造材质；b.带控制点的管道及仪表流程图（P&ID）；c.电气设备危险等级区域划分图（Electrical Classification）；d.泄压系统的设计及设计基础；e.通风系统的设计；f.设计所依据的标准与规范；g.物料平衡表与能量平衡表；h.安全系统（如联锁、监测和抑制系统）。

（3）获取过程安全信息的途径

① 从制造商或供应商处获得化学品安全技术说明书（MSDS）；

② 从项目工艺技术提供商或工程项目总承包商处获得基础的工艺技术信息；

③ 从设计单位（或工程公司）获得详细的工艺系统信息，包括各个专业的详细图纸、文件和计算书等；

④ 从设备供应商处获取主要设备的资料，包括设备手册和图纸，其中应有操作指南、维修指南和故障处理等相关信息；

⑤ 从公司的相关部门，如安全环保部门和工程部门获得各种过程安全信息，如公司的安全标准和工程设计标准；

⑥ 在开展工艺危害分析时编制过程安全信息资料。

(4) 工艺危害分析

工艺危害分析（PHA）是 PSM 的核心要素，指通过一系列有组织的、系统性的和彻底的分析活动来发现、估计或评价一个工艺过程的潜在危害。PHA（图 2-6）可以为企业的管理者和决策者提供有价值的信息，用以提高工艺装置的安全水平和减少可能出现的危害性后果及造成的损失。

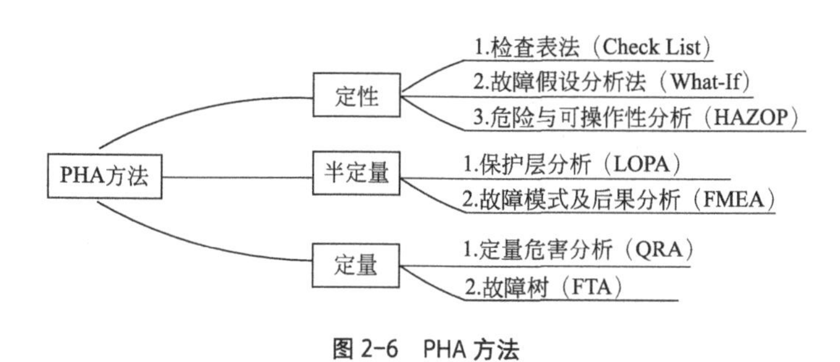

图 2-6　PHA 方法

工艺危害分析的目的是：识别危险，确定安全性关键部位；评价各种危险的程度；确定安全性设计准则，提出消除或控制危险的措施。总之，其目的是通过预先对系统存在的危险性进行分析、评价、分级，而后根据其危险性的大小，在设计、施工或生产中采取恰当的控制措施，避免事故的发生。

工艺根据危害程度的不同可分为：

① 高危害工艺（HHP）。任何生产、使用、储存或处理某些危害性物质的活动和过程中，这些危害性物质在释放或点燃时，由于急性中毒、可燃性、爆炸性、腐蚀性、热不稳定性或压缩性，可能造成死亡、不可康复的人员健康影响、重大的财产损失、环境损害或厂外影响，该种工艺即高危害工艺。危害性物质如压缩可燃气体、易燃物、高于闪点的可燃物、反应性化学品、爆炸物、可燃粉尘、高度或中度急性中毒性物质等。②低危害工艺（LHO）。LHO 即生产、使用、储存或处理某些物质的任何活动和过程中，很少由于化学、物理或机械性危害而造成死亡或不可康复的人员健康影响、重大财产损失、环境损害或厂外影响。低危害性物质包括低于闪点的物质、惰性低温气体、低压燃料气、低毒性物质等。较低危害性的机械操作包括熔化铸造、挤压、造粒或制丸、纺纱、压延、机械干燥、固体加工。

工艺危害分析及评估的常用方法：

① 检查表法（Check List）。依据相关的标准、规范，对系统中已知的危险类别、设计缺陷以及与工艺设备、操作、管理有关的潜在危害进行识别检查。

② 故障假设分析法（What-If）。通过提出一系列“如果……怎么办”的问题，来发现潜在的事故隐患，从而对系统进行危害性检查的一种方法。

③ 危险与可操作性分析（HAZOP）。通过寻找系统中工艺过程或状态的偏差，然后进一步

分析造成该变化的原因、可能的后果，并有针对地提出必要的预防对策措施。

④ 故障模式及后果分析（FMEA）。通过辨识设备组件的故障模式及每种故障模式对系统或装置造成的影响，从而对系统进行危害性检查的一种方法。

⑤ 故障树（FTA）。一种从具体的事故着手，按照逆推的方式，逐层逆向追溯事故发生原因的分析方法。

工艺危害分析是很耗费时间的工作，但是意义重大。工厂需要根据自身工艺的特点选择适当的工艺危害分析方法。对于化工厂和石化工厂，目前最普遍采用的工艺危害分析方法是HAZOP，同时辅助采用检查表法弥补HAZOP方法的某些不足。HAZOP是20世纪70年代由帝国化学公司（ICI）发明的一种定性危害分析方法，也是针对工艺过程最系统、有效的危害分析方法之一。在进行工程设计时，主要是依靠各种标准、规范、设计指南以及设计人员的经验和知识来实现工艺系统的安全与可靠性。上述标准、规范或设计指南主要反映的是“正常工况下”工艺系统需要满足的情况。由于设备故障、人为错误或外部影响等，工艺系统在运行过程中可能偏离正常工况，导致工艺安全事故。此外，在项目工期紧张的情况下，设计人员的压力很大，容易犯错误，需要在工艺设计阶段就进行周全的考虑。HAZOP 可以应用于不同行业、不同规模和复杂程度各异的工艺系统，只要是包含工艺流程的系统，对新建项目的工艺设计、现有工艺系统的变更以及当前正在运行的装置都可以应用。建设项目生命周期 PHA 的应用如图 2-7 所示。

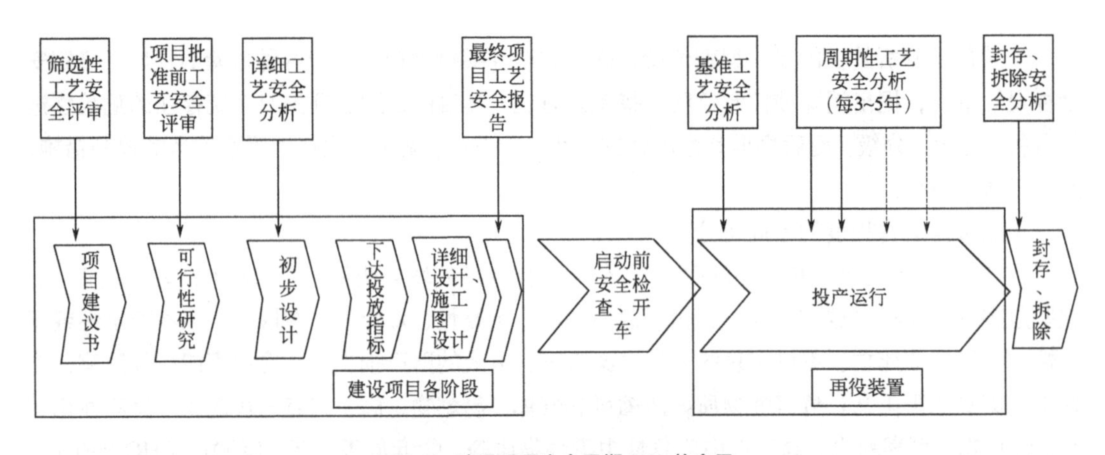

图 2-7 建设项目生命周期 PHA 的应用

（5）变更管理

变更管理（MOC）是识别和评价活动、工艺、设备/设施、危险材料、人员变更的管理程序。MOC是一套正式机制，将变化对人、环境和社区的危害最小化，它用来确保变化不会使原先设计好的环境、安全和健康控制退化。变更是有关新结构或新零部件的物理上的变化，包括：新设备或新工艺；设备重新组装；设备改造；设备移动；操作参数或操作条件的变化超过了工艺参数所设定的限值，包括提高设备的运作速率；设备管道系统电路或仪器组成以及建筑材料的变化；原材料、产品、催化剂配方、包装的变化；操作流程的变化，包括开始停止批次和紧急情况；工艺控制电脑硬件软件的变化；工艺安全控制的变化；现有设备的新产品或闲置设备的重启。

2.9 事故与应急救援

精细化工生产过程涉及的危害因素较多，这些危害因素在一定条件下会转变为事故，从而危及人们的生命安全并造成财产损失。

2.9.1 事故原因分析

事故原因分析是在事故调查基础上进行的。事故分析的程序是：整理和阅读调查材料，明确事故主要内容，找出事故直接原因，深入查找事故间接原因，分析可能造成事故的管理上的缺陷。由于化工生产过程十分复杂，造成事故的原因也很复杂，一般在分析原因时可以从以下几个方面入手。

（1）组织管理方面

① 劳动组织不当。如工作制度不合理、工作时间过长、人员分工不当等。

② 环境不良。如工作位置设置不当，通风不良，设备、管线、装置、仪器仪表布置不合理等。

③ 培训不够。操作人员没有进行必要的技术和安全知识与技能的教育培训，不适应岗位工作。

④ 工艺操作规程不合理。制定的工艺操作规程及安全规程有漏洞，操作方法不合理。

⑤ 防护用具缺陷。个人防护用具质量有缺陷，防护用具配置不当，或根本没有配置。

⑥ 标志不清。必要的位置和区域没有警告或信号标志，或标志不清。

（2）技术方面

① 工艺过程不完善。工艺过程有缺陷，没有掌握工艺过程有关安全技术问题，安全措施不当；生产过程及设备没有保护和保险装置。

② 设备缺陷。设备设计不合理或制造有缺陷。

③ 作业工具不当。操作工具使用不当或配备不当。

（3）卫生方面

① 空间不够。生产厂房的容积和面积不够，空间狭窄。

② 气象条件不符合规定。如温度、湿度、采暖、通风、热辐射等不符合规定。

③ 照明不当。操作环境中照明不够或照明设置不合理。

④ 噪声和振动。噪声和振动会造成操作人员心理上的变化。

⑤ 卫生设施不够。如防尘、防毒设施不完善。

2.9.2 化工事故预防的安全技术措施

安全技术措施是为消除生产过程中各种不安全不卫生因素，防止伤害和职业性危害，改善劳动条件和保证安全生产而在工艺、设备、控制等各方面所采取的一些技术上的措施。安全技术措施是提高设备装置本质安全性的重要手段。不同的生产过程存在的危险因素不完全相同，需要的安全技术措施也有所差异，必须根据各种生产的工艺过程、操作条件、使用的物质（含原料、半成品、产品）、设备及其他有关设施，在充分辨识潜在危险和不安全部位的基础上选择适用的安全技术措施。

安全技术措施包括预防事故发生和减少事故损失两个方面，这些措施归纳起来主要有以下几类：

① 减少潜在危险因素。尽量避免使用具有危险性的物质、工艺和设备，即尽可能用不燃和难燃的物质代替可燃物质，用无毒和低毒物质代替有毒物质，这样火灾、爆炸、中毒事故发生的概率会大大降低。减少潜在危险因素是预防事故的最根本的措施。

② 降低潜在危险因素的数值。潜在危险因素往往达到一定的程度或强度才能施害。通过一些方法降低它的危险程度，使之处在安全范围内，防止事故发生。如作业环境中存在有毒气体，可安装通风设施，降低有毒气体的浓度，使之达到容许值以下，就不会影响人身安全和健康。

③ 联锁控制。当设备或装置出现危险情况时，以某种方法强制一些元件相互作用，以保证安全操作。这是一种很重要的安全防护装置，可有效地防止人的误操作。例如，当检测仪表显示出工艺参数达到危险值时，与之相连的控制元件就会自动关闭或调节系统，使之恢复正常状态或安全停车。由于化工生产工艺越来越复杂，联锁控制的应用也越来越多。而且，由于计算机技术的迅速发展，联锁控制也越来越精密，可靠性也越来越高。

④ 隔离操作与远距离操作。伤亡事故发生的前提条件是人与施害物相互接触或近距离接触，如果将两者隔离开来或保持一定距离，就会避免人身事故的发生或降低对人体的危害。例如，对放射性、辐射和噪声等的防护，可以通过提高自动化生产程度、设置隔离屏障，防止人员接触危险有害物质。

⑤ 预置薄弱环节。对于某些特别危险的设备或装置，可以在这些设备或装置上安装薄弱元件，当危险因素达到危险值时，这个元件预先破损，释放能量，防止重大破坏事故发生。例如，在压力容器上安装安全阀或爆破膜，在电气设备上安装保险丝等。

⑥ 加固或加强。有时，为提高设备的安全程度，可以增加安全系数，加大安全裕度，提高结构的强度，防止因设备结构而发生事故。

⑦ 封闭处理。封闭处理就是将危险物质和危险能量局限在一定范围内，防止能量倒流，可有效地预防事故发生和减少事故损失。例如，使用易燃易爆、有毒有害物质时，把它们封闭在容器、管道里，不与空气、火源和人体接触，这样就不会发生火灾、爆炸和中毒事故。将容易发生爆炸的设备用防爆墙围起来，一旦发生爆炸，破坏能量不至于危及周围的人和设备。

⑧ 警告牌示和信号装置。警告可以提醒人们注意，及时发现危险因素或危险部位，以便及时采取措施，防止事故发生。警告牌示是利用人们的视觉引起注意；警告信号则是利用听觉引起注意。目前应用比较多的可燃气体、有毒气体检测报警仪，既有光也有声的报警，可以从视觉和听觉两个方面提醒人们注意。

此外，还有生产装置的合理布局、建筑物和设备间保持一定的安全距离等其他方面的安全技术措施。随着科学技术的发展，人们不断开发出新的更加先进的安全防护技术。

2.9.3 生产事故的应急救援

(1) 应急救援体系

应急救援体系是生产安全事故应急救援工作顺利实施的组织保障，主要包括应急救援指挥系统、应急救援日常值班系统、应急救援信息系统、应急救援技术支持系统、应急救援组织及经费保障。对于特大生产安全事故应急救援体系的建立，《安全生产法》第68条规定：县级以上地方各级人民政府应当组织有关部门制定本行政区域内特大生产安全事故应急救援预案，建立应急救援体系。危险物品的生产、经营、储存单位应建立应急救援组织；生产经营规模较小，可以不建立应急救援组织，应当指定兼职的应急救援人员。危险品的生产、经营、储存单位应当配备必要的应急救援器材与设备，并进行经常性维护、保养，保证正常运转。

(2) 应急救援演习

事故应急救援演习，一般可分为室内演习和现场演习两种。室内演习又称组织指挥演习，由指挥部的领导和指挥、通信、防化等各部门以及救援专业队队长组成指挥系统，在各级职能机关、部门的统一领导下，按一定的目的和要求，以室内演习的形式将各级救援力量组织起来，实施应急救援任务和对危害到的居民群众实施有效防护进行指导。现场演习即事故现场实地演习。根据其任务要求和规模可分为单项训练、部分演习、综合演习三种：

① 单项演习。针对性完成应急救援任务中的某个单项科目而进行的基本操作。如个人防护训练、空气监测等单一科目训练，不仅是部分演习，也是综合演习的基础。

② 部分演习。检验应急救援任务中的某个科目、某个部分准备情况，或应急组织之间协调性而进行的演习。

③ 综合演习。检验指挥部的指挥、协调能力和救援专业队的救援能力及其配合情况，各种保障系统的完善情况及群众的避灾能力等。

定期进行事故应急救援的演练，可以检验和完善应急计划的正确性和有效性。因此，事故应急计划编制完成后，保证所有和事故应急计划有关的人员及机构了解计划内容。室内事故应急救援的演练应与现场应急救援的演练一起进行，以保证在紧急情况下总体协调所需的各种通信联络能有效地传递。演练中主要检查内容包括：①事故期间通信系统是否能运作；②人员是否能安全撤离；③应急服务机构能否及时参与事故救援；④能否有效地控制事故进一步扩大。

思考题

2-1 EHS 管理体系是什么，其目的又是什么?

2-2 为什么要推行 EHS 管理体系?

2-3 EHS 管理体系经历了怎样的发展历程?

2-4 危险化学品储存的基本要求有哪些?

2-5 化工安全风险如何通过理论分析事先加以辨识并预防?

2-6 职业病的预防措施有哪些?

2-7 如何对环境因素和危险源进行辨识，如何评价和控制环境因素和重大风险因素?

2-8 作为化学化工专业的学生，实施 EHS 体系对你有什么启发?

案例分析：2020 年贝鲁特爆炸事故

当地时间 2020 年 8 月 4 日傍晚，黎巴嫩首都贝鲁特的港口地区发生强烈爆炸，造成重大人员伤亡和财产损失，这场事故导致至少 218 人死亡，超过 6500 人受伤，并且导致 30 万人无家可归（距爆炸原点半径 3 公里内共 77 万居民），爆炸使得黎巴嫩至少损失 150 亿美元。爆炸中心方圆数公里内的房屋玻璃被震碎，巨大的冲击波导致大量建筑物受损，数英里外的窗户也被震碎，整座贝鲁特城下起了“碎玻璃雨”。港口周边不少地区已被夷为平地，爆炸震动了贝鲁特的几个地区，市中心浓烟滚滚，瓦砾遍布街道，天空被灰尘笼罩，浓烟遮住了夕阳。

贝鲁特是黎巴嫩重要的货物集散地。此次爆炸就发生在贝鲁特港口的 12 号仓库。黎巴嫩公共保安部称，爆炸与存放于港内的2700多吨硝酸铵有关，这些硝酸铵2014年起就已经存放在港口仓库中，却从未获得妥善处置。工作人员在检查危化品仓库时发现库门急需维护，于是在8月4日下午开始焊接存有炸药的库房门，焊接火花引燃了仓库中的炸药，引发了爆炸。随后，大火升温导致在隔壁库房中存放的硝酸铵爆炸，从而造成这一场极其严重的国家级灾难。

贝鲁特爆炸事故后，各国政府包括中国、韩国、菲律宾、印度、英国、澳大利亚等分别对化工园区、海港码头、机场的硝酸铵仓库、生产企业和存储企业开展调查和安全检查工作，并相继提出改进措施。硝酸铵属于特别管控危险化学品，应遵守相关存储和使用规范。①划定专用场地，指定专人管理，实施封闭管理；②与外部建筑物保持一定的防火间距，并能有效隔离外部火灾；③编制专项应急预案，设置消防设施和器材，并定期演练；④外来人员进入库区应严格审查登记，严禁携带火种进入库区；⑤建立出入库检查、登记制度，收存做到账目清楚，账物相符；⑥硝酸铵堆垛不应靠墙堆放，堆垛之间应保证有足够的通道宽度；⑦每天应定时巡检库房，核对库存量，出库时应遵循“先进先出”的原则；⑧夏季高温、高湿、雷电、暴雨等极端天气较多，很多危险化学品化学性质不稳定，受热易分解，释放氧气和大量的热，引起自燃；或发生化学反应，集聚大量的气体和热，容器超压爆炸，应加强安全管理。

2020年初，中共中央办公厅、国务院办公厅印发了《关于全面加强危险化学品安全生产工作的意见》，明确危险化学品生产、储存、使用、经营、运输、处置等环节的安全监管责任要进一步完善落实，消除监管盲区漏洞；推动企业落实安全生产主体责任，建立以风险分级管控和隐患排查治理为重点的危险化学品安全预防控制体系。对特别管控危险化学品的建设项目从严审批，严格从业人员准入，实施储存定制化管理。通过建设信息平台进行危险化学品追溯管控、统一规范包装管理、严格安全生产准入、强化运输管理、存储定制化管理，多方面、多维度地对危险化学品进行管控。

第 3 章

精细化工安全与防护

3.1 精细化工安全生产概况

随着国民经济的快速发展，精细化工既要提高生产效率，又要注重对生产安全的控制，不断促进技术设备的更新。通过科学的方式和积极有效的生产方案不断提升安全生产的能力，保障精细化工能够更加符合现代化建设和安全生产的需要。精细化工生产工艺复杂，生产过程中使用的各种原料、半成品与产品具有易燃易爆、腐蚀、剧毒等性质。由于产品的多样性和监管的不到位，也经常导致精细化工企业在生产过程中出现火灾、爆炸等事故，对生命、财产和环境造成严重威胁。因此，精细化工企业的安全生产已经成为不可忽视的问题，直接影响我国经济水平和人民生活质量。而提升精细化工的安全生产能力可以有效地保障精细化工企业自身的安全，避免给国家和社会带来不必要的损失。因此，采取可靠的措施，有效改善精细化工生产过程中的安全性，会提高经济效益。

最近几年精细化工行业事故频发，暴露出行业本质安全标准体系还不完善、工艺操作有盲点、企业安全管理制度针对性不够、政府监管流于形式等问题。天津港“8·12”重大爆炸事故，造成 173 人死亡、798 人受伤、上万户居民住房受损的严重后果。据估算，爆炸的直接经济损失折合人民币高达 68.66 亿元。2019 年 3 月 21 日，江苏省盐城市响水县生态化工园区的一个染料中间体精细化工公司发生特别重大爆炸事故，造成 78 人死亡和 76 人重伤、640 人住院治疗，直接经济损失高达 19.86 亿元。精细化工安全生产与国家经济发展和民生保障息息相关，当安全失去保障，环保也就成为一纸空谈。因此提升精细化工安全生产与防护水平，是推动经济高质量发展的内在要求，也是推进生态文明建设的必由之路。

3.2 生产安全事故统计与分析

3.2.1 化工事故统计

改革开放以来，重特大生产安全事故频发一直是困扰我国经济社会发展的“老大难”问题。化工行业屡屡发生安全事故，可以说“大事年年有、小事月月见”，影响国家的公共安全。由于工业属性，化工行业发生事故的风险远超其他行业部门。据统计，2013～2018 年 6 年间，全国共发生化工事故 974 起，造成 1253 人死亡（图 3-1），2013～2019 年化工行业重特大事故简表见表 3-1。

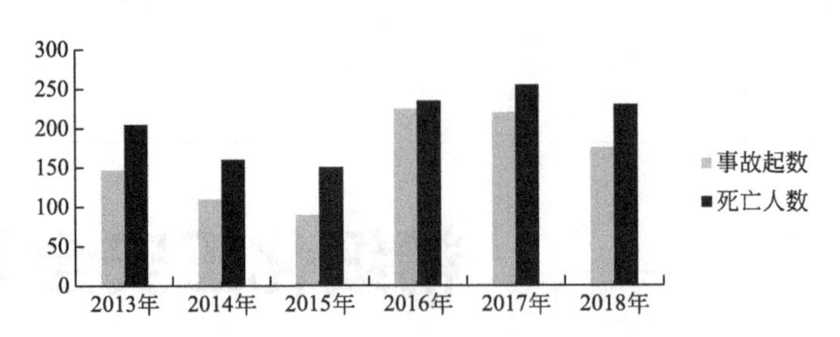

图 3-1　2013～2018 年化工事故总体情况统计

表 3-1　2013～2019 年化工行业重特大事故简表

事故发生时间	事故名称	伤亡情况	事故环节	事故直接原因认定
2013 年 11 月 22 日	青岛中石化东黄输油管道特大泄漏爆炸事故	62 人死亡，136 人受伤	经营	输油管线泄漏，轻质原油流入地下排水暗渠，并形成爆炸性混合气体导致爆炸
2014 年 3 月 1 日	山西晋济高速公路岩后隧道特大危险化学品燃爆交通事故	40 人死亡，12 人受伤	运输	货车追尾，前车甲醇泄漏，后车电气短路，引燃泄漏的甲醇
2014 年 7 月 19 日	湖南沪昆高速特大危险化学品爆燃事故	58 人死亡，2 人受伤	运输	运载乙醇的轻型货车与大客车追尾导致乙醇泄漏燃烧
2015 年 8 月 12 日	天津瑞海国际危险品仓库特大火灾爆炸事故	173 人死亡，798 人受伤	储存	硝化棉自燃导致堆场内危险化学品爆炸
2017 年 6 月 5 日	山东临沂金誉石化重大爆炸着火事故	10 人死亡，9 人受伤	装卸	液化石油气运输罐车在卸车作业过程中发生泄漏，引起厂区爆炸
2017 年 12 月 9 日	江苏连云港聚鑫生物科技有限公司重大爆炸事故	10 人死亡，1 人受伤	生产	使用压缩空气压料时，高温物料与空气接触，反应加剧（超量程），紧急卸压放空时，遇静电火花燃烧，釜内压力骤升，物料大量喷出，与釜外空气形成爆炸性混合物，遇燃烧火源发生爆炸
2018 年 7 月 12 日	四川宜宾恒达科技有限公司重大爆炸着火事故	19 人死亡，12 人受伤	生产	操作人员将无包装标识的氯酸钠当作丁酰胺，补充投入 2R301 釜中进行脱水操作，引发爆炸着火
2018 年 11 月 28 日	河北省张家口市重大燃爆事故	23 人死亡，22 人受伤	生产	河北盛华化工有限公司氯乙烯气柜发生泄漏，泄漏的氯乙烯扩散到厂区外公路上，遇明火发生爆燃，引燃停放在公路两侧等待卸货车辆，司机等人员大量伤亡
2019 年 3 月 21 日	江苏响水天嘉宜公司特别重大爆炸事故	78 人死亡，76 人重伤	生产	公司旧固废库内长期违法储存的硝化废料持续积热升温导致自燃，燃烧引发爆炸

3.2.2　化工事故分析

（1）事故类别分析

将 2009～2018 年较大以上化工事故按照爆炸、火灾、中毒窒息、灼烫、其他 5 个类别进行统计，结果如图 3-2 所示。从图中可以看出，化工行业爆炸事故起数相对较多，造成重大人员伤亡。这与爆炸事故特性息息相关，爆炸一旦发生，往往在瞬间释放出巨大能量，令人猝不及防。如 2018 年 11 月 28 日，河北省张家口市桥东区发生的燃爆事故，造成 23 人死亡、22 人受伤。经初步调查，事故直接原因是：河北盛华化工有限公司的氯乙烯气柜发生泄漏，泄漏的氯乙烯扩散到厂区外公路上，遇明火发生爆燃，引燃停放在公路两侧等待卸货的车辆，司机等人员大量伤亡。据应急管理部调查，该公司 2012 年开工，至事故发生 6 年时间里，从未对氯乙烯气柜进行过任何检维修。在 2015 年张家口市安监局的执法检查通报中，就曾措辞严厉地指出该企业存在氯乙烯气柜进口排水阀泄漏严重等 71 项隐患，但企业并没有给予重视。企业应该通过提高自动化水平严格控制工艺指标，加大巡检、检修力度，加强设备管理，保证生产正常进行。

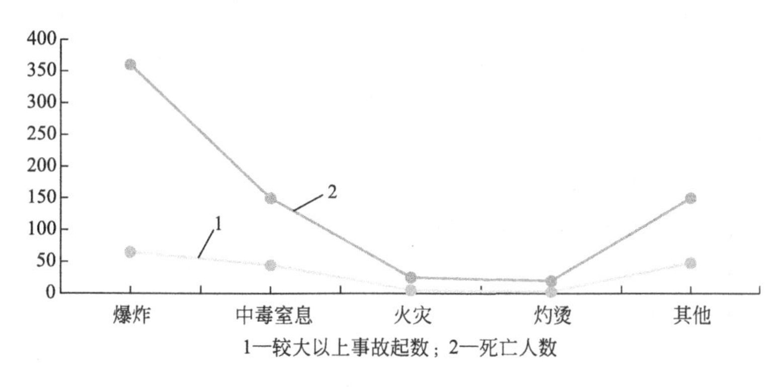

图 3-2　较大以上事故类别统计

(2) 事故环节分析

将 2009～2018 年较大以上化工事故按照生产、使用、运输、储存、经营 5 个环节进行统计，事故起数和死亡人数如图 3-3 所示。

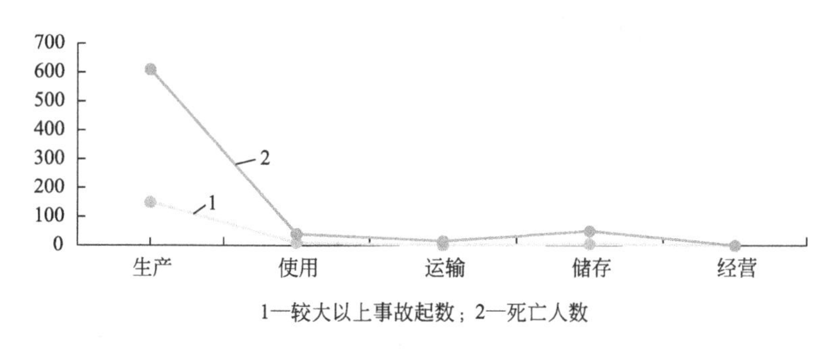

图 3-3　较大以上事故环节统计

从图 3-3 中可以看出，生产环节发生的事故最多，占总事故起数的 84.2%，其死亡人数占总死亡人数的 86.5%。主要原因是化工生产环节涉及氯化、氧化、重氮化、氟化、磺化、硝化等危险过程，同时操作单元中存在高温、高压、高真空、深冷等苛刻工艺条件，反应激烈，容易发生事故。企业应高度重视化工工艺关键节点管控，切实提升生产工艺本质安全水平。

3.3　精细化工生产过程的特点

(1) 工艺复杂、操作难度高、劳动强度大

由于精细化工的生产过程需要很多复杂的步骤和规范的操作流程，因此对技术人员的要求比较高而且劳动强度较大。另外，精细化工的生产过程大多都是间歇或者半连续性的，要求各种设备之间协同配合，共同工作。对于技术人员要求非常严格，既要熟悉各种流程和操作规范，

也要掌握流程作业的操作内容和结果。化工行业是一个高危行业，经过各种化学反应常常产生各种形式的异构体和化学衍生物，如果操作不当就会发生严重的安全事故，危及人身及财产安全。

(2) 产量小、品种多、寿命短

针对市场需求及时调整精细化工的生产方向和生产规模是精细化工的优势所在，能够满足多样化和个性化的需求。根据市场信息对自身产品进行准确的定位和投入是精细化工的另一优势。因此，精细化工实行柔性生产的制度和规模，对市场信息必须敏锐准确地把握，从而保证生产方向与市场需求的一致性。能够根据市场信息在短时间内调整生产规模和研究生产方向，达到高效率生产、高附加值输出的目的，从而为企业带来良好的经济效益。

(3) 生产方式的不足和时变性

间歇式或者半连续性生产是精细化工区别于其他化工生产方式的显著标志，由于其自身生产工艺相对来说比较复杂和繁冗，需要多个部门和流程的相互配合。需要特别注意的是，在生产过程中，现场环境和反应条件是不断变化的，同时化学反应过程中有副产物产生，如果得不到有效控制，会产生严重的安全隐患。因此，从这个层面来说，精细化工在生产方式上一定程度受环境等不可控因素的影响，同时具有时变性的特点。

3.4 精细化工单元操作安全

3.4.1 化工单元操作概念

精细化工单元操作隶属于化工单元操作，大同小异，共性相通。因此通过对化工单元操作过程的分析即可了解精细化工单元操作过程。

化学工业是通过化学方法将原料转变为产品的工业。化工产品的生产过程简称化工过程，旨在将原料进行加工处理，使其物理、化学性质均发生变化，从而获得产品。化工过程不论其生产规模大小、生产过程复杂与否，不外乎两类过程。一类是以化学反应为主，通常在反应器中进行。反应器有石油裂解用的裂解炉、氨合成用的合成塔、高分子聚合用的反应釜等。由于化学反应性质的不同，反应器的差别很大。另一类是以物理变化为主，通常是利用操作设备（或机械）完成。如化肥、染料生产和制糖、制药都要用到的流体输送、传热、结晶、干燥等操作。每一个操作过程，因其操作原理相同，在不同的生产场合，设备具有通用性，故称为单元操作。在化工生产中，单元操作往往为维持化学反应正常进行提供温度、压力、浓度等条件，统称为化工单元操作过程。

化工单元操作不仅在化工（包括精细化工）行业广泛应用，还在轻工、冶金、制药、环境工程和生物工程以及原子能工业中广泛应用。传统化工生产的核心为“三传一反”，除了“一反”的化学反应过程外，“三传”（传质、传热和传动过程，简称“三传”）主要是大量的物理加工过程。因此，单元操作过程及设备在化工生产中占有重要地位。化工单元操作按其过程原理、相态和操作目的，可归纳为以下三种基本类型：

① 动量传递过程。对应以流体力学为基础的化工单元操作，如流体输送、沉降、过滤、离心分离、搅拌、固体流态化等。

② 热量传递过程。对应以传热学为基础的化工单元操作，如加热、冷却（冷凝）、冷冻、蒸发等。

③ 质量传递过程。对应以传质学为基础的化工单元操作，如蒸馏、吸收、干燥、吸附、萃取、结晶、膜分离等。

各种化工过程（包括精细化工过程）都是由相应的化学反应过程与上述化工单元操作过程组合而成，习惯上称之为“三传一反”。

3.4.2 化工单元操作特点

（1）化工单元操作是物理性操作

如流体输送、加热或冷却等，只改变了所处理物料的部分物理性质，并不改变其化学性质。

（2）化工单元操作具有共性

如：乙醇、乙烯生产和石油加工都采用蒸馏操作分离液体混合物；生产硝酸、硫酸和合成氨都采用吸收操作分离气体混合物；尿素、聚氯乙烯及染料的生产都采用干燥操作除去固体中的水分；制糖、制碱工业中都采用蒸发操作浓缩稀溶液。

（3）化工单元操作设备具有通用性

如换热器、干燥器、搅拌器、萃取槽、精馏塔、吸收塔、离心泵、风机等设备（机械），在不同的化工过程中，同类设备因其工作原理、操作要求相同而通用。

3.4.3 精细化工单元操作安全技术

精细化工生产中，大多数单元操作因其自身的特点或操作条件的影响，存在不安全因素。为保证精细化工单元操作过程的安全性，应坚持安全第一的方针，创造安全生产的环境，企业员工要熟悉安全操作技术。

（1）加热

温度是化工过程中最常见的控制指标之一。加热是提高温度的手段，操作的关键是按生产规定严格控制温度范围和升温速度。温度过高或升温速度过快，容易损坏设备，严重的会引起反应失控，发生冲料或爆炸、燃烧。生产中合理选用传热介质、及时除去反应热、防止搅拌中断等措施可有效控制温度。化工常用加热方式有明火加热、烟道气加热、水蒸气或热水加热、电加热等。用烟道气、水蒸气、热水加热时，须防止泄漏或与其他物料混合；用电加热时，电气设施要符合防爆要求；明火加热控制不好会造成局部过热，引发易燃物质的分解爆炸。所以当加热温度接近或超过物料的自燃点时，应采用惰性气体保护。

（2）冷却（冷凝）

降温过程中，物料不发生相变称为冷却，发生了相变即从气体变成液体称为冷凝。化工冷却介质多采用空气或水，冷凝介质常用氟利昂或氨。为安全起见，冷凝操作尤其要防止设备和管道发生爆裂；冷却操作时，冷却介质不能中断，以避免积热使温度骤升引发爆炸。开车时，应先通冷却介质；停车时，则先撤出物料，再停止冷却。

（3）冷冻

冷冻是指将物料温度降到低于水温即0℃以下的操作。工业冷冻剂一般是液氨、氟利昂、冷冻盐水等；石油化工中则常用烃类物质如乙烯、乙烷、丙烷等作深冷分离的冷冻剂。深度冷冻的温度在−100℃以下。因为是低温操作，特别要注意压缩机、冷凝器及管道的耐压、耐冻和气密性，防止爆裂、泄漏事故发生。

（4）加压

压力也是化工过程中最常见的控制指标之一。压力超过大气压时属于加压操作。加压操作在化工生产中普遍使用，所用塔、釜、器、罐等设备大部分属于耐压容器，应符合相关的技术和安全要求。加压操作尤其要注意不能发生泄漏，否则物料有可能高速喷出，造成火灾或爆炸。加压操作的设备一定要装有灵敏可靠的压力表和安全阀，以防压力失控，并在超压时能够安全泄压。

（5）减压（负压）

压力降至低于大气压的操作称为负压操作，也叫真空操作。减压时不能过猛，以免在负压下把设备抽瘪。负压操作设备必须密封良好，否则空气渗入易形成燃爆混合物。当需要恢复常压操作时，应待温度降低后，缓慢放入空气，以防自燃或爆炸。

（6）物料输送

化工生产中，经常需要对原料、中间体、产品及副产品和废弃物进行输送。由于所输送物料的形态（块、粉状）或相态（气、液体）不同，所采用的输送方式和设备也各异。固体块、粉状物料的输送，一般采用皮带、链斗、刮板输送机或螺旋输送器、斗式提升机，也有采用风机等气流输送的。采用机械设备输送固体物料，应根据物料性质、负荷及输送速度合理选择传动装置。应加强对机械设备的维护保养，并在齿轮、皮带、链条的啮合部位安装防护罩，避免对人体造成伤害。气流输送适用于不黏结和湿度小的物料，要求管道直径较大且密闭性好，管外采取接地措施，控制输送速度在额定范围内，以防止系统堵塞或由静电引起的粉尘爆炸。输送液体物料多采用泵。输送酸碱类腐蚀性液体时，要特别防止溅、漏伤人。输送有爆炸性或燃烧性危险的物料时，应保证管内流速在安全流速范围内，并采用 N_2、CO_2 等惰性气体代替压缩空气，用以防火防爆。输送气体物料时，一般采用压缩机或真空泵，并在输送系统安装灵敏可靠的压力表和安全阀。输送可燃气体，要求输送管道保持正压，并安装止逆阀、水封或阻火器等安全装置。

（7）熔融

将固体物料（如强碱苛性钠等）熔融时，要注意熔融物飞溅造成人体灼伤。避免因无机盐不熔融造成的局部过热、烧焦，进而导致熔融物喷出，引发事故。熔融过程一般在 150～350℃下进行，为使温度分布均匀，须对物料进行不间断的搅拌。

（8）干燥

一般干燥的介质有热空气、烟道气等，此外还有冷冻干燥、高频干燥、红外干燥等。干燥过程要严格控制温度，防止局部过热；采用气流干燥时应有防静电措施；对于干燥中散发的易燃易爆气体或粉尘，禁止与明火接触，以防燃爆。

（9）蒸发

蒸发操作要注意防止局部过热，减少在溶液浓缩过程中可能出现的结晶、沉淀或结垢，以避免发生燃爆。为防止热敏性物质分解，可采用真空蒸发。蒸发器应安装灵敏可靠的压力表或真空释放阀，操作区内要有防火装置。

（10）蒸馏

蒸馏是利用液体混合物各组分挥发度的不同进行分离的操作。从安全角度考虑，对不同的物料可采用不同的蒸馏方法，如：真空蒸馏，用于处理沸点大于 150℃的物料，以降低蒸馏温度，避免物料分解或聚合而发生危险；加压蒸馏，用于处理沸点小于30℃的物料。蒸馏塔应配置真空或压力释放阀，以备蒸气充满时释放，防止塔内件或塔身因内外压差造成损坏。蒸馏操作应防止液体夹污进塔，间歇蒸馏中的釜污垢和连续蒸馏中的预热器或再沸器污垢，都有可能酿成事故。

（11）吸收

吸收是利用气体混合物各组分溶解度的不同进行分离的操作。用于吸收的设备有喷雾塔、填料塔或板式塔。吸收塔需控制溶剂和进、出塔气体的流量和组成，在进塔气流速、组成、温度和压力的设计条件下操作。对于吸收有毒气体，如用碱液洗涤氯气、用水吸收氨气，必须有低液位自动报警装置，避免液流失控时造成严重事故。

（12）萃取

萃取过程常常有易燃的稀释剂或萃取剂的应用，消除静电、采取防爆措施至关重要。同时，选取适宜的最小挥发度的易燃溶剂，置操作于惰性气体氛围中减少危险性。另外，在进行最小持液量操作时，应采用离心式萃取器等。

3.5 精细化工工艺设备危险性分析

化工工艺和设备的事故危险性分析是一个复杂的过程，因为化工设计本身是一个复杂的过程，化工生产使用的原料、中间体及产品绝大多数具有易燃易爆、有毒有害、腐蚀等危险性。物质的潜在危险性决定了在生产、使用、储存、运输等过程中稍有不慎就会酿成事故。另外化工生产从原料到产品，一般都需要经过许多工序和复杂的加工单元，通过多次反应或分离才能完成，化工生产的工艺参数前后变化很大，同时还需要考虑工艺设备的泄压防爆等安全装置。因此防止事故的发生，最好从本质上消除事故危险源，例如采用较安全的物料代替危险的化学物料，采用较安全的反应条件代替危险的反应条件。

3.5.1 物料的危险性分析

（1）火灾爆炸危险性

《化学品分类和危险性公示 通则》（GB 13690—2009）将化学物质分为三大类：第 1 类为理化危险；第 2 类为健康危险；第 3 类为环境危险。其中第 1 类危险物质在一般情况下为固体、液体、气体三种状态之一，不同状态用不同的因素来衡量火灾爆炸危险性。

衡量可燃液体火灾爆炸危险性的主要技术参数是闪点和爆炸极限或爆炸危险度。其中，闪点是评价可燃液体危险程度的重要参数之一。闪点越低，越容易起火燃烧。由定义可知，闪点是对可燃液体而言的，但某些固体由于在室温或略高于室温的条件下即能挥发或升华，以致在周围空气中的浓度达到闪燃的浓度，所以某些固体也有闪点，如硫、萘和樟脑等。

可燃气体的主要危险是燃烧爆炸，可燃气体或蒸气的爆炸极限是表征其爆炸危险性的主要技术参数，还可以用爆炸危险度来表示。燃点是表征固体物质火灾危险性的主要参数。燃点低的可燃固体在能量较小的热源作用下，或者受撞击、摩擦等，会很快升温达到燃点而着火。所以，可燃固体的燃点越低越易着火，火灾危险就越大。控制可燃物质温度在燃点以下是防火措施之一。爆炸上下限的计算公式如下：

爆炸下限公式
$$L_{下}=\frac{100}{4.76\times(n-1)+1}\times100\%$$

爆炸上限公式
$$L_{上}=\frac{4\times100}{4.76n+4}\times100\%$$

式中　$L_{下}$——可燃性混合物爆炸下限；

$L_{上}$——可燃性混合物爆炸上限；

n——1mol 可燃气体完全燃烧所需的氧原子数。

（2）火焰传播速度

火焰传播是指火焰从火源处借助在燃烧极限区内的可燃混合物的传输而扩散的现象。一般用火焰传播速度表示燃料的燃烧速度。燃烧速度就是在单位面积上和单位时间内燃烧的可燃物质的量。液体的燃烧速度有质量速度和直线速度两种形式，直线速度是 1h 燃烧多高（cm）的液体层。由于气体的燃烧不需要像固体、液体那样经过熔化、蒸发等过程，所以燃烧速度很快。简单气体（如氢气）燃烧只需受热氧化等过程，而复杂气体（如天然气等）则要经过受热、分解、氧化等过程才能开始燃烧。因此简单气体比复杂气体燃烧速度要快。在气体燃烧中，扩散燃烧速度取决于气体的扩散速度，而混合燃烧速度则取决于本身的化学反应速率。通常混合燃烧速度高于扩散燃烧速度，故气体的燃烧性能常以火焰传播速度来衡量。

（3）腐蚀

腐蚀包括化学品原料具有的腐蚀性、介质环境下的腐蚀和应力腐蚀。工艺过程中的一切物料，包括原料、半成品、成品、副产品等化学品，一些具有酸性腐蚀性，一些具有碱性腐蚀性，这些都对工艺设备具有腐蚀作用。工艺设备使用的液体中所含的少量杂质对工艺设备产生的腐蚀，包括侵蚀产生的影响、涂层剥落引起的外部腐蚀、混入绝热材料后蒸发浓缩的液体造成的外部腐蚀等。很多腐蚀在低温下并不显著，但随着温度的升高，腐蚀急剧加快。在设计中应考虑由于温度超出正常操作范围而引起的腐蚀问题。

（4）毒性

毒性大小影响事故后果。毒性大的物质，即使少量扩散也能酿成事故。对不同的物质状态，毒物泄漏和扩散的难易程度有很大不同。化工生产过程中存在多种危害劳动者身体健康的因素，会对劳动者的健康造成不良影响，严重时甚至危及生命。而且一旦发生事故，毒性物质泄漏扩散可能造成严重的人员伤亡和财产损失。工业毒物主要指生产中使用或产生的毒物。在化学工业中，毒物的来源多种多样，可以是原料、中间体、成品、副产品、助剂、夹杂物、废弃物、热解产物、与水反应的产物等。在一般情况下，工业毒物常以一定的物理形态（气、液、固态）存在，但在生产过程中，主要以粉尘、烟尘、雾、蒸气、气体五种形式逸散于空气中。在生产条件下，工业毒物主要通过呼吸道和皮肤进入人体，经口途径比较次要。毒物进入体内，有的可直接发挥毒性作用，但多数需经过生物转化后才能发挥毒性作用。生物转化主要有四种形式：氧化、还原、水解和结合。毒物或其代谢物通过血液循环分布到全身的器官组织，在到达器官并达到临界浓度时，就可以产生毒性作用并引起组织损伤。除了以上化学品对人的毒性危害以外，危险固体废物的管理不当也会给人类健康和环境造成重大急性或潜在危害。

3.5.2 工艺过程的危险性分析

化工工艺设计是化工设计中的重要内容之一，是工艺设计转换成工程设计的重要环节，同时也为化工工艺设备设计提供重要的参照依据。

据日本对间歇式精细化工过程中的事故统计分析结果：按事故类型分类，爆炸及火灾占了近 90%，且前者与后者的比值达 2 以上；按工序分类，反应过程中的事故＞储存、保管事故＞输送事故＞蒸馏事故＞混合事故；按引起事故的着火源分类，反应热（51%～58%）＞撞击、摩擦（14%～16%）＞明火（10%～12%）＞静电（8%～9%）。

（1）放热反应

化学反应过程一般都伴有热效应。放热反应需要及时将放出的热量传出，防止超温；既要控制传热介质的温度，又要保持适当的传热速度，如磺化、中和、聚合、缩合、硝化等放热工段，包括轻微放热、中等放热、剧烈放热等。转移热量的常用方法有夹套冷却法、内蛇管冷却法、夹套内蛇管兼用冷却法等。

（2）操作压力

操作压力是化工生产中的主要控制参数之一。现代化的化工生产中压力均是自动控制，通过压力仪表显示。化工生产中的设备、管道和容器都是按一定的承受压力范围，选用不同的材质制作，并定期检验。生产中，由于某些物理或化学因素的影响，容器设备不可避免地发生超压现象，即设备内的实际工作压力超过容器能够承受的压力，不仅会造成物料跑冒，还会引起密闭容器设备的破裂爆炸等重大事故。而可燃气体容器爆炸后，在容器外还会形成二次爆炸，危害极大。

（3）操作温度

温度也是化工生产中的主要控制参数之一。正确控制反应温度可延长设备寿命、降低能耗，还可以防火防爆。温度过高，会引起剧烈的反应而发生冲料或爆炸，也可能引起反应物的分解着火；温度过低，有时会造成反应减慢或停滞，而一旦反应温度恢复正常时，往往会由于未反应的物料过多而发生剧烈反应甚至爆炸。同时，温度过高还会使降温设施发生故障，液化气体和低沸点介质汽化，发生超压爆炸；而温度过低还会使某些物料冻结，造成管路堵塞或破裂，致使易燃物泄漏发生火灾和爆炸。操作温度的高低对化学原料的危险性有很大影响，对易燃液体影响最大，对可燃气体或蒸气也有很大的影响。

（4）物料的量

危险化学物质在生产装置中被生产出来，又作为原料在生产装置中生产其他产品，或在管道或储罐等储运设施中处于储运状态。在装置和设施中，危险物质的数量和性质在设计时需要充分考虑。对于同一种危险物质来说，其数量越大，导致的事故后果就越严重。当达到特定量时，一旦发生事故，就会导致灾难性事件，造成严重的事故后果。当然，以上这些危险元素并不是独立的，每一个元素的变化都可能会引起其他元素的变化，往往是由它们之间的相互作用影响使能量意外释放而导致事故。在生产中应系统分析所有因素的共同影响，确保化工工艺设备的本质安全。

（5）反应特性

许多化学反应，往往由于反应物料中含有危险原料或杂质而导致副反应或过反应，因此可能导致燃烧或爆炸事故。根据化工原料的物理化学属性，确定化学物质之间的不相容性。具有特殊性质的物质，如遇湿易燃品、自燃发热物质、有机过氧化物、分解爆炸性物质、遇静电燃爆物质等对化工工艺具有潜在的危险。

3.5.3 装置设备的危险性分析

减少危险性物质的量，用较安全的物质代替危险物质；减少安全装置的使用量，简化工艺设备，从而减小人为失误的概率。还需要从安全装置结构、装置类型以及工艺设备的材料等各方面来对其潜在危险源进行限制。譬如，安全泄压装置是为保证容器设备安全运行，防止其超压的一种保险装置。除了要尽量避免发生超压外，一旦发生超压时，需要自动、及时、迅速泄压，以保证容器设备安全运行。当容器在正常的工作压力下运行时，安全泄压装置保持严密不漏；而当容器内压力超过规定值时，将容器的超荷部分泄放，使容器内的压力始终保持在最高许用压力范围以内，从而保证设备的安全可靠运行。正确选用制造材料，是保证压力容器安全运行的一个重要措施，广泛使用的材料为金属材料，如碳钢、低合金钢、铸铁及各种有色金属。化工工艺装置、设备的结构强度本身应能充分承受操作条件的影响，使用的材料应考虑工艺流体、流速、温度、压力以及流体反应特性和腐蚀特性等各种因素，满足耐腐蚀性、强度要求以及具有可加工性。化工工艺设备的结构形式和不同的用途决定了其有不同的类型，如球形罐、圆筒形罐、锥形罐等。

3.5.4 操作者的危险性分析

操作者对工艺、设备、仪表等的熟悉程度和经验丰富程度也是危险性分析的关键一项。一般由各种专业人员（如工艺、设备、自控、现场操作人员等）按照规定的方法对偏离设计的工艺条件进行过程危险和可操作性研究。

总之，如图 3-4 所示，化工工艺设备危险性分析，需要从物料、工艺过程、装置设备和操作者多方面进行分析，确定设计条件，制定各项技术措施，以预防危险发生或在事故发生后及时处理。

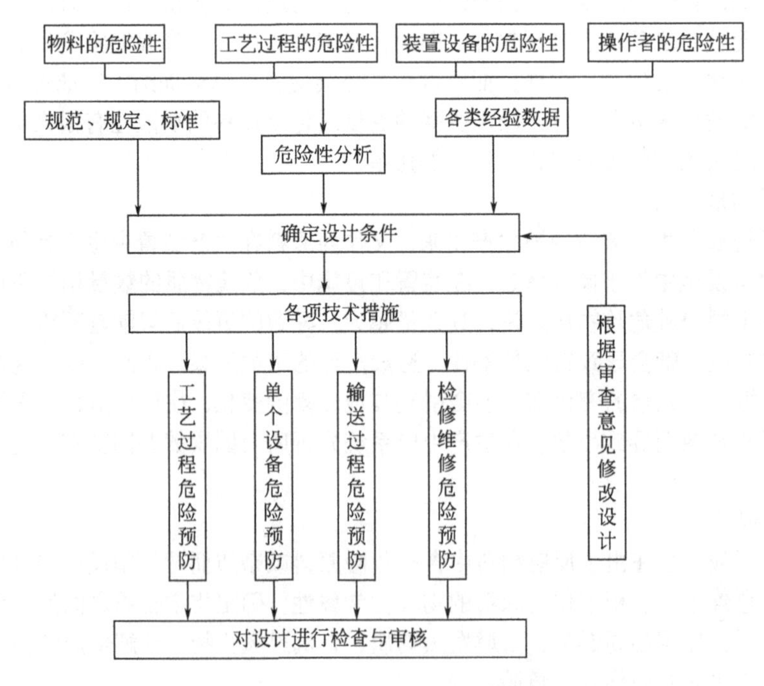

图 3-4 化工工艺设备危险性分析

3.6 精细化工生产过程存在的问题

3.6.1 精细化工生产的安全问题

现阶段我国的精细化工产品生产技术仍以引进和仿制为主，缺乏自主知识产权。农药、染料和化学原料药的出口比例虽然很高，但基本上是为跨国公司提供初级产品。在企业规模方面，由于多数精细化工产品市场需求小，导致中小型企业居多，且大部分采用间歇式生产，以致自动化程度低，现场操作人员多，在线监测分析手段不完备，产品质量得不到有效的控制，企业的安全生产也受到了极大挑战。精细化工产品需求量增大与生产安全事故频发的矛盾正困扰着精细化工企业的发展。化工企业接触有毒、有害、易燃易爆的危险化学品，在生产、使用、运输、储存的过程中，因某一环节上的疏于管理，可能造成重大事故。

究其原因，可以分为以下几方面：

（1）重效益、轻安全

精细化工企业重效益、轻安全是阻碍安全生产的第一大问题。2017 年 6 月 9 日，浙江绍兴一家化工公司发生一起爆燃事故，导致 3 人死亡。事故调查人员表示，这家企业的总经理和分管安全生产的副总经理都是留学回国的高端人才，并且对化工安全较熟悉，但其为了增加上市筹码，急于研发新产品，竟然在生产装置上进行产品试验。调查组成员在实验室内模拟了该企业生产的中间产品 1-氧-4,5-二氮杂环庚烷的温度和压力变化曲线，发现其达到 130℃时压力剧增，急剧分解并爆炸。正是由于对产品了解不足、操作违规、未做反应安全风险评估，导致了惨剧发生。

（2）整体安全水平低

部分精细化工企业缺乏整体安全设计，缺乏对危险化学品的规范管理，自动化控制系统缺失或不投用，安全泄放条件严重不足。如：在精细有机合成过程中，往往涉及硝化、重氮化、氧化等剧烈的放热反应，若不能及时移走反应过程中产生的热量，很可能会造成反应失控，引起冲料、爆炸等事故。

（3）反应风险认识不足

随着产业的快速发展和企业自主创新能力的不断增强，生产工艺呈现出多样化的趋势，新工艺、新装置和新产品大量涌现。但是部分企业和研发单位对新变化可能引发的新风险认识不足，对安全风险形成机理和核心安全参数研究不系统、不透彻，极易造成配套的安全技术和工程措施缺乏针对性和有效性，对新开发工艺没有进行工业性试验而直接进行工业生产，没有按要求开展精细化工反应风险评估，由此引发灾难性的生产安全事故。

（4）人员素质不符合要求

从事涉及重点监管化工工艺工作的人员专业、素质不符合要求，现场操作人员不了解化工安全知识、出现事故后不知道如何处理，十分容易导致事故扩大。企业培训教育不到位和人才流失严重，使职工队伍素质下降；有的企业为降低成本，在脏、累、险、差的岗位大量使用临时工，人员素质不高、意识差、应变能力差、事故率高。

（5）责任不明确，重视程度不够

企业和部门在安全生产监督管理方面的重视程度不够，监管不严，浮于形式，不能形成有效的岗位安全责任制，常常导致事故发生。

（6）没有严格执行相关标准，没有严格遵守法律法规

企业不能严格执行国家有关安全的法律、法规，违章指挥、违章作业、违反劳动纪律的“三违”现象频发。对有关责任人的查处失之于宽、失之于轻，未能严格遵照“四不放过”要求执行，即事故原因不查清不放过，事故责任者没有受到严肃处理不放过，广大职工没有受到教育不放过，防范措施没有落实不放过。

（7）技术管理水平低

安全存在于全员、全过程、全部工作之中，技术管理上存在薄弱环节，科研、设计、基建、技术改造、生产、储存、运输等诸多环节都存在安全问题。企业往往是重生产安全，轻科研、基建、技改的安全，以致发生事故。

（8）投入较小

企业经济状况差，设备等隐患增多。一些企业经济状况不好，各项生产经营活动受到资金的限制，设备维修更新困难，安全生产没有保障。有的企业拖欠职工工资时间长，给职工生活带来较大困难，使部分职工思想产生波动，带情绪上班，难以严格管理，给安全生产带来较大威胁。

3.6.2 精细化工安全管理中存在的问题

（1）设备管理方面的问题

在化工生产中，做好化工设备质量管理工作是安全生产的基础。精细化工生产企业需要保证化工设备的更新和质量，并逐渐向智能化发展。设备的更新虽然在一定程度上提高了生产的安全，但是也存在弊端。一般来说，设备的工作负荷逐渐增强，运行的时间也大大增加，在一定程度上带来了安全隐患，也给企业设备管理工作带来一系列问题。另外，精细化工生产中应用了新型设备，现行设备管理制度不能应对新型设备的管理要求，容易引起安全事故。

（2）安全管理制度方面的问题

在精细化工生产企业的运营中，还需进一步完善安全管理制度。没有完善的安全管理制度，就不能对精细化工生产产生的不良因素进行有效控制。第一，精细化工生产企业管理制度的制定过程中，由于制定人员对化工企业安全管理工作的认知度不高，致使制定的安全生产制度不能与精细化工生产企业的安全管理工作相融合。因此，对工作人员没有起到正确的引导作用。第二，精细化工生产企业的安全管理部门多，致使安全管理工作流程比较复杂，安全管理工作的施行不畅。第三，化工企业安全管理工作在实行中没有完善的管理监督制度。

（3）生产人员方面的问题

目前在精细化工生产企业中工作人员的文化水平和专业技能水平高低不等，化工安全生产缺乏人员保障。此外，化工生产企业对员工的岗前培训工作不到位，甚至无培训直接上岗，也大大增加了化工安全事故的发生概率。

（4）生产现场安全隐患问题

生产车间布局缺乏科学合理性，生产设备和物件放置杂乱，设备之间相隔距离不合理，给车间的安全生产埋下隐患。

（5）安全管理投资不足

化工安全生产管理除了制定科学合理的监管制度外，在硬件方面也需加大资金投入，引进

高端生产设备，提高生产效率。但是在实际的化工生产中，企业往往忽视对设备的投资，车间设备老旧，容易引发安全事故。另外，高端设备的后期维护保养工作也需要专业管理人员和不断投入资金，才能确保设备在生产中正常运行，但是在有些化工生产企业中缺乏设备的专业管理人员和持续的资金投入。

(6) 企业缺少对工作人员的安全培训

在精细化工生产企业的运营生产中不安全的因素较多，所以对一线的生产人员提出了较高的要求。但是精细化工生产企业中一线的生产人员安全意识往往不足。其主要原因是生产企业没有对员工及时培训。首先，在化工生产企业中没有建立专门的培训部门，致使部分工作人员没有接受专业的安全技能学习，欠缺对生产设备的安全操作知识，给精细化工生产企业的运营埋下安全隐患。其次，化工生产企业在安排培训时没有将安全生产知识列入培训内容中，致使一线生产人员安全生产意识欠缺，对于生产中突发的安全事故不能运用相关的知识进行处理。最后，化工生产行业人员流动性大，企业对临时人员的安全生产培训不够重视，导致安全事故发生的概率增加。

3.7 精细化工生产安全化

3.7.1 精细化工工艺安全分析

(1) 工艺物料安全

安全可靠的精细化工工艺首先要降低装置中工艺物料本身的危险性。在设计阶段有效避免可能发生的危险因素，方能实现精细化工工艺的安全运行。在精细化工工艺安全设计过程中，可以从理化性质、火灾爆炸危险性、毒性以及腐蚀性等方面入手分析工艺物料危险，并在此基础上选择适合的工艺设备、工艺管道及检测控制仪器等。根据原料特性选择相应的设备，不仅可以有效预防、降低装置运行中的安全风险，而且可以减少后期检维修、事故整改的资金投入。

(2) 工艺过程安全

精细化工企业在运行过程中通常采用多种化工装置单元，如过滤、结晶、传热、萃取、蒸发、干燥等。不同单元组合生产不同的产品，在工艺安全设计过程中，需要对操作情况及设计情况进行实时分析，检查危险物料的状态，控制工艺过程中的危险因素对精细化工装置造成的影响。另外，对于危险程度高的化工工艺过程，特别是《国家安全监管总局关于公布首批重点监管的危险化工工艺目录的通知》(安监总管三〔2009〕116 号) 和《国家安全监管总局关于公布第二批重点监管危险化工工艺目录和调整首批重点监管危险化工工艺中部分典型工艺的通知》(安监总管三〔2013〕3 号) 规定的危险化工工艺过程，要在工艺危险特点的基础上采取安全措施。比如，某化工企业的磺化工艺存在的危险特点包括原料易燃易爆，磺化剂具有氧化性和强腐蚀性，反应过程属于强放热反应。物料投放顺序错乱或投料速度过快、搅拌不均匀、缺少冷却措施，都会导致温度升高，从而引发火灾或爆炸事故。因此，在精细化工生产过程中一定要对反应釜的压力、温度、搅拌速度、冷却联锁等加以重视，确保工艺过程的安全进行。

(3) 工艺设备安全

精细化工装置与其他化工装置类似，为了满足不同产品的需求，而采用相应的生产设备。

但是，精细化工装置具有产量低、专属设备多、设备制造要求高等特点，而且含有有毒有害、易燃易爆物质的设备较多。因此，对设备安全性提出了较高要求，主要包括设备材质、制造水平、安装规范、安全附件等。生产使用的标准设备或非标准设备，应该由工艺工程师在工艺系统安全要求下提出相应的技术条件，应由具备设计资质的单位设计，如塔器、反应器选材应满足工艺要求的强度和防腐性能，应由具备资质的单位制造、施工安装。设备应安装温度、压力等监控设备，视镜及安全附件等。充分考虑设备的安全性，确保其达到工艺安全要求，更加安全、经济地生产。

（4）工艺管道安全

精细化工装置中的工艺管道经常输送具有腐蚀性、毒性以及易燃易爆的物料，为了避免出现超压、泄漏而引发的事故，管道一定要采取放空放净、防腐防爆、安全泄放等措施。工艺管道的投资较小、功能单一、结构简单，但是其中的构件和连接点非常多，所以工艺管道成为了精细化工装置中最薄弱的环节。工艺管道的安全设计十分重要，是保障精细化工企业安全运行的关键。

3.7.2 精细化工生产的安全化措施

通过对化工生产安全事故的统计分析、诱因和案例的研究，可以从以下几个方面加强企业安全管理，提升精细化工生产的安全化水平。

（1）加强安全意识

精细化工企业安全意识薄弱的主要原因之一是部分企业只注重短期的经济效益，忽略长远发展。实现精细化工工艺安全性必须加强企业管理层和一线员工的安全意识，提升全体员工的综合素养，摒弃不良的行为习惯，降低企业内部存在的风险程度。精细化工企业应从以人为本、关爱生命的理念出发，建立一套完善的规章制度及体制，严格执行安全操作规程，确保全体员工形成良好的操作习惯。通过组织开展“安全生产月”“安全示范岗”等活动，形成符合精细化工企业的文化氛围，实现安全管理。

（2）创新安全管理手段

为了确保精细化工企业的工艺安全，建立一个由企业法人为领导、各部门负责人为组员的安全生产小组，全权管理企业中的安全生产问题。定期召开安全会议，总结经验，不足之处及时处理。此外，班组的安全建设在精细化工企业安全管理中也至关重要，需要提升班组长及其员工的安全素质，避免违反安全规定行为的出现。

（3）健全安全管控体系

企业应落实安全生产主体责任，提高全员对安全生产的认识，健全各项安全管理制度和操作规程，开展岗前培训和日常培训，提升员工安全风险辨识与管控能力；落实安全警示标识、作业审批、气体检测等工作；创新企业管理模式，逐层管理，形成完备的现代化安全管控体系，责任到岗、责任到人，逐步提高企业安全管理水平和防范事故的能力。

（4）严格遵守国家的法律法规

面对化工安全事故频发的严峻形势，国家陆续出台多项法律法规，如《安全生产法》《危险化学品安全管理条例》《工贸企业有限空间作业安全管理与监督暂行规定》等，以及一系列标准规范，如 GB 8958—2006《缺氧危险作业安全规程》、GBZ/T 205—2007《密闭空间作业职业危害防护规范》等。因此，应加强对重点地区、重点时段、重点企业的督促督导检查，加强对危险化学品生产、储运的监管，对违法违规生产建设行为严肃处理，落实严格的危险作业审批制度；加强对各类化工企业人员的普法教育，提高其安全生产意识，认真落实安全生产风险管控和隐患排查治理双重预防机制。

（5）增加安全生产投入

精细化工企业在追求效益的同时，应加大科技创新投入，改进生产工艺，提高生产自动化水平，不断完善基础设施，对设备进行必要的日常维护，对于损坏严重或者落后的设备及时更换，以提高生产效率和质量，保障安全生产。对易发生中毒窒息事故的有限空间作业，保证通风系统、监测报警系统的正常运行，为作业人员配备齐全的（有毒气体防护、逃生等）个人防护用品等。

（6）重视职业安全教育

人在安全生产中起主导作用。精细化工企业应加强员工培训，提高危险岗位员工的业务水平和操作技能，执行严格的“三级”安全教育，安全考核合格后持证上岗，使工作人员清楚作业环节主要风险因素，能够按照规定的流程操作，减少人为主观因素影响。员工应了解紧急情况下的安全撤离或逃生路线，提高风险识别能力及自我安全保护意识。

（7）完善安全生产事故应急指挥机制

安全生产事故多为突发状况，易造成人员伤亡。为保证有效处理事故，政府和企业应共同建立统一协调的应急指挥机制，整合各方资源，配备专业的高素质应急救援队伍，适时开展救援演练，增强处置突发状况和现场救援的能力。采用先进的信息化管理技术，对安全生产任务较重的企业内部情况实施全流程监控，与消防系统联网，争取第一时间了解事故状况并进行处理，从而保证人员的生命安全，避免造成二次伤害。

（8）加大安全监管力度

以完善的安全技术管理体制、健全的法律法规为基础，加大对企业的监管力度。企业应建立全天巡逻的监管制度。地方政府应当破除地方保护主义，对于违反规定的企业要依法依规严惩，并对造成重大安全事故的责任者追究刑事责任。监管工作人员要切实负起责任，力求减少化工生产中人为因素造成的安全问题。

（9）强制淘汰落后工艺，大力推广先进技术，提高行业自动化控制水平

通过技术革新不断改进安全生产工艺，提高生产水平。生产过程的自动化控制是本质安全的核心内容。一方面，可以通过自动化减少在岗人员，减少事故发生时的人员伤亡；另一方面，采用自动化设备可以实现自动报警和联锁保护功能，防止人为错误以及设备故障造成机毁人亡。此外，自动化控制系统还可以实现自动操作来降低风险。如自动报警可以根据风险程度进行分级，在不同层次采取不同的响应机制。建议实施自动化控制的分级管理办法，针对不同工艺（或装置）的安全风险等级，配套相应自动化控制水平等级。

（10）风险评估应覆盖工艺全过程

风险评估范围从“间歇与半间歇反应”扩大至化工过程的“反应、蒸馏、干燥、稀释、离心”等单元，应重视对中间体或混合物热稳定性的风险分析和研究。建议逐步开展深度、全面的反应风险评估，为工程设计、安全控制工艺参数的确定提供依据。

思考题

3-1 化工单元操作中的“三传一反”具体指什么?

3-2 化工原料的危险性主要来源于哪几个方面?

3-3 如果你是化工工艺设计师，在设计化工工艺过程时会注意哪些问题?

3-4 为什么说我国精细化工生产安全问题是比较棘手的问题?

3-5 如果你是化工企业的安全监管人员，将如何制定企业的安全管理制度?

3-6 对已发生的重大化工事故有什么想法?

3-7 气体的爆炸极限和自燃点、液体的闪点和沸点、固体的着火点和比表面积分别与其火灾爆炸危险性有何关系?

3-8 什么是爆炸? 按照爆炸的性质、爆炸的速度可以将爆炸分为哪几类?

3-9 防止化工设备被腐蚀的措施有哪些?

案例分析：江苏响水“3·21”特别重大爆炸事故

江苏省盐城市响水县生态化工园区的一个化工公司，主要生产苯胺类精细化工中间体。2019 年 3 月 21 日，工厂发生特别重大爆炸事故。最初是其旧固废库房顶冒出淡白烟，随即出现明火且火势迅速扩大，接着发生爆炸，结果造成 78 人死亡，76 人重伤，640 人住院治疗，直接经济损失 198635.07 万元。事故调查组认定，江苏响水“3•21”特别重大爆炸事故是一起长期违法贮存危险废物导致自燃进而引发爆炸的特别重大生产安全责任事故。

事故原因是：公司旧固废库内长期违法贮存的硝化废料持续积热升温导致自燃，燃烧引发硝化废料爆炸。对硝化废料取样进行燃烧实验，表明硝化废料在产生明火之前有白烟出现，燃烧过程中伴有固体颗粒燃烧物溅射，同时产生大量白色和黑色的烟雾，火焰呈黄红色。事故爆炸特征与硝化废料的燃烧特征相吻合。旧固废库内贮存的硝化废料，最长贮存时间超过七年。在堆垛紧密、通风不良的情况下，长期堆积的硝化废料内部因热量累积，温度不断升高，当上升至自燃温度时发生自燃，火势迅速蔓延至整个堆垛，堆垛表面快速燃烧，内部温度快速升高，硝化废料剧烈分解发生爆炸，同时引爆库房内的所有硝化废料。

国务院事故调查组 2019 年出具的事故调查报告提出了六点改进措施：①把防控化解危险化学品安全风险作为大事来抓。②强化危险废物监管。③强化企业主体责任落实。④推动化工行业转型升级。⑤加快制定、修订相关法律法规和标准。⑥提升危险化学品安全监管能力。

安全生产，警钟长鸣。江苏响水爆炸事故对精细化工的安全生产具有很好的警示作用。多级政府部门组织警示教育会议，提高各级责任意识，克服麻痹大意，树立环保安全红线意识，持之以恒做好科学的监管，促进专业人才的培养。各大企业汲取事故教训，结合各自生产实际情况反思，做实做细安全生产工作，剔除形式主义。政府、企业和第三方机构（包括行业协会、工程设计公司、安全评估单位以及高校）相互关联形成一个紧密的生态系统，共同预防灾难性事故。

第4章

毒物危害与化合物毒理学

凡通过接触、吸入、食用等方式进入机体，并对机体产生危害作用，引起机体功能性或器质性暂时或是永久病理变化的物质称为有毒物质（Toxic Substance）。对于有毒物质不能仅看毒性和剂量，需要不同物质不同分析。目前世界上常用的化学品就有七万多种，每年还有上千种新的化学品上市。在品种繁多的化学品中，包含多种有毒化学物质，在生产、使用、储存和运输过程中有可能对人体产生危害，甚至危及人的生命。因此，了解和掌握有毒化学物质对人体危害的基本知识，对于加强有毒化学物质的管理，清楚规范地标记有毒物质（图4-1），防止其对人体的危害和中毒事故的发生，无论对管理人员还是工人，都是十分必要的。

图4-1　有毒物质安全标志

4.1　有毒物质的分类

有毒物质分为自然有毒物质和人工合成有毒物质。

① 自然有毒物质如生蘑菇、浆果或是河豚等动植物中含有的一些物质。

② 人工合成有毒物质如二噁英、三聚氰胺等。

化学毒物的分类包括以下10类。

① 金属或类金属元素。常见的有可溶性重金属铅、汞，锰、镍、铍、砷、磷及其化合物等。譬如对涂料、儿童玩具和电子产品部件都规定了铅和汞的含量，大部分铅含量需要小于10mg/L，汞含量小于1mg/L。

② 刺激性气体。对眼和呼吸道黏膜有刺激作用的气体，是化学工业中常见的有毒气体。刺激性气体的种类甚多，最常见的有氯、氨、氮氧化物、光气、氟化氢、二氧化硫、三氧化硫等。

③ 窒息性气体。能造成机体缺氧的有毒气体，窒息性气体可分为单纯窒息性气体、血液窒息性气体和细胞窒息性气体。如氮气、甲烷、乙烷、乙烯、一氧化碳、硝基苯的蒸气、氰化氢、硫化氢等。

④ 药物和农药。包括部分药物和杀虫剂、杀菌剂、杀螨剂、除草剂等。农药的使用对农作物的增产起重要作用，但如生产、运输、储存和使用过程中未采取有效的预防措施，会引起中毒。

⑤ 有机化合物。应用广泛的有毒有害的有机化合物，如甲苯、二甲苯、二硫化碳、甲醇、丙酮等，以及苯的氨基和硝基取代衍生物。

⑥ 某些高分子化合物。高分子化合物本身无毒或毒性很小，但在加工和使用过程中，可释放出游离单体对人体产生危害，如酚醛树脂遇热释放出的苯酚和甲醛具有刺激作用。某些高分子化合物由于受热、氧化而产生毒性更为强烈的物质，如聚四氟乙烯塑料受高热分解出四氟乙烯、六氟丙烯、八氟异丁烯，人体吸入后会引起化学性肺炎或肺水肿。高分子化合物生产中常用的单体多数对人体有危害。

⑦ 挥发性有机化合物。甲醛和有机胺类等为挥发性有机化合物（VOCs）。VOCs 是 $PM_{2.5}$ 重要的前体物。经过一系列光化学反应，VOCs 中某些较低蒸气压的有机物可通过成核作用、凝结、气粒分配等过程形成二次有机气溶胶，成为颗粒物的一部分。$PM_{2.5}$ 为细颗粒物，指环境空气中空气动力学当量直径小于等于 2.5μm 的颗粒物。它能较长时间悬浮于空气中，粒径小，面积大，活性强，易附带有毒、有害物质，在大气中的停留时间长、输送距离远，对人体健康和大气环境质量的影响大。VOCs 和 $PM_{2.5}$ 存在于日常的家居、办公和大气环境中，与人接触时间长，危害性极大。因此，通过控制挥发性有机化合物含量改善居住环境是一个十分有前景和挑战性的课题。

⑧ 一些放射性物质。如钋为一种具有放射性的重金属。在大剂量的照射下，其放射性对人体和动物存在着某种损害作用。

⑨ 天然动植物中含有的有毒物质。如生物碱、蛇毒、蝎子毒、蜘蛛毒等神经型、血液型的毒素。

⑩ 生活中常见有毒物质。生活中能引起中毒的物质也有很多，如油漆和防腐剂中的甲醛、不完全燃烧产生的一氧化碳、粉尘、未完全煮熟的豆角等。烟草燃烧时释放的烟雾中含有 3800 多种已知的化学物质，绝大部分对人体有害，其中包括一氧化碳、尼古丁、生物碱、胺类、腈类、醇类、酚类、烷烃、醛类、氮氧化物、多环芳烃、杂环族化合物等，范围很广，它们有多种生物学作用，对人体造成各种危害。

4.2 化学毒物危害及防护对策

4.2.1 化学毒物的危害

（1）危害形式

物质的存在状态主要有气态、液态和固态三种，化学毒物存在的基本状态也是如此。其中气态毒物会造成空气污染，有的也会导致水体、地面污染；液态毒物易造成地面（包括物体表面）污染，如果具有挥发性，还会产生蒸气造成空气污染；固态毒物能够造成地面（包括物体表面）、水源污染，其粉末还会导致空气污染；液态、固态毒物在燃烧、爆炸等过程中还会形成细小的液态、固态颗粒及气溶胶，悬浮于空气中，造成空气污染。归纳起来，化学毒物对人的危害包括气体、蒸气、颗粒微尘（雾、烟、粉尘）、气溶胶、液体、固体等多种形式。

（2）危害途径

除了注射等强迫手段外，有毒物质一般通过呼吸道、皮肤与消化道三种途径进入人体。

① 呼吸道。呼吸道是毒物进入体内最重要的途径，凡是以气体、蒸气、气溶胶、雾、烟、粉尘形式存在的毒物，均可经呼吸道侵入体内。整个呼吸道都能吸收有毒物质，其中肺泡的吸收能力最大。人的肺由亿万个肺泡组成，肺泡壁很薄，壁上有丰富的毛细血管，毒物一旦进入肺，很快就会通过肺泡壁进入血液循环而被运送到全身，因此毒物通过这种途径对人造成的危害最为直接和迅速。

② 皮肤。当液态、固态毒物附着在皮肤上或高浓度气态毒物接触皮肤时，可能会对皮肤产生刺激、腐蚀或引起发炎及过敏等反应，有些毒物还可以通过皮肤吸收（通过表皮屏障、毛囊，极少数通过汗腺）进入皮下血管使人中毒，吸收的数量与毒物的溶解度、浓度、皮肤的温度、出汗等有关。由于脂溶性毒物经表皮吸收后，还需具有水溶性，才能在体内进一步扩散和吸收，所以兼具水溶性和脂溶性的物质（如苯胺衍生物）易被皮肤吸收。与经口鼻吸入不同，皮肤对毒物的吸收作用常常容易被忽视，应引起足够重视。

③ 消化道。由于不良卫生习惯或误食、误饮受毒物污染的食物和水，会导致中毒。经消化道吸收的毒物先经过肝脏，转运后进入血液中。由于人的肝脏对某些毒物具有解毒功能，所以消化道中毒较呼吸道中毒缓慢。有些毒性物质，如砷及其化合物，在水中不溶或溶解度很低，但接触胃液后会变为可溶物被人体吸收，引起中毒。

此外，毒物还可通过黏膜、伤口等侵入人体，对人造成伤害。毒物吸收的快慢与吸收途径，毒物的浓度、水溶性，机体的状态（如胃肠道 pH 值、肺活量、皮肤黏膜完整性、吸收部位的血液循环状况等），性别，个体体质及是否还有其他毒物等因素有关。以上各因素单独或共同影响毒物的毒性。毒物发生毒性作用，与机体吸收有很大关系。吸收快者中毒亦快，吸收慢者中毒亦慢，不吸收者不发生中毒。毒物呈气体状态时，易被呼吸器官吸入，很快进入血液中，马上产生毒性作用。毒物呈液体状态时，容易被胃肠黏膜吸收，产生毒性作用较快。毒物呈固体状态时，不易被胃肠黏膜吸收，产生毒性作用较慢。

（3）化学危害的表现形式

化学毒物侵入人体，根据毒物种类和性质的不同，会表现出多种不同的中毒症状。

① 刺激。包括对皮肤、眼睛、呼吸道及肺泡上皮的刺激作用，引起皮肤干燥、粗糙、疼痛，引起眼睛的轻微、暂时性不适或永久性伤残，以及咳嗽、呼吸困难、气管炎和肺水肿等。典型具有刺激性的毒物有氨、氯、光气、二氧化硫、氟化氢、甲醛等。

② 窒息。如一氧化碳、硫化氢、丙烯腈等，属化学窒息性毒物，可以直接对体内氧的供给、摄取、运输、利用等任一环节产生阻碍，造成以机体缺氧为主要表现的疾病状态。某些毒物，如氮、氢、氦等，属单纯窒息性毒物，其含量大时会导致空气中氧气浓度的降低，造成缺氧，引起窒息。

③ 昏迷和麻醉。一些脂溶性物质，如醇类、酯类、氯烃、芳香烃等，可对神经细胞产生麻

醉作用；有机磷和氨基甲酸酯类等农药、溴甲烷、三氯氧磷、磷化氢等，可作用于神经系统引起中毒昏迷。

④ 化学灼伤。化学灼伤是因某些化学物质直接作用于皮肤或黏膜，由刺激、腐蚀作用及化学反应热而引起的急性损伤。其不同于一般的热力烧伤，致伤化学物质与皮肤接触的时间往往较热力烧伤长，因此对组织造成的损伤可能是持续性、进行性的。不同化学物质导致化学灼伤的作用和机制不同，某些化学物质造成的化学灼伤还可造成皮肤、黏膜的吸收中毒，并产生严重后果，甚至导致死亡。可造成化学灼伤的化学物质种类很多，按类别主要是酸性和碱性物质，如浓硫酸、硝酸、氢氧化钠等，其他的还有金属钠、电石、有机磷、沥青和芥子气等。

⑤ 致癌。长期接触某些化学物质可能引起细胞的无节制生长，形成恶性肿瘤。这些肿瘤可能在第一次接触毒物后许多年才表现出来，这一时期被称为潜伏期，一般为4～40年。典型的致癌毒物有苯、联苯胺、氯乙烯、石棉、铬等。

⑥ 致畸。一些研究表明，某些化学物质，如麻醉性气体、汞和有机溶剂，可能干扰正常的细胞分裂过程。在怀孕的前三个月，孕妇如果接触这些化学物质，可能对未出生的胎儿造成危害，干扰胎儿的正常发育，导致胎儿畸形。例如1984年印度发生博帕尔事故，当地的胎儿畸形率在事故之后明显升高。

⑦ 致突变。某些化学品对人的遗传基因的影响可能导致后代发生异常，实验结果表明，80%～85%的致癌化学物质对后代有影响。

此外，化学品的燃烧、爆炸还会使人受到烧伤、冲击波的伤害以及砸、刺等机械伤害。

4.2.2 化学毒物危害分级

化学毒物的危害大小主要取决于其毒性、暴露途径等因素。如表4-1所示，可根据化学物质本身的毒性或有害性的大小（如致癌性，对皮肤、眼睛、黏膜的刺激性，腐蚀性等）对其进行危害分级。此外，也可根据化学物质急性毒性试验的半数致死量（LD_{50}）和半数致死浓度（LC_{50}）对毒物进行危害分级，见表4-2。

表4-1 化学毒物危害分级

危害等级	危害描述/分类	化合物举例
1	尚无已知的不良健康效应；ACGIH（职业病危害因素接触限值-化学类）-A5类致癌物；不属于有毒或有害物质	氯化钠、乙酸丁酯、碳酸钙
2	对皮肤、眼睛或黏膜有可逆性影响，但不至于引起严重的健康损害；ACGIH-A4类致癌物；皮肤致敏物和刺激物	丙酮、丁烷、10%的乙酸、钡盐、铝尘
3	数据不充分的可能人类或动物致癌物或诱变剂；ACGIH -A3类致癌物；IARC（国际癌症研究机构）-2B类致癌物；腐蚀性化学物质（pH 3～5或9～11）；呼吸致敏物；有害化学物质	甲苯、二甲苯、丁醇胺、乙醛、乙酸酐、苯胺、锑
4	基于动物实验研究的可能人类致癌物、诱变剂或致畸物；ACGIH -A2类致癌物；NTP（National Toxicology Program）-B类化合物；IARC-2A类致癌物；强腐蚀性化合物（pH 0～2或11.5～14）；有毒化学物质	二氯甲烷、环氧乙烷、丙烯腈、1,3-丁二烯
5	已知的人类致癌物、诱变剂或致畸物；ACGIH-A1类致癌物；NTP-A类化合物；IARC-1类致癌物；高毒化学物质	苯、联苯胺、铅、砷、铍、溴、氯乙烯、汞、结晶性二氧化硅

表 4-2 根据化学毒物急性毒性试验进行的危害分级

危害等级	大鼠经口 LD_{50}/(mg/kg)	大鼠或兔经皮 LD_{50}/(mg/kg)	大鼠吸入气体和蒸气 LC_{50}/[mg/(L•4h)]	大鼠吸入气溶胶颗粒 LC_{50}/[mg/(L•4h)]
2	>2000	>2000	>20	>5
3	200～2000	400～2000	2.0～20	1～5
4	25～200	50～400	0.5～2.0	0.25～1
5	≤25	≤50	≤0.5	≤0.25

我国职业性接触毒物危害程度分级标准如表 4-3 所示，依据毒物的急性毒性、影响毒性作用的因素、毒性效应、实际危害后果 4 大类 9 项分级指标进行综合分析，同时根据各项指标对职业危害影响作用的大小赋予相应的权重系数，依据各项指标加权分数的总和计算出毒物危害指数（Toxicant Harmful Index，THI），从而确定毒物危害等级（Hazard Ranking，HR）。

表 4-3 毒物危害等级范围

毒物危害指数（THI）	危害等级（HR）	毒物危害指数（THI）	危害等级（HR）
<35	轻度危害（Ⅰ级）	50～65	高度危害（Ⅲ级）
35～50	中毒危害（Ⅱ级）	≥65	极度危害（Ⅳ级）

4.2.3 化学毒物防护对策

化学物质中毒的发生必须具备某些条件：生产环境中存在某种有毒化学物质，而且这种化学物质要达到可导致人中毒的浓度或数量，劳动者必须接触一定的时间且吸收了达到或超过中毒量的有毒物质。所以，化学物质中毒的发生实际上是有毒物质、生产环境及劳动者三者之间相互作用的结果，只要切断三者之间的联系，中毒是可以预防的。

在预防中毒危害时，应按照从源头消除毒物、降低毒物浓度、加强个体防护三方面制定预防措施。

① 从源头消除毒物。以无毒、低毒的工艺和原辅材料代替有毒、高毒的工艺和原辅材料是最理想的措施。例如：循环水杀菌，消毒剂采用二氧化氯代替氯气，从根本上消除了氯气中毒的工作环境。当然完全做到消除有毒物质比较困难，但是这一条应作为优先考虑的防护措施。

② 降低毒物浓度。当消除毒物有困难时，应尽可能降低有毒物质的浓度，使之控制在国家规定的职业接触限值之内。可以从以下几个方面采取措施。

a. 生产装置密闭化、管道化，尽可能实现负压生产，防止有毒物质泄漏、外溢。设备尽可能自动化，过程控制采用 DCS（分散控制系统）进行集中监视、控制及管理。物料的加工、储存、输送过程均采用密闭的方式，设备以及管线之间的连接处均采取相应的密封措施，防止有毒物质泄漏。采集含有高毒物质的样品时，应使用密闭采样器，最大限度减少作业人员接触毒物的机会。

b. 通风排毒。设置必要的机械通风排毒、净化装置，防止毒物逸散，同时做好通风排毒设施的设计、安装和定期维护管理。需要进入存在高毒物质的设备、容器或者狭窄封闭场所作业时，事先保持作业场所良好的通风状态，确保作业场所的职业中毒危害因素浓度符合国家职业卫生标准。

c. 生产装置采用露天布置，通过自然通风使有毒物质迅速稀释扩散。设计合理的生产布局，有毒作业场所和无毒作业场所分开；高毒作业场所与其他作业场所隔离；作业场所与生活场所分开，作业场所不得住人。

d. 采取预防性技术措施，预防中毒事故发生。如对可能发生急性中毒的工作场所设置固定式有毒气体检测报警装置；设置必要的事故通风设施、应急撤离通道、泄险区和风向标；在易发生毒物危害和中毒事故的地方设置醒目的警示标识；在有毒物质的作业环境中，设计必要的淋洗器、洗眼器等卫生防护设施等。

e. 当操作人员失误或者设备运行达到危险状态时，通过联锁装置终止中毒事件的发生。

f. 加强职业卫生管理。制定和完善职业卫生管理制度；对生产设备要加强维护和管理，防止跑、冒、滴、漏污染环境；定期监测作业场所空气中毒物的浓度，将其控制在职业接触限值以下等。

③ 加强个体防护。做好个体防护是预防毒物危害很重要的一项措施，是防止毒物进入人体的最后一道屏障。防护服装、防护手套和防护眼镜一方面可防止腐蚀性毒物对皮肤、黏膜的直接损害，另一方面也可防止毒物经皮肤、黏膜吸收；呼吸防护用品则可防止毒物通过呼吸系统侵入人体。

a. 根据不同岗位的工作环境为作业人员配备适量适用的防护器材，并制定使用管理规定。

b. 在有毒气体可能泄漏的作业场所，除为作业人员配备常规劳动防护用品外，还应在现场醒目处根据毒物特点和防护要求配置事故柜，放置必需的防毒护具，以备逃生、抢救时应急使用。

c. 进入高毒物质作业场所进行巡检、排凝、仪表调校、采样、切水等作业时，应佩戴相应的防护用品，携带便携式报警仪，两人同行，一人作业，一人监护。如在含有硫化氢的油罐、粗汽油罐、轻质污油罐、污水罐等设备上作业时，必须佩戴适用的空气呼吸器，作业时应有人监护。

d. 进入硫黄回收装置、污水汽提装置、火炬装置、酸性气管线沿途区域、轻烃回收脱丁烷塔顶酸性水与轻烃回收单元干气管线、催化加氢酸性水罐等极度危险区域时须有监护人员陪同，佩戴正压自给式空气呼吸器，使用便携式硫化氢检测报警仪等。

e. 需要进入存在高毒物质的设备、容器或者狭窄封闭场所作业时，应按规定进行隔离、置换、吹扫，经分析合格后方可入内。同时必须为劳动者配备符合国家职业卫生标准的防护用品，设置现场监护人员和现场救援设备，严格遵守操作规程及应急预案的要求，防止职业中毒事故发生。

f. 高毒物质作业场所应当设置淋浴间和更衣室，并设置清洗、存放或者处理从事高毒物质作业劳动者的工作服、鞋、帽等物品的专用间。结束作业时，使用过的工作服、鞋、帽等物品必须存放在高毒作业区域内，不得穿戴到非高毒作业区域。

g. 在有毒物质的作业环境中，应根据毒物的特点和毒性，配置急救箱。

h. 加强对员工的健康教育和健康监护，使员工能够自觉遵守安全操作规程并使用适当的防护用品，养成良好的个人卫生习惯。

4.2.4 突发性毒物中毒事故防护

(1) 突发性毒物中毒事故的分类

突发性毒物中毒事故通常指有毒有害化学物品在生产、使用、储存和运输等过程中突然发生泄漏、燃烧或爆炸，造成或可能造成众多人员急性中毒或较大的社会危害，需要组织社会性救援的事故。事故的类型从救援角度出发，一般可分为两类：一类是一般性化学中毒事故，往往由于工艺设备落后或违反操作规程所致，事故危害范围多局限在单位以内，仅需组织自救就能迅速控制中毒事故；另一类是灾害性化学事故，往往造成众多人员伤亡，使国家财产遭受重大损失，影响地区生产和妨碍居民正常生活，事故危害范围已超出事故单位并影响周围地区，呈进一步扩展态势。灾害性化学事故一旦发生，应动员和组织社会力量迅速控制危险源，抢救受害人员和国家财产，组织群众自我防护、撤离、疏散，消除危害后果，尽快恢复城市的综合功能。这种社会性的救援称为化学事故应急救援，而医学救援往往是化学事故救援的重要内容。

(2) 突发性化学中毒事故的特点

化学毒物特有的毒性作用及其理化性质，决定了突发化学事故灾害有别于其他灾害性事故，其主要特点如下：

① 突然发生，防救困难。灾害性化学事故往往在预想不到的时间、地点突然发生。而一些自然因素如地震、雷击等引发的灾害性化学事故更是无法预料。灾害性化学事故一旦发生，短时间内大量有毒有害化学物品外泄，容易引起燃烧、爆炸、毒气逸散等直接灾害，还可引起慢性中毒、环境污染等次生灾害。产生的有毒气体只要吸入几口就可致死或窒息，而且有毒气体可迅速扩散到居民区，毒性作用迅速。有毒气体通过呼吸道、眼睛、皮肤、黏膜等多种途径经呼吸、消化等多系统引起中毒。不同的毒物不但防护措施不同，救治方法也不一样，有的剧毒化合物还需要特效药物才能救治。除了少数有机磷、氰化物及一些重金属盐中毒有特效抗毒药外，其他有毒化合物还没有研制出有效的现场救治药物。事故中心局部区域会由于燃烧、爆炸出现“高温、高压、缺氧、剧毒”的环境，因大火消耗大量氧气，形成负压将人畜吸入火焰中。因而对救援设备的要求也更高。

② 扩散迅速，受害广泛。突发化学事故后，有毒有害化学品通过扩散可严重污染空气、地面、道路、水源和工厂生产设施。危害最大的是有毒气体，可迅速往下风向扩散，在几分钟或几十分钟内扩散至几百米或数千米远，危害范围可达几十平方米至数平方千米，引起无防护人员中毒。挥发性的有毒液体污染地面、道路和工厂设施时，除可引起污染区人员和参加救援的人员直接中毒外，还可因毒物污染的服装或车辆造成间接中毒。在短期内要将居民疏散撤离，水源、地面污染要进行清洗，工厂设施要停工，待清洗后才能恢复生产。

③ 污染环境，不易洗消。有毒气体对环境污染一般影响不大，在室外、绿化稀疏区及低洼地区气体通过风吹、日晒等可很快逸散消失。但有毒气体在高低不平、疏密不一的居民区易滞留。能够长期污染环境的主要是有毒液体和一些高浓度、水溶性的有毒气体。一般有毒的液体化学品为油状，水溶和水解速率慢，挥发度小，具有刺激性气味。一旦污染形成，由于油状液体挥发度小，黏性大，不易消除，所以毒性的持续时间长。若化学事故发生在低温季节或通风不良的地区，则毒性可持续几小时或几十小时，甚至更长，洗消特别困难。

④ 影响巨大，危害久远。城市特大化学事故一旦发生，势必会影响城市的综合功能，交通被迫管制，居民必须疏散撤离，生活秩序受到破坏，企业生产将停止或重建。除了动员企业本身、本地区社会力量进行救援外，邻近区域也将在物力、财力及人力方面进行支援。这类化学事故除了危害公众生命健康，影响正常社会秩序外，还会有损国家声誉，在国际上也会引起巨大反响。

(3) 化学危害防护基本方法

化学危害环境中，正确、合理的防护措施和行动是人员生命安全的重要保证。以下是一些化学危害防护的基本方法。

① 撤离/疏散。指通过离开危害区以确保安全的防护措施。从防护角度看，就是要防止或减少进入体内的毒物的“量”。该方法是存在化学毒物空气污染时最为重要和有效的基本防护方法。

以突发性化学事故的防护为背景，撤离是指在事件发生初期，邻近人员根据自身掌握知识或一些异常现象对事故的发生有初步判断，自发采取的撤离行动；疏散则是指在事故处置过程中，由政府或相关部门组织的撤离行动。结合化学危害的特点，事发初期人员采取的自发撤离行动对于减少人员伤亡具有非常重要的意义。

为确保撤离和疏散行动的有效性和安全性，实施过程中必须注意以下几个问题:

a. 方向选择。一般选择侧上风或上风方向，具体应结合现场情况确定。

b. 路线选择。主要考虑避免经过高浓度污染区以及尽量以较短的路线通过危害区。

c. 方式选择。包括徒步、乘车或其他方式，需要根据现场道路交通及危害状况等确定。

d. 目标位置选择：一般选择地形较高、开阔、气流畅通的安全区域。

有组织地疏散撤离时还要考虑组织撤离区域范围的划定以及对人员行动的组织、安置等。

② 掩蔽。是指利用建筑物、应急避难所或其他具有气密性能的密闭空间进行防护的行动。在化学事件发生后，当周围居民及流动人员来不及或没有必要撤离时，可采取掩蔽的方式进行防护。可以利用一些密闭性较好的地面建筑物进行掩蔽，注意紧闭门窗，关闭空调，若有条件，应在门窗缝隙处粘贴密封胶条；附近若有已安装好防护设施的人防工程，也可选择进入工程进行掩蔽；车辆在关闭车窗和空调系统的情况下，可以提供短时间的保护，但其防护效果次于建筑物。为确保安全，建议在进行掩蔽防护（利用人防工程防护除外）的同时采取一些个人防护措施。掩蔽过程中还应注意尽量保持与外界的通信畅通，以便及时获得信息和建议，当外界危险解除时，应及时离开掩蔽处。

一般地，撤离/疏散的安全性高，是优先选择的方式。但撤离/疏散过程的完成需要一定的时间，当时间允许时才是最好的选择。当疏散会使公众面临更大的危险，或疏散无法实施时，应采用掩蔽的方式。但是下述情况通常不选择掩蔽：建筑物的密闭性不好；空气污染物具有可燃性；掩蔽部位的空气净化需要很长时间。

③ 使用器材防护。主要是指利用制式、简易或就便器材对身体的某些部位进行的保护，是化学危害防护的基本措施之一。在紧急逃生的过程中，可能很简单的防护就能起到很重要的作用。通常采取其他防护措施的同时也要考虑采取个人防护措施。

使用器材进行应急防护时应注意的问题主要有以下几个:

a. 呼吸道防护通常是最先要实现的，而且要及时。

b. 如果毒物可能污染和伤害皮肤或经皮肤伤害人体，还应进行皮肤防护。

c. 尽量确保防护的有效性，但也不要刻意追求完善的保护，在无专用器材时应利用简易和就便材料进行防护。

④ 及时进行洗消。直接或间接接触化学毒物，尤其是液态、固态化学毒物，造成眼睛、皮肤、服装等被污染时，应及时进行简易或彻底的消毒处理，尽量缩短与毒物的接触时间，减轻或避免毒物的伤害。

⑤ 遵守危害区的行动规则。要严格按照相关部门的规定行事，听从指挥，服从引导。如严格按指定路线行进，不随便进入划定的危险区域，不在危害区中随意坐卧、吸烟、喝水、进食，不在毒气易滞留的角落、背风处、绿化地停留休息等。

以上各种防护措施并不是孤立的，一般要将几种措施联合使用才能达到更理想的效果。

4.3 毒理学

4.3.1 概述

近些年来，随着科技的高速发展，在物质生活水平不断提高的同时，大量的污染物被排放到大气、土壤和水体中，进而通过食物链最终威胁人类的健康。为了评价这些有毒有害物质对人体健康的风险，需要明确每种化学物质对人体健康的毒效应，进而对这些化学物质进行毒理学研究，通过各种理化性质试验和生物毒性试验等来研究各种化学物质的性质。

化合物作为化学实体，其性质涉及物理、化学、生物和毒理等诸多方面。化合物的性质取决于其分子结构，其毒性属于化合物的毒理学性质，也取决于其分子结构。毒理学是一门研究外源性化学物质对生物体毒性反应、严重程度、发生频率和毒性作用机制的学科，也是对毒性作用进行定性和定量评价的学科。

一般来说，毒理学将毒性主要分成以下六种：急性毒性、致突变毒性、致癌毒性、过量毒性、致敏毒性和生殖毒性。传统的毒性评价方法是通过微生物、动物试验或文献记载获得数据，试验测定是获得化合物理化数据的可靠途径，但由于测定费用相当昂贵，同时对于一些有毒有害或者具有放射性的化合物，通过试验测定是非常困难的，因此需要开发可靠的理论预测模型来补充数据。此外，进入环境中的化学物质数量非常庞大，如果对每一种化学物质进行毒理学试验，则需要大量的人力、财力和物力，通过毒理学试验得到的试验数据也极其有限。因此随着试验数据的增加和化学信息学技术的发展，通过计算机辅助研究化合物的结构已成为对其进行毒性预测，获得化合物毒性信息的另一条有效途径，现已成功应用于环境保护、食品工业、中药研究、农业生产和医药工业等领域中涉及的化合物的毒性评估。表 4-4 列出了各种水平的毒理学研究的优缺点，从表中可以看出，各种水平的毒理学研究各具优势。但到目前为止，尚无一种可以满足各种不同要求的研究手段，因此选择毒理学研究方法时应该综合考虑各种模型试验的优缺点以及所研究化合物的已知性质，才能更高效、有针对性地对化合物的毒理学性质进行研究，得到更全面的化合物毒理学信息。

表 4-4　各种模型（或水平）毒性试验优缺点比较

模型（或水平）	优点	缺点
体内（整体较高等动物）	可反映全范围的生物反应	花费大；需考虑伦理（动物福利）问题；种属间存在差异，外推困难等
低等动物	可反映整体范围的生物反应	常缺乏较高等动物的生物反应；需考虑动物福利问题
离体器官	可反映器官（离体的组织和血管系统）反应；可控制环境和暴露条件	仍需要供体生物，费时，昂贵；无整体的生物反应；存活时间有限
培养细胞	不直接涉及整体动物；能仔细地控制或操纵系统；成本低；可研究的变异范围广泛	系统不稳定；酶效力和系统的存活时间有限；无或有限的整体；缺乏多细胞或生物的反应
化学（生化系统）	无供体生物问题；低剂量、制备系统长期稳定；可研究的变异范围广泛；反应具有特异性	与体内系统无实际依赖关系；仅限于研究单个特定的机制
计算机模拟	无动物福利问题；快速和低成本的预评价	超出狭窄的结构范围的预测结果不可靠

4.3.2 经典毒理学研究方法

4.3.2.1 动物毒理学

动物毒理学是重点研究畜禽或其他动物可能接触的有毒物质与动物机体之间相互作用的一门学科。剂量-反应关系是动物毒理学研究的基本点，是指毒物作用于机体时的剂量与所引起的生物学效应的强度或发生频率之间的关系。它反映毒性效应和接触特征以及它们之间的关系，是评价毒物的毒性和确定安全接触水平的基本依据，是毒理学所有分支领域的最基本的研究内容。

动物毒理学试验以实验动物为模型，染毒后，研究化学物质进入机体所产生的毒性反应，其中包括产生毒性反应的最小致死剂量（Minimum Lethal Dose，MLD）、最大耐受量（Maximum Tolerated Dose，MTD）、半数致死量（Median Lethal Dose，LD_{50}）等；从毒性反应的起始时间、持续时间及结束时间，判断量-毒关系、时-毒关系；通过一系列的病理、生理、生化指标测定，分析判断中毒靶器官、中毒机制以及毒性反应的性质；先进行动物安全性毒理学评价，然后推导外源化学物质对人体的损害作用（毒作用）及其机理。动物毒理学研究为安全毒理学评价程序、最高残留限量检测、卫生标准制定及药物残留检测等提供了科学依据。

一般来说，动物毒理学研究的内容由一般毒理学和特殊毒理学两部分组成。一般毒理学用于研究受试化学物质对实验动物机体产生总体毒效应的能力。一般毒性指受试化学物质的基础毒性，即化学物质剂量效应和时间效应，因此按照接触剂量大小和时间长短可以将一般毒性划分为急性毒性、亚急性毒性、蓄积性毒性、亚慢性毒性及慢性毒性等。

① 急性中毒指毒物短时间内经皮肤、黏膜、呼吸道、消化道等途径进入人体，使机体受损并发生器官功能障碍。如一氧化碳中毒、农药中毒等。

② 亚急性中毒指介于急性与慢性中毒之间的中毒。中毒症状一般较轻，但影响时间较长，死亡也较慢。

③ 蓄积性中毒指在短期内反复接触毒物，由于毒物蓄积而引起的中毒。蓄积作用是受试化学物质慢性中毒的基础。

④ 亚慢性、慢性中毒指长期有小剂量毒物或者弱毒性毒物进入机体所致的中毒。如长时间饮用重金属污染的水导致的重金属中毒。

4.3.2.2 一般毒性试验

基于化学物质产生的毒效应，发展出了一系列一般毒性试验方法，主要包括以下几种：

（1）急性毒性试验

急性毒性试验往往是化学物质毒性研究的第一步，是指在动物一次性或24h内多次染毒的条件下，研究受试化学物质在短期内发生的毒性效应。染毒方式有：灌胃、腹腔注射、静脉注射和吸入等。主要任务是复制急性动物中毒模型，观察动物中毒的临床症状；了解受试化学物质的急性中毒强度、中毒性质以及与动物机体反应的关系；确定中毒剂量和致死剂量；为急性毒性分级，为亚急性、蓄积性、慢性毒性等试验设计提供研究依据。

在急性毒性试验中，LD_{50}是评价受试化学物质急性毒性大小的主要参数，通常用于评价新药临床前的相对毒性。一般来说 LD_{50} 值越小，毒性越大，对靶动物和人产生危害的可能性也就越大。通常根据 LD_{50} 的大小将受试化学物质的毒性划分成剧毒、高毒、中等毒、低毒和实际无毒五个等级。但 LD_{50} 的值也存在一定的局限性：一方面是由于获得的信息资源有限，动物死亡和观察的症状不足以反映生理学、血液学和其他检验所提供的毒性信息；另一方面是 LD_{50} 会受到多种因素的影响，如染毒方式、受试化学物质的剂型、操作人员的熟练程度等。此外有研究表明，不同品种的动物对外源化学物质的敏感性不同。因此，计算出的 LD_{50} 实际上是一个近似值，所以还要求计算出 LD_{50} 的 95%置信区间。

（2）亚急性毒性试验

亚急性毒性试验在毒理学研究中占有较为重要的位置，它是介于急性毒性和慢性毒性之间的一种毒性研究，通常是指 30d 喂养试验以及染毒 2 周至 1 个月的试验所观察到的毒性反应。其主要目的在于进一步了解受试化学物质的毒性剂量、靶器官、毒性反应性质、有无蓄积作用，以及对最大无作用剂量（No Observed Effect Level，NOEL）进行初步估计，确定是否要进行慢性毒性试验，并为其提供剂量资料。

（3）蓄积性毒性试验

蓄积性毒性试验的目的是了解受试化学物质在动物体内的残留及动物是否产生耐受现象，可用于初步判断受试化学物质有无慢性毒性作用。蓄积性毒性试验一般通过计算蓄积系数 K 来评价受试化学物质的蓄积性毒性强弱。当以死亡效应为指标时，蓄积系数（又称为蓄积因子或者积累系数，Cumulative Coefficient）$K=LD_{50}(n)/LD_{50}(1)$。式中，$LD_{50}(n)$ 为多次染毒使动物出现半数死亡的累积剂量；$LD_{50}(1)$ 为 1 次染毒使动物出现半数死亡的剂量。根据公式可求出蓄积系数 K，然后能够对其进行蓄积性毒性评价。一般认为 K 值越小，受试化学物质的蓄积性毒性越大。蓄积性毒性试验参数也是制定卫生、食品安全标准时选择安全系数的一个重要依据。蓄积系数分级标准为：1 明显；3 中等；5 轻度蓄积。

（4）亚慢性毒性试验

亚慢性毒性试验是指动物生命的 1/30～1/20 时间内反复多次接触受试化学物质的毒性试验。试验项目主要有 90d 喂养试验和繁殖试验。其目的是进一步确定受试化学物质的毒性作用、靶器官，以及对最大无作用剂量做进一步估计，了解受试化学物质对动物繁殖能力的影响，也为慢性毒性试验设计和观察指标提供参考。

（5）慢性毒性试验

慢性毒性试验是指动物生命大部分时间或终生接触受试化学物质的毒性研究。亚急性、亚慢性毒性试验通常是以一些观察指标为基础来判断受试化学物质的毒性作用。这些观察指标一般包括动物的体重、饲料转化率、动物的一般行为、临床症状、血液血象成分（血象是指血液一般检验的结果，血象高一般是指血常规检查中白细胞计数超出正常范围，很多原因可引起白细胞计数增高，如感染、外伤、血液病等）以及血清中一系列生理生化指标值。优先采用和重点观察筛选出的敏感指标。除此之外，还需要做病理组织学的检查和诊断。其评价原则一般是先明确受试化学物质的毒效应，通过全面细致地分析毒效应资料，了解和评价毒性大小以及毒性靶器官，明确剂量-反应关系或剂量-效应关系；其次找出敏感或特异性的毒性指标，依据指标的变化趋势来确定阈剂量（最小有作用剂量）或 NOEL（最大无作用剂量）；最后做出危险性评估。如对小白鼠的三聚氰胺慢性毒性试验发现三聚氰胺对肺、肝以及脾脏等器官造成损伤。

（6）代谢试验

代谢试验是一种探索受试化学物质进入机体后吸收、分布、转化、储留和排泄过程的试验方法。其内容包括：测定各主要器官中受试化学物质的含量，查明其主要分布、储留和作用器官，定期检测受试化学物质在血、尿、皮毛和粪便中的含量，确定受试化学物质的吸收速度、吸收率、储留时间、排泄途径和速度等；确定受试化学物质在机体内经生物转化而形成的各种代谢产物的性质和含量；研究受试化学物质对机体各种酶类的影响。

（7）繁殖试验

繁殖试验是检测受试化学物质对动物生殖机能影响的一种试验方法，目前多以大鼠、小鼠和家兔作为试验动物。一般设对照组、高剂量组和低剂量组，高剂量为受试化学物质的最大无作用剂量，低剂量为最大无作用剂量的 1/30，可进行 2～3 代或更长时间的观察。研究的主要内容是：受孕率、妊娠率、产后 4d 的存活率、产仔总数和平均仔重等。

4.3.2.3 特殊毒性试验

全面系统地分析化学物质的毒性作用尤为重要。除了一般毒性试验外，还有受试化学物质的特殊毒性的研究。特殊毒性主要是指化学物质的“三致作用”，即致突变作用、致癌作用以及致畸作用。现代毒理学根据观察目标的不同，将特殊毒性划分为遗传毒性、生殖发育毒性、致癌性、神经毒性和神经行为毒性以及免疫毒性等。

特殊毒性试验包括致突变试验、致畸试验和致癌试验，其目的是对受试化学物质是否具有致突变、致畸、致癌作用进行筛选。致突变试验根据受试化学物质的结构、理化性质以及对遗传物质作用点的不同，有原核细胞和真核细胞，基因突变和染色体畸变之分，同时还要兼顾体内和体外试验以及体细胞和生殖细胞的原则进行试验。

（1）Ames 检测法

该方法是由美国加州大学生物化学教授 Bruce Ames 及其同事于 1971 年建立并经 10 余年研究逐步发展完善的一种检测方法。该方法利用鼠伤寒沙门菌营养缺陷型菌株发生回复突变的特性来检测化学物质的致突变性。其优点是:

① 试验周期短（2d 即可得到结果）;

② 一次试验可作用于数以万计的细菌个体;

③ 灵敏度高（可检测毫微克级被测物的致突变性）;

④ 方法简便，结果易查;

⑤ 可直接测定混合物，能更好地反映出污染环境中多种物质综合作用的效应。

但该方法也有其缺点，例如其结果与致癌物的吻合率只能达到 90%左右，有时会出现假阳性结果。尽管如此，Ames 检测法已被全世界广泛采用，目前大约 2000 个实验室使用该方法检测致突变物并鉴定了数千种化学物质，正式发表的有 2800 余种。该方法也已逐渐被应用于各种复杂混合物潜在致癌性的预筛选。

（2）微核试验

微核试验（Micronucleus Test，MNT）是根据在细胞核内产生额外核小体的现象来判断化学物质诱导染色体异常作用的一种较为简便的体内试验方法。最早由 H. J. Evans 电离辐射蚕豆的根端细胞，形成微核效应。20 世纪 70 年代 W. Schmid 和 J. A. Heddle 以微核发生率作为微核试验的基本指标，并将该试验方法正式命名为 MNT，奠定了 MNT 的理论及应用基础。这种试验多以小鼠为试验动物，但近年来已扩展到人体细胞和植物。微核试验的优点是:

① 由于为体内试验法，观察到的结果是在正常代谢状态下受试化学物质对靶细胞的作用，可信度高;

② 灵敏度高；

③ 背景干扰小，在多色素性红细胞中大约为0.5%；

④ 观察迅速，用福尔根染色法易于鉴别胞内的微核；

⑤ 操作简便。

因此，对于“三致”物质的初级筛选与检测来说，微核试验是一种较为理想的方法。

(3) 姐妹染色单体互换试验

1973年，Latt等相继发现，在含有5-溴脱氧尿嘧啶核苷（Brdu）的培养基中生长两个周期的细胞，当染色体标本用某些荧光染料或吉姆萨（Giemsa）染色时，在染色单体（又称姐妹染色单体）之间显出不同强度的荧光和深浅不同的颜色，可以用来检测姐妹染色单体互换情况。姐妹染色单体互换（Sister Chromatid Exchange，SCE）是指细胞分裂中期染色体的两条姐妹染色单体之间发生等位点、同源片段的对称性互换，由于是完全对称性互换，结果并不改变染色体的整个外形。因此，在常规染色体畸变分析中往往观察不到SCE变化，但采用特殊分化染色法可使一对姐妹染色单体染上深浅不同的颜色，这样就能在光学显微镜下清楚地看到姐妹染色单体之间发生的互换。尽管SCE形成的确切分子机理及其生物学影响尚无定论，然而大量实践证明了SCE是一种相当重要的细胞现象，且与现有的许多致突变和致癌检测方法有高度的相关性。因此，SCE率增高作为环境有害因素作用的一种警告信号并代表对细胞DNA损伤的一种反应，已被接受。

SCE分析能精确发现单体在1.3μm范围的互换，而且随着显微技术的发展，使SCE在染色体上的定位日趋精确，故其应用日益广泛。

① 在遗传毒理学研究中已将SCE分析作为潜在致突变物的一种快速、敏感、高效的常规短期筛选方法。由于与断裂诱发的高度独立性，SCE分析扩大了以细胞遗传学为基础的毒理学检测指标范围。由于为体内试验法，观察到的结果是在正常代谢状态下受试化学物质对靶细胞的作用，可信度高。

② 广泛用于对接触毒物的工人以及外周环境居民的健康监测。

③ 用Brdu标记的细胞动力学分析，可检测各种理化制剂引起的细胞毒性作用。

④ 可用于遗传性疾病的诊断和肿瘤病因学的研究。

⑤ 可用于水质污染的生物学监测和评价。

SCE虽可作为DNA损伤的“信息”，但并非所有DNA损伤都出现SCE效应，仍存在假阴性，故常需进行重复性试验。

动物试验广泛用于毒理学领域的研究，但是存在许多局限性：代价昂贵又耗时，而且动物和人之间存在物种差异，对疾病的易感性、药代/毒代动力学特性等也会存在内在差异，使得试验动物无法精确模拟人类疾病的进展和对假定毒物的反应。1959年，Russell和Burch提出动物试验的3R原则，即“减少（Reduction）”“替代（Replacement）”“优化（Refinement）”。减少是指如果必须在试验项目中使用动物模型，其他替代方案不能满足试验需求，则应尽量降低动物数量。如在急性毒性试验中，采用上下法降低动物使用数量同时获得准确的动物半数致死量（LD_{50}）。替代是指利用低等动物或已死亡的脊椎动物代替高等动物进行试验，达到与动物试验相同的目的。优化是指通过提高试验动物平台，严格进行动物试验的选择与确定，以保证试验过程的动物福利，获取科学的动物试验结果。随着科技的发展，对毒理学研究中的动物试验进行优化甚至替代成为趋势。2007年6月1日正式实施的REACH法规（Registration，

Evaluation and Authorization of Chemicals）要求所有化学品的安全评估必须采用最少的试验动物，以促进非动物试验的研究和开发。因此寻找与人类在体试验原理更接近并且高效、灵敏又快速的体外毒理学安全性评价方法成为近几年国际上的研究热点。随着基础研究的不断深入，科研工作者们开发了一些替代方法逐步取代动物试验。替代方法一般采用非动物性检测系统或使用种系发育较低级的物种来代替动物使用，是 3R 原则的科学体现。自 21 世纪以来，替代技术在毒理学研究中逐步开发并得以广泛应用，形成了一套成熟的法律法规及验证体系，其中创新研发的实验工具或方法亦具有产业化的前景。

4.3.3 体外毒理学试验

传统的体内试验在研究外源性化合物毒理学时存在一些不足之处，如动物试验结果外推至人体存在一定难度，耗时长，消耗动物数量多，花费大等。与体内试验相比，体外试验能控制环境因素，可排除相互作用的系统如免疫、神经内分泌系统的影响，更加快速经济，试验间误差较小。体外试验的最大优点是能够用人的相应细胞或组织进行试验，从而略过从动物试验结果向人外推的环节，而且可以从组织、细胞、分子不同水平研究外源性化学物质对人体的损伤机制。因此，体外试验在化合物毒理学研究中的作用日趋重要。

体外毒理学方法是测定毒性物质短期内对细胞或 DNA 的潜在危害或损伤，提供生物反应如细胞死亡、染色体突变或损伤等的定性定量结果，可以评定试验对象对人体潜在影响的体外试验方法。目前，被普遍接受的和验证过的体外试验方法往往局限于对光毒性、皮肤和眼腐蚀或刺激等有限的观察终点进行评价。局部毒性、急性和慢性系统性毒性、致敏性、致癌性、生殖毒性、毒物动力学、急性鱼类毒性等的体外试验方法正在建立或将要被验证。表 4-5 总结了 2011～2017 年之间获 OECD （Organization for Economic Co-operation and Development，经济合作与发展组织）测试指南认证的或进行更新的体外试验替代技术。

表 4-5 OECD 测试指南认证的或进行更新的体外试验替代技术（2011～2017 年）

病理学终点	替代方法描述	认证情况	认证或更新时间
急性毒性	鱼胚胎急性毒性试验（FET）	OECD TG 236	2013 年
皮肤腐蚀/刺激	大鼠经皮电阻试验方法（TER） 用于皮肤腐蚀的体外膜屏障试验方法 用于皮肤腐蚀的重组人表皮模型试验方法（RhE） 用于皮肤刺激的重组人表皮模型试验方法（RhE）	OECD TG 430/ EU TM B.40 OECD TG 435/ EU TM B.40 OECD TG 439/ EU B.40 OECD TG 431/ EU TM B.40 bis	2015 年 2015 年 2015 年 2016 年
严重眼部腐蚀/刺激	微生理仪细胞传感器试验（CM） 牛角膜混浊和渗透性试验（BCOP） 离体鸡眼试验（ICE） 荧光素漏出试验（FL） 短期暴露试验（STE） 重组人角膜上皮模型试验（PMCE）	草案终止状态 OECD TG 437/ EU TM B.47 OECD TG 438/ EU TM B.48 OECD TG 460 OECD TG 491 OECD TG 492	2013 年 2017 年 2017 年 2017 年 2017 年 2017 年
皮肤致敏	直接多肽结合试验（DPRA） 基于 ARE-Nr12 通路的荧光素酶体外试验 AOP 解决树突组酶活化关键事件体外试验	OECD TG 442C OECD TG 442D OECD TG 442E	2015 年 2015 年 2017 年
致密性	仓鼠胚胎（SHE）细胞转化分析体外试验（CTA） Bbas42 细胞转化分析体外试验（CTA）	OECD TG 214 OECD TG 231	2015 年 2016 年

续表

病理学终点	替代方法描述	认证情况	认证或更新时间
遗传毒性	哺乳动物染色体畸变分析体外试验 哺乳动物细胞微核分析体外试验 哺乳动物细胞 Hprt 和 Xpet 基因突变体外试验 哺乳动物细胞胞苷激酶基因突变体外试验	OECD TG 473 OECD TG 487 OECD TG 476 OECD TG 490	2016 年 2016 年 2016 年 2016 年
内分泌干扰	H295R 类固醇生成试验 人重组雌激素受体结合亲和力体外试验 雌激素受体反式激活体外试验（激动剂和拮抗剂方案） 稳定转染人雌激素受体转录激活试验（雌激素激动和拮抗活性）	OECD TG 456 OECD TG 493 OECD TG 455 OECD TG 458	2011 年 2015 年 2016 年 2016 年

细胞毒性和基因毒性是体外毒理学测定中的两个主要方面，细胞毒性主要研究外源性物质对细胞的损伤作用规律及其机制，对于了解化学物质对细胞或组织的影响机理具有非常重要的作用。细胞毒性主要测定的是外源性物质对细胞生存能力以及细胞生长速率的影响，细胞毒性的测定结果可以作为依据来解释细胞生存能力以及细胞生长速率的减小。基因毒性测试主要测定外源性物质的致突变作用以及人类接触致突变物可能引起的健康效应。基因毒性测试的目的主要是测试外源性物质对 DNA 的结构或功能潜在的负面作用。

4.3.3.1 免疫刺激体外试验

免疫刺激包括眼刺激、皮肤刺激、黏膜刺激等局部刺激。

(1) 眼刺激体外试验

Draize Test （德莱赛测试，由美国 FDA 两名毒理学家设计的一种灵敏的体外兔眼刺激试验，最初用于测试化妆品）自 20 世纪 40 年代创立以来，在化学品的眼刺激性毒理学安全性评价中做出了巨大贡献，但 Draize Test 在一定程度上存在评分标准主观性强，实验室间重复性差和动物承受痛苦较大等缺点。目前，OECD 推荐使用逐步检测策略预测化学品的眼刺激性，即先通过文献资料、理化性质等评估化学品的眼刺激性，然后进行替代试验，最后对还不能确定眼刺激性的物质进行少量动物试验。眼刺激性替代方法的研究主要集中于建立单一试验方法及其适用性研究。化合物的眼刺激体外试验测试评估流程见图 4-2，测试模型、方法主要有以下几种：

① 离体器官模型。利用宰杀动物（兔、牛、猪、鸡等）的眼球或其组成部分作为眼刺激试验的材料，通过检测离体眼球的形态及正常生理和生化功能的改变（如角膜水肿、混浊、渗透及荧光素钠滞留情况等组织形态学改变）来预测受试化学物质的眼刺激性。目前建立的主要方法有：牛角膜混浊和渗透性试验 （Bovine Corneal Opacity and Permeability Assay，BCOP）、离体兔眼试验 （Isolated Rabbit Eye，IRE）、离体鸡眼试验（Isolated Chicken Eye，ICE ）、离体鸡眼去核试验（Chicken Enucleated Eye Test，CEET）和利用单层兔眼角膜细胞的短时暴露试验（Short Time Exposure，STE）等，主要用于筛选强刺激性物质。离体兔眼试验（IRE）区分不同刺激物较为敏感，加上角膜组织学观察和水肿两个指标后，对刺激物的分类与在体试验一致性高；而牛角膜混浊和渗透性试验（BCOP）只能筛选严重眼刺激性受试化学物质，加上组织学观察后才能区分不同刺激性的受试化学物质。

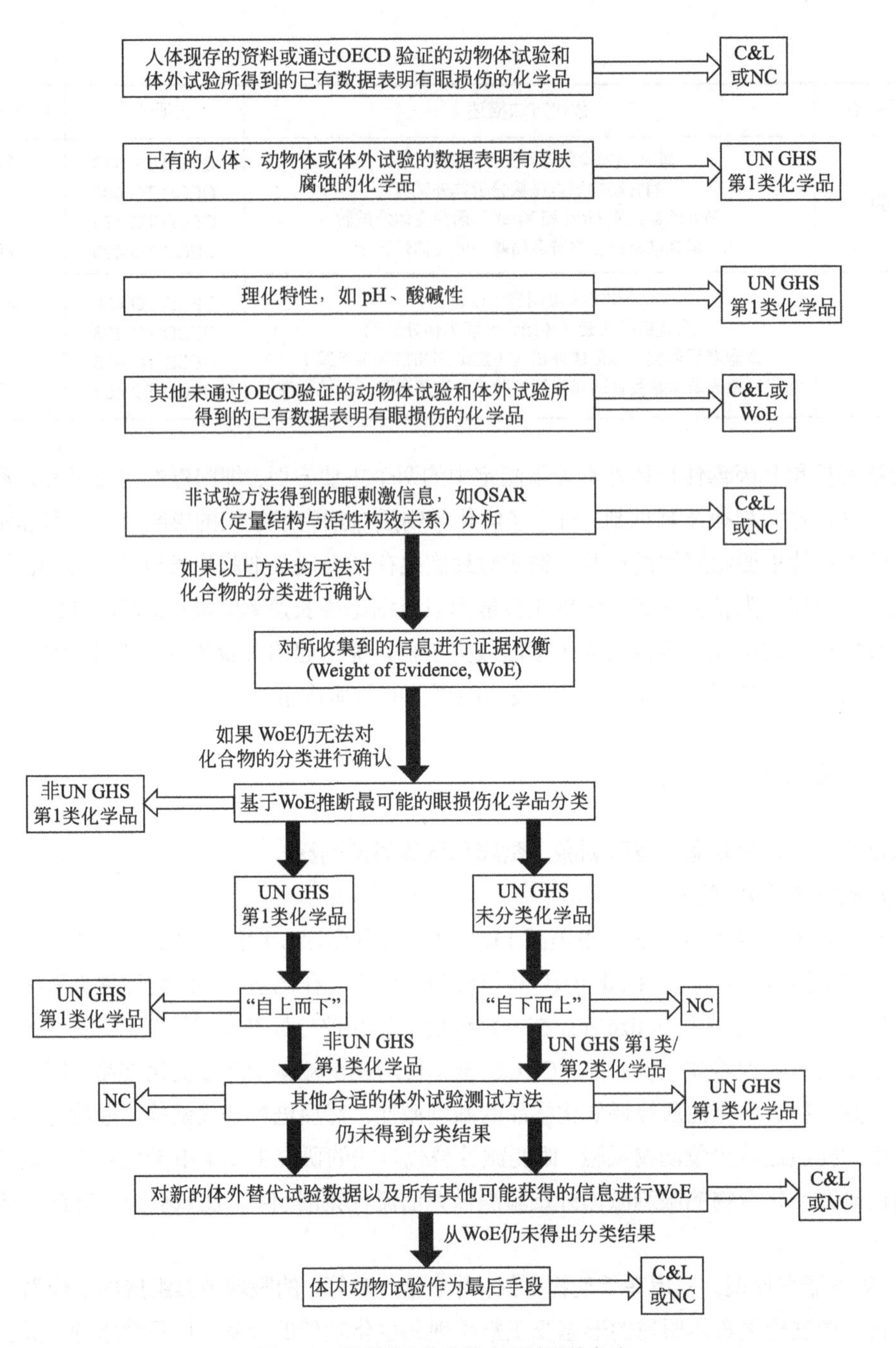

图 4-2 眼刺激的体外综合测试评估方法

② 实验动物组织（鸡胚）模型。尿囊绒膜是鸡胚表面的循环系统，血管丰富，紧贴于蛋壳膜下，与眼组织的结膜结构相似，可看作一个血管丰富而无感知的系统，是动物眼刺激性试验替代方法中广泛研究的模型之一。相关试验方法主要为观察一定时间内受试化学物质引起 10d 龄鸡胚尿囊绒膜血管充血、出血及凝血的变化情况来判断受试化学物质的眼刺激性，试验方法有鸡胚尿囊绒膜试验（Hen’s Egg Test-Chorioallantoic Membrane，HET-CAM）和尿囊绒膜血管试验（Chorioallantoic Membrane Vascular Assay，CAMVA），CAMVA 是利用受精鸡蛋的血管膜来评估眼睛刺激的可能性。另外，尿囊绒膜-锥虫蓝染色试验（Chorioallantoic Membrane-Trypan

Blue Straining，CAM-TBS）是在 HET-CAM 的基础上对染毒后的鸡胚尿囊绒膜进行锥虫蓝染色（Trypan Blue，一种生物偶氮类染色剂），根据 CAM 摄取锥虫蓝的量判断受试化学物质造成眼损伤的程度。总之，基于鸡胚的相关眼刺激性替代方法操作简单易行、经济，检测谱广，具有应用潜力。

③ 重建人体组织模型。随着组织工程和现代生物技术的发展，采用体外细胞、组织培养以及重建人皮肤模型代替整体动物进行安全性的研究越来越受到关注。重建人体组织是基于细胞培养技术在体外构建多层细胞，其形态结构类似上皮组织，可用于测试化学品成分对眼睛或者皮肤的刺激能力。主要模型有 EpiOcular™ 组织模型和 Gillette HCE-T 组织重建模型。EpiOcular™ 模型是基于细胞的离体试验，与动物试验结果一致性较高，特别是对化妆品的检测。Gillette HCE-T 组织重建模型是根据人角膜上皮细胞（HCR-T 细胞）而开发的三维体外模型（HCE-T 模型）。HCE-T 细胞支持水溶性测试物质的眼部刺激性评估。

④ 基于细胞培养的方法。基于细胞培养的眼刺激性替代方法可分为细胞毒性试验和细胞功能试验两类。细胞毒性试验是通过检测培养的细胞对染料（或其代谢产物）的摄取、还原、排斥、释放及蛋白合成、变性和炎性介质漏出等变化，反映受试化学物质对细胞结构及存活力的影响。一般通过简化动物体内试验反应，再根据药物代谢动力学模型外推法将体外细胞毒性试验结果应用到体内研究。细胞毒性试验具有经济、快速、可重复性好等优点，符合“3R”原则，主要有中性红摄取试验（Neutral Red Uptake，NRU）、中性红释放试验（Neutral Red Release，NRR）和红细胞溶血试验（Red Blood Cell，RBC）等。多数研究结果发现 NRU 试验结果具有可重复性，试验结果与德莱赛测试的结果相关性好。NRU 细胞毒性试验结果客观量化，能检测包括有色物质在内的多种化学物质，适用于评价强刺激性化学物质，但不宜评价酸、碱及胺类物质；用于评价醇类及难溶的物质时，结果的处理应慎重。RBC 试验可以通过测定漏出红细胞的血红蛋白量来评价膜损伤。化合物与哺乳动物红细胞直接接触，通过定量检测红细胞溶血，以及释放到细胞外的血红蛋白的变性程度，模拟角膜的损伤作用，适用于区分极轻度和非轻度刺激物，特别是对于潜在急性眼刺激性物质的快速筛查。检测物质类型包括表面活性剂及相关日化产品。基于细胞功能的试验主要有荧光素漏出试验（Fluorescein Leakage Assay，FLA）和微生理记录仪检测试验（Silicon Microphysiometer，SM）。FLA 试验已进行了大量的评估性研究，评价受试化学物质对细胞屏障功能的影响。

（2）皮肤刺激体外试验

皮肤刺激的体外替代试验建立的模型有皮肤角质形成细胞培养、皮肤成纤维细胞培养等单层细胞培养模型。单层细胞培养存在不少的缺陷，最重要的是模型缺乏完整皮肤的一些重要特征，如表皮细胞排列紧密、表皮选择性渗透屏障以及皮肤不同类型细胞之间的相互作用，不能模拟正常人的皮肤。因为缺乏角质层的屏障作用，化学物质对细胞产生直接的细胞毒性，使细胞模型呈现高敏感性。所以，单层细胞试验所获得的结果一般难以用来解释体内情况或与体内情况相联系。为突破单层细胞培养的这些局限性，更好地模拟在体内的真实状态，科学家从正常人或动物身上获取完整的皮肤组织块来进行培养试验研究。欧洲替代方法验证中心（ECVAM）采纳并进行验证的皮肤组织培养模型有人皮肤组织块体外培养模型（Prediskin™ 模型）、非灌注猪耳朵实验和体外小鼠皮肤完整功能实验（SIFT）。SIFT 法的预测能力相较于其他模型得到较大幅度的改善，其特异度、灵敏度和准确度符合现有标准。另外，近年来组织工程学研究发展迅速，用复合细胞层构建人重组皮肤层的方法已实现商业化。常用的皮肤刺激重建模型有 EpiSkin™、EpiDerm™、SkinEthic™，模型因呈现良好的重现性和预测能力而被 ECVAM

所采纳。EpiSkin™模型先形成类似真皮结构，再通过四唑氮蓝代谢试验和细胞因子释放测试其活性，可用于检验不同形态物质的刺激性及非刺激性化学物质，该试验模型现已经制成标准试剂盒。SkinEthic™模型是先从人角膜的上皮中提取正常的成人角朊细胞，再将其培养在聚碳酸酯膜上，构建一种重组人表皮模型，现已商品化。

4.3.3.2 微流控器官模型

微流控（Microfluidics）是一种精确控制和操控微尺度流体的技术，尤其是亚微米结构。特征是：①微小的容量（纳升、皮升、飞升级别）；②微小的体积；③低能量消耗；④装置本身占用体积小。

微流控基于微尺度下流体的控制，是涉及化学、流体物理、微电子、新材料、生物学和生物医学工程的新兴交叉学科。因为具有微型化、集成化等特征，微流控装置通常被称为微流控芯片，也被称为芯片实验室（Lab on a Chip）和微全分析系统（Micro-total Analytical System）。微流控除了有机合成、微反应器和化学分析的重要应用外，在生物医学领域发挥了越来越重要的作用，目前两个重要的应用方向是临床诊断仪器和体外仿生模型。

微流控器官模型是指一种结合细胞、生物材料和微加工技术以模拟组织和亚器官单位的活动和功能的工程化设备。通常是多通道三维微流体形式，利用微加工和流体技术控制细胞微环境，通过三维培养和动态流体操控，在体外模拟接近体内生理微环境的组织器官模型，可以在体外模拟器官的复杂结构和生理功能，从而进行相关的生物学研究及药物实验。除了模仿健康器官及其部分功能的器官芯片，还可以开发基于器官芯片的疾病模型，提供对疾病机制的了解途径以及疾病组织对药物的反应。相对于传统实验，器官芯片能弥补现有模型与人体偏差较大的缺陷。同时，器官芯片还具有便携、耗材少、占用空间小、成本低等特点，应用更易推广。此外，由于生理相关性，器官芯片在由靶标识别和高通量筛选组成的基础研究阶段大大推动了药物的开发进程。

4.3.3.3 3D细胞培养技术

现阶段研究人员需要对新化学物质进行快速、准确、简便的毒性检测。复杂的动物体内实验与简单的体外细胞检测已满足不了需求，准确反映体内毒性的3D细胞培养技术的逐步完善使问题得到解决。3D细胞培养技术成为相关领域的研究热点，对外源物质的高效检测有深远的影响。

（1）3D细胞培养概念

3D细胞培养是指使用支架或者载体在体外培养细胞，构成类似于组织器官的3D复合物。3D细胞培养形成更多的胞间或者与胞外基质间的连接结构，有效促进生物信息交流，模拟体内组织器官生长的微环境。通过对其生长微环境的研究认识特定基因改变与细胞表型间的关系。该技术广泛应用在生物学相关的各个领域，从肿瘤表型研究到肿瘤病变机制、人造器官、组织发育、干细胞研究以及毒理药理研究等许多领域。

（2）3D细胞培养优势

传统的体外细胞培养是在二维（2D）水平上使细胞进行单层贴壁生长，细胞约一半表面与培养皿接触，另一半与培养液接触。研究人员利用这种模式探求外源性刺激对细胞水平或者分子水平的影响，因这种模式很少加入细胞外基质而缺乏一个有效模拟体内细胞生长的微环境，进而导致细胞信息交流减少，不能准确反映体内组织器官的真实代谢情况。3D 细胞培养技术是将体外细胞培养研究与体内动物组织研究结合起来，在体外建立与动物实验相近的细胞代谢反应体系，这既能体现传统体外细胞培养技术的条件可控性及视觉直观性，同时也能有效模拟动物体内组织器官的生长微环境。

在毒理学研究方面，3D 培养技术比传统毒理学研究模型有着明显的优势，具体如下：①更加有效地模拟体内组织器官的生长微环境，细胞间以及细胞与细胞外基质的连接紧密，信息交流得到增强，能够准确体现体内细胞间的相互作用。②有效地重现外界刺激对动物毒性的影响，缩短实验周期，减少实验花费，为高效进行毒理学分析提供帮助。

4.3.4 计算毒理学

4.3.4.1 计算毒理学概述

化合物种类繁多，但人力、财力都不允许逐个测定大量化合物的性质。能否根据已知化合物的某些性质来阐明其他化合物的性质，或者更进一步，在合成新化合物之前，能否根据已知性质的化合物结构来预测新合成化合物的性质，而对这些化合物进行生态风险性的预测评价是一个具有挑战性的问题，为此，计算毒理学出现并得到快速的发展。

计算毒理学是将现代计算和信息技术、分子生物学与毒理学整合进行化合物毒性预测和风险评估的新兴科学技术，不同于传统毒理学，最主要的区别是规模化（或批量化），可在一次研究中对数个甚至成千上万个化合物进行研究。因此计算毒理学具有快速、低成本、无需实验等优点，满足对成千上万的新化学物质和环境污染物进行毒理学评价的要求。计算毒理学往往作为化合物毒性研究的第一步，对大量化合物进行初步筛选。此外，还可以作为一种预测技术和替代研究方法在化学品（包括药物）和化妆品毒理学相关研究和安全性评价领域广泛应用。

4.3.4.2 计算毒理学研究方法

计算毒理学主要是通过专家系统（Expert System，ES）或统计模型（Statistical Modeling）来预测化合物的毒性。

（1）专家系统

专家系统是一种具有大量特定领域知识与经验的程序系统，应用人工智能技术，模拟人类专家求解问题的思维过程求解领域内的各种问题，是人工智能的重要分支。按照发展阶段的不同，可以将专家系统分为如下 5 个类别：①基于规则的；②基于框架的；③基于案例的；④基于模型的；⑤基于 Web 的。化合物毒性预测的专家系统软件有 TOPKAT、MultiCASE、DEREK、Hazard Expert 等。DEREK 的毒性预测原理是基于化合物平面结构中某些功能团以及脂水分配系数与毒性之间的经验关系；TOPKAT 系统是根据毒性评价专业人员对化合物结构中各分子碎片的经验权重之和进行毒性预测；MultiCASE 是一个定量构效关系专家系统，能自动从数据中学习并组织知识；Hazard Expert 是基于规则的专家系统，具有开放式架构，适合化学、毒理学、药学等领域。专家系统应用需要一定的化学专业知识和毒性评价工作经验，故难以在非专业人员中普及应用，并且预测准确性与实际应用要求还存在较大的差距。

（2）统计模型

与专家系统方法相比，统计模型方法更快、更客观。统计模型方法能够研究和分析分子或原子与其相应的理化性质、毒性及生物学活性之间的相关规律。

① QSAR 模型。定量结构与活性构效关系（Quantitative Structure-Activity Relationship，QSAR）方法是计算毒理学中最重要的工具之一，主要研究化合物结构与生物活性之间的定量函数关系，借助分子的理化性质参数或结构参数，以数学和统计学手段定量研究有机小分子与生物大分子的相互作用，有机小分子在生物体内的吸收、分布、代谢、排泄等生理相关性质，覆盖了化学与生命科学的交叉领域。

a. QSAR 的发展历史。QSAR 的研究理论和方法的发展经历了相当长的时间，早在 19 世纪，当人们对化学结构有了初步了解后，便开始设法建立化合物生物活性与结构的关系。当时许多研究者认为可以根据某些通用的规则，从化合物的结构探测其活性。20 世纪初，开始将化合物的生物效应与它们的物理性质如溶解度、表面张力和分配系数等联系起来，但仅属于结构活性（Structure-Activity Relationship，SAR）相关的范畴。在 20 世纪 30 年代，Hammett 等研究有机物毒性与分子电性效应之间的相关性，开创了系统的 SAR 研究。20 世纪 60 年代，Hansch 在前人的研究基础上进行了进一步的发展，用统计方法并借助计算机技术建立了 QSAR 表达式，提出了化合物定量结构与活性相关的性质，从定性研究发展到定量研究，标志着 QSAR 时代的开始。在以后的几十年里，QSAR 得到了很大的发展，新方法不断涌现，目前已有 20 多种不同的方法。

b. QSAR 在毒理学研究中的意义。将 QSAR 应用于毒理学领域，对化合物的毒性预测与评价具有重要意义。现有化合物的毒理学评价工作严重滞后，而新的化合物还在越来越多地涌现，远远超出了毒理学评价的能力。社会对大量使用实验动物的反对也限制了毒理学评价的发展。这一矛盾使 QSAR 在毒理学评价中的理论和实际意义变得非常突出。通过建立和使用 QSAR 模型，可以便利地预测化合物的毒性，如急性毒性、致突变、致癌、致畸等，进而用于实验研究与评价，避免不利化合物的合成与应用。此外，QSPR（Quantitative Structure Property Relationship，定量结构性质分析）/QSAR 及其相关参数还有助于阐明毒物的毒性作用机制，例如通过 Hansch 分析可阐明毒物作用过程中疏水性、空间位阻、电子效应等作用。QSAR 研究对毒性预测、毒理机制研究都具有重要意义，在毒理学中有广阔的应用前景。

c. QSAR 方法的局限性。由于 QSAR 方法不是研究反应历程，在一定程度上限制了该方法向分子水平的深入发展。分子连接指数仅由图形拓扑特征推演而来，却与微生物毒性、生物吸收、生物降解和生物积累等皆有良好的相互关系。此外，目前 QSAR 在环境化学中的应用仅限于分子结构提取，即判定某种或某类环境化学品是否需要优先测试。虽然可以初步筛选，但绝不能代替实验。同时 QSAR 研究还需要十分注意机理性研究的实验材料，若样本数据集合各点或某类中毒机理不同时，就不能用模式识别作为同一类处理，否则容易出现假象或错误。分子结构参数选用的好坏是 QSAR 成功与否的关键，现有的结构参数不是十分完善或不足以说明所有问题；特别是由于环境化学体系十分复杂，还需要更多的结构参数。总之，QSAR 研究应考虑下列情况：

所利用的数据库的数据要准确、可信；

参数的最佳选择与组合；

对于大量数据处理和统计，应有效地利用计算机手段，尽可能地利用现有的计算机程序。

d. QSAR 研究的基本理论。QSAR 研究方法是使用物理化学或理论参数来预测分子物理化学性质或生物活性（毒性）。基本假设是物质结构与性质之间存在某种函数关系，化合物的性质依赖其结构，可表述为

$$p=f(s) \tag{4-1}$$

式中，p 为分子可测定的物理、化学、药理或毒理学性质（见表 4-6）；s 为整个分子或亚结构碎片的经验或非经验参数。近 20 年来，文献报道的 s 可以是下列性质：分子的物理性质（经验值），如摩尔体积、熔点、蒸气压、分子表面积、分配系数，或物理化学常数，如疏水性常数或线性溶剂化能等；从头计算或半经验方法计算的量子化学参数；根据化学图论衍生的拓扑学参数，如分子连接性指数和信息论指数。

表 4-6　一些重要的 QSAR 性质

物化性质	生物性质
摩尔体积，沸点，蒸气压，离解常数（pK_a），分配系数（辛醇-水分配系数，空气-水分配系数）	急性毒性（LD_{50}，LC_{50}）（哺乳动物，鸟类，鱼类，无脊椎动物，藻类），慢性毒性，致癌，致畸，致突变，生物富集，生物降解，DNA 烷基化

根据 QSAR 研究的基本理论，QSAR 方法的两个必要的前提是：a.对已知化合物有高精确度和可靠的实验（经验）数据；b.能充分代表同整个分子或亚结构有关的参数。进行 QSAR 研究所需要的仅仅是分子的结构信息以及所研究性质的实验数据，通过对计算出来的分子的各种结构参数和实验性质进行统计分析，建立分子的结构参数和所研究性质之间的定量关系，用来预测新的或未合成出来的化合物的相应性质。

目前 QSAR 研究中用来描述化合物结构的方法或参数主要有三类：一是以分子式为基础，根据实验测定的经验参数描述化合物的结构特征。这又可分为两类，一类是 Hansch 法，即超热力学方法，尽管热力学参数（分子结构参数）与活性之间的关系是客观存在的，但热力学理论并不能导出这种关系。超热力学方法主要应用多元回归分析建立同系物的生物活性与物理化学参数的相关性。另一类是亚结构分析法，也称基团贡献法（或碎片法），该方法假定不同的分子或混合物中同一基团的贡献完全相同，把纯物质或混合物的性质或活性看成是构成它们的基团对此性质的贡献的加和。基团贡献法的优点是根据几十个基团贡献的参数，可预测包括这些基团的大量纯物质和混合物的性质。但其缺点是加和性规则只有在分子中一个基团的贡献基本上不受其他基团的影响时才有效，否则必须进行某种校正。常见的亚结构分析法有 Free-Wilson 法、UNIFAC 基团贡献法，以及计算正辛醇/水分配系数的 Leo 碎片法等。二是拓扑学方法，即从化合物结构的直观概念出发，在图形的数学分析及运算过程中，通常使用距离矩阵和邻接矩阵来表示图形，将化学图转化成简单的矢量或数字，称为拓扑学参数。拓扑学参数可以反映分子中键的性质，原子间的结合顺序，分支的多少、分子的形状以及杂原子是否存在等结构信息，根据这些信息可有效地预测部分有机物的理化性质和生物活性。目前，文献报道的拓扑学参数有 100 多种，其中应用于环境化学的拓扑学参数主要有 Wiener 指数、Hosoya 指数、分子连接性指数、Balaban J 指数、分子信息论指数（IC）、边邻接指数等。其中最常用的是分子连接性指数（Molecular Connectivity Indices，MCI）。另外，还有一些方法介于前两者之间，比如理论线性溶剂化能相关方法，仍采用了传统的超热力学模型，但其中表征分子极性（极化率）、氢键

给体能力和氢键供体能力的参数分别用量子化学参数来代替，既有利于模型参数的获得，又使模型具有更明晰的理化意义，还提高了模型的预测精度，这种方法亦得到了越来越广泛的应用。

e. QSAR 研究方法的流程（图 4-3）。

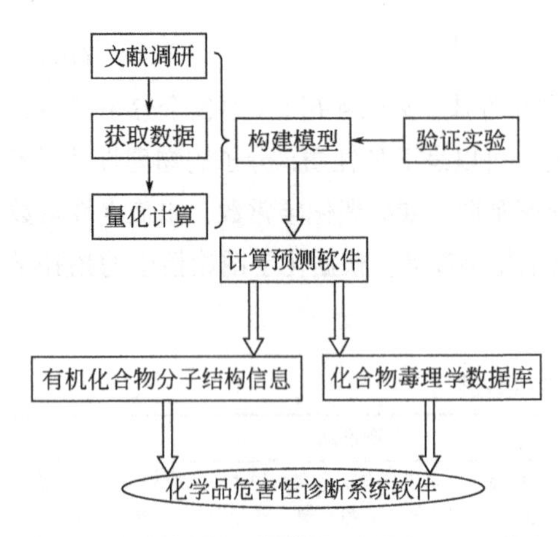

图 4-3　化学品危害性系统 QSAR 软件的建立

先进行文献调研，查阅目标化合物的毒理学实验值，并对样本进行研究。

对实验数据的来源、可靠性和合理性进行对比甄别。

通过可靠的数据进行量化计算建模。将分子结构导入计算软件如 Dragon 等，进行分类和线性回归方法统计分析，设定和改变变量保证模型的准确性和稳定性。

模型检验试验。通过多组算法和实验数据对比检验算法的准确度，并根据结果进行参数调整优化。

利用模型进行模拟计算预测相关化合物的毒理学数据。

f. QSAR 的发展趋势。QSAR 现在越来越复杂，建模中考虑的问题越来越多，计算机所能模拟的各种问题越来越接近实际情况，建模中可以包括的信息越来越多。借助数理统计方法和计算机技术的最新进展，QSAR 研究越来越注重定量模型的理论性，试图从本质上揭示和描述化学品的生物活性作用机制。首先，由于化合物结构的多样性以及生物活性作用过程的复杂性，化合物结构因素与生物活性作用之间建立满意的运算关系必须借助于多变量分析方法和计算机的自适应功能。因此，判别分析、聚类分析、模式识别、人工神经网络和遗传算法等善于处理复杂问题的多变量分析方法越来越多地应用于 QSAR 研究，促使其向智能化发展。QSAR 模型的建立，往往基于对大量化合物的众多参数如生物活性参数、结构参数的分析，从中筛选出对生物活性具有显著影响的变量，由于参数的计算以及数理统计的繁杂，QSAR 的研究越来越程序化。其次，通过 QSAR 发现并确定影响化合物活性的关键结构因素，可以指导定向合成高效低毒的新化合物。应用 QSAR 方法可以在新化合物未投入使用之前对其毒性及性质进行预测，有利于新化学品的化学风险评价与管理，从而实现“预防污染”。

g. QSAR 研究方法的应用。QSAR 研究方法在多个领域得到应用。在新药开发中通过计算机辅助分子设计，建立药物的效力即活性与结构的定量关系，提高新药开发的效率，解决传统筛选方法效率低、周期长等缺点与开发新药的要求不相适应的问题。建立化学品性质、毒性数据库，QSAR 是一个必要组成部分。化合物的化学性质和生物活性测试过程费钱耗时，建立 QSAR 模型有助于从已经测定的数据中最大限度地获取有用信息。QSAR 模型的建立不仅使数据库具有预测功能，而且可以发现数据中偏离定量模型的“可疑数据”，这些可疑数据的发现往往揭示了一些更为重要的规律。在食品科学中，由于食品中成分复杂，对其生物活性的评价是一项巨大的工程，引入 QSAR 方法，能大大提高对食品中成分的毒性和功能性的预测能力，从而有目的地开发一些新的添加剂。在环境毒理学中，有机污染物质对自然环境系统和人类社会的影响是通过毒理学效应表现出来的，是环境毒理学的主要内容。QSAR 能对污染物的物理化学参数、环境化学参数、生物毒性参数和致癌性进行预测，对污染物的环境行为进行研究。

② PBTK 模型（Physiologically Based Toxic Kinetic Model，PBTK）。毒物动力学是毒理学

的新分支，由药物动力学一词派生而来，是研究毒物在体内量变规律的一门学科，其内容包括外源化学物质在各个组织器官的吸收、分布、代谢和排泄等动态变化过程。用数学方法模拟化合物在体内的转运代谢过程而建立的数学模型，称为毒物动力学模型。

a. PBTK 模型的基本概念。经典的毒物动力学房室模型已被广泛应用，但模型组成的基本单位“房室”仅仅是一个抽象的数学概念，并没有实际的解剖学和生理学意义。随着计算机技术的发展，基于生理毒代动力学模型的研究有了很大的突破。PBTK 模型是建立在机体的生理、生化、解剖和毒物动力学性质基础上的一种整体模型，更符合外源化学物质在体内动态变化的具体状况。不同于经典毒物动力学房室模型，它将与毒物体内分布有主要关系的单个或多个脏器、组织或体液单独作为一个房室看待，以“生理学室”代替经典模型中的房室模型。外源化学物质随血液进入脏器并透过生物膜进入“生理学室”，通过各种清除率描述离开该“生理学室”时可能发生的消除，如代谢清除率、排泄清除率。根据质量守恒定律，按照生物解剖建立速度微分方程，并对方程组求解，便可以得出各个脏器和组织的外源化学物质浓度与时间的关系。采用这种方法，可基本明确外源化学物质在体内动态变化的实际情况。

PBTK 涉及的参数是基于解剖学和生理学得到的，绝大部分参数都具有生理学意义，大多数可通过实验获得。参数确定后，该模型就可以用来模拟和预测特定器官或组织内的毒物代谢过程。在毒理学领域，内暴露剂量［指在过去一段时间内机体已吸收入体内的污染物的量，通过测定生物材料（血液、尿液等）中污染物或其代谢产物的含量来确定］是研究的重点以及难点，PBTK 模型常用于确定毒物的生物有效剂量，即靶剂量［指吸收后到达靶（如组织、细胞）的外源化学物质和/或其代谢产物的剂量］。

b. PBTK 模型的构建。

收集资料，确定模型结构。PBPK 模型的结构主要由它要描述的物质的毒性特征和建模目的来决定，需要收集多方面的资料，包括与暴露的化学物质相关的毒理学资料和暴露对象的解剖生理生化数据等。

确定模型参数，包括实验动物或者人的生理数据、组织器官分配系数、代谢参数和吸收参数，主要通过搜集文献资料的方式获取。

模型的模拟与验证，建立好模型结构后还需要进行模型运算。一个模型可简化为一个微分方程组，用软件编程模拟化学物质浓度经时曲线。将模拟数据与动物实验数据相对比，根据具体情况或要求对参数进行调整、优化。

PBTK 模型建立并验证后再外推，即预测不同暴露条件下所研究的化学物质在机体内的代谢过程。一般构建 PBTK 模型的流程如图 4-4 所示。

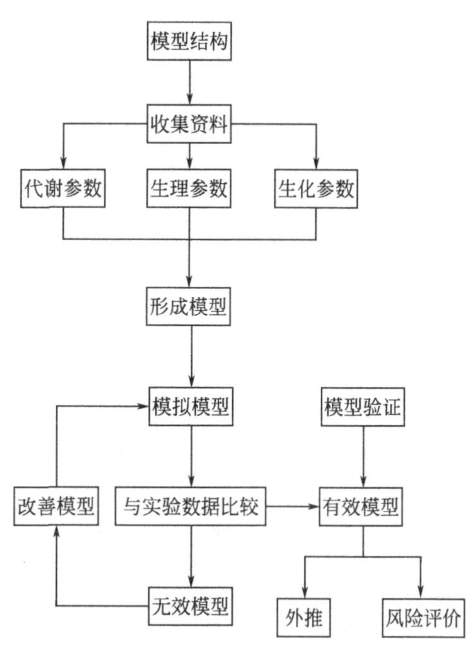

图 4-4 PBTK 模型的构建流程图

实际运用 PBTK 模型受到多方面的制约。一方面由于毒理学实验数据并不十分充足，而且化合物在体内的动力学知识有限，模型构建所需要的信息并不是总能全部得到。另一方面建立 PBTK 模型对计算机和医药学知识的要求也比较高。模型的建立还要花费大量的人力、物力和财力，因此需要研究者掌握多方面的知识并相互合作。

c. PBTK 模型的应用。在毒理学领域，PBTK 模型常用于确定化学物质的生物有效剂量，即直接导致毒效应的内剂量，以及该指标的不同染毒途径、不同染毒剂量和种系间的外推。因此，PBTK 可以协助化学物质毒理机制的研究，改进危险度评价的过程。而且 PBTK 预测模型在依据生产环境空气中化学物质的时间加权和平均容许浓度来模拟生物接触限值方面有更多的优势，特别适合现场和实验测试前或在实验数据有限或缺乏的情况下的预测。在实际应用中，还应考虑其生理和生化参数在职业群体中的变异性，生理学参数尽量选择大样本的人体测量数据；生化及代谢参数的选择尽可能来自人体实验数据，也不排除部分实验动物外推的数据。随着近代实验测试手段和数值计算方法的快速发展，毒物动力学正从个体代谢参数的选择向群体参数方向发展，如在职业毒物动力学研究中，通过测定多名作业者在同一暴露水平的机体内外化学物质含量，可计算出符合人体实际的化学物质代谢动力学参数，能够更有效地应用于生物接触限值的确定。

PBTK 模型具有在不同种属、不同剂量、不同暴露途径之间进行外推的优势，因此在风险评估中被广泛应用，成为化学物质风险评估的核心环节。例如在农药暴露安全风险评估中的应用，农药暴露风险评估的方法已有多种，但是长期以来困扰农药暴露风险评估的主要问题是暴露剂量（外剂量）与体内毒物浓度（内剂量）以及毒效应（危害作用）之间的定量评估上的脱节。PBTK 模型通过估计农药在特定靶位点的浓度，即内剂量，提高剂量-反应关系的科学性。PBTK 模型还可以用于不同暴露条件下农药代谢动力学特征研究，如同一种农药不同暴露剂量反应关系的推算，不同暴露途径下药物动力学特征的推算，不同人群间变异性的估计，估计两种农药联合暴露条件下的药物动力学特征。此外，PBTK 模型能够减少风险评估中进行各种外推时的不确定性，实现一个暴露剂量向另一个暴露剂量，一种暴露途径到另一种暴露途径以及动物到人类的外推，有助于从外剂量推测内剂量，进而为内剂量-反应关系的研究提供科学依据。总之，PBTK 模型能为定量评估剂量-效应关系提供可靠的信息，有助于阐明化学污染物的毒作用机制，发现新的生物标志物，改善风险评估工作的质量，对风险评估工作具有重要的意义。

思考题

4-1 有毒物质的分类有哪些？化学毒物的分类又有哪些？

4-2 列举化学毒物的危害形式，并简要说明。

4-3 化学毒物有哪些防护对策？请列举说明。

4-4 突发性化学事故有哪些特点？

4-5 毒理学将毒性分成哪六种？

4-6 请写出几种一般毒性试验方法。

4-7 请写出专家系统的五个类别。

第 5 章

精细化工的“三废”处理及环境保护

5.1 概述

精细化工日益快速发展，随之而来的环境问题开始引起人们的重视。精细化学品工业在生产高附加值有用产品的同时，不可避免地生成了一些废弃物，统称为“三废”，包括废气、废液和废渣（图 5-1）。废弃物如果得不到妥善处理势必对环境产生污染，进而会影响人民的健康和社会稳定。一般而言，精细化工生产过程中所产生的“三废”组成成分复杂且产生量较大。截至 2019 年，包括精细化工的化工行业总体排放废水、废气、固体废物数量分别占全国工业“三废”排放总量的 21%、6%和 7%，位居第 1、3、6 位。对精细化工产业中的污染问题进行全面详细分析，从而解决污染对环境造成的负担，成为精细化工的一个重要研究内容。只有解决了污染问题，采取有效的控制策略，才能使精细化工产业得到良性的发展。

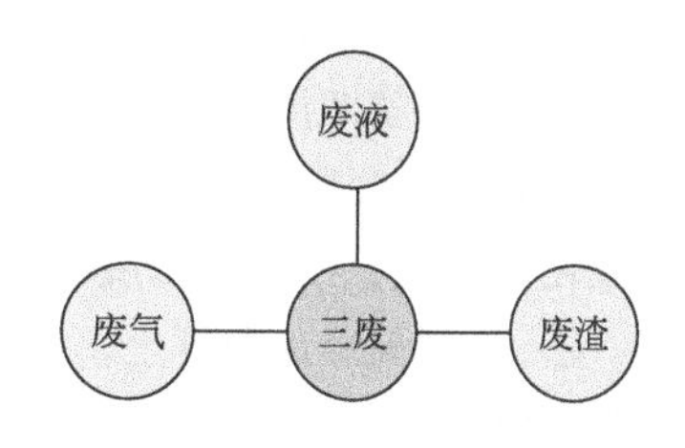

图 5-1 “三废”图示

精细化工污染物可以通过相态的不同分为水体污染物、大气污染物以及固体污染物。其具有种类多、成分复杂、变动性大、综合利用率低、间歇排放、缺乏规律、化学耗氧量高、不易生物降解、pH 值变化大等特点。

5.2 精细化工的废液及其处理概况

5.2.1 水体污染物的特征

精细化工废水排放对环境造成的污染危害，以及所采取的处理措施，与废水的特性密切相关，包括污染物的种类、浓度和性质等。而且废水的水质也不是一成不变的，不仅和废水种类有关，而且会随时间而发生改变。废水的特点主要表现为：组成比较复杂，排放量较大，污染也较为严重，不同工厂的水质差异很大。处理化工废水时针对性较强，技术复杂多变。目前实际应用的主要处理技术有气浮、隔油、沉淀、膜过滤和重力过滤、活性炭吸附、离子交换、臭氧氧化、电解、反渗透、电渗析等，这些技术用来降低化工废水中的重金属、油污和有机物等有毒有害物质。化工废水处理往往会用到接触氧化、水解酸化、纯氧曝气、表面曝气、厌氧和好氧活性污泥法等生化技术。目前习惯上按作用原理分为物理法、化学法、物理化学法和生物法四大类。因为精细化工废水中的污染物质多种多样，不能只靠一种处理方法来去除所有污染物。往往结合多种方法来组成一个新的废水处理工艺系统，才能达到预期的处理效果。

精细化工废水有如下的特点：

① 有毒有害物质多。精细化工的生产过程复杂，工序繁多，且采用的生产原料也多种多样，导致了精细化工的废水中含有较多的有害物质，污染物含量高，COD（Chemical Oxygen Demand，化学需氧量，是以化学方法测量水样中需要被氧化的还原性物质的量）高，难生物降解的物质多，有色废水色度较高等。精细化工废水中的污染物主要包括有机氨氮化合物、金属离子、色素以及化学分解物等，其中的防治重点是有机污染物。精细化工生产过程中涉及大量的有机化合物，而废水中残留的大多数有机成分属于有毒或者难降解的有机污染物，通常会抑制生物系统的发展。精细化工废水中的含氮有机物如游离氨的浓度较高，主要是因为精细化学品生产过程中大量涉及含氮有机物的转化，以及季铵盐类助剂或洗涤剂的使用。高浓度的含氮有机物，特别是游离氨会对生物系统产生不容忽视的毒害作用。研究表明，当游离氨的浓度升高至 40mg/L 时，就会对硝化细菌产生明显的抑制作用。

② 处理难度大。从当下情况来看，无论是理论研究还是实际应用，对精细化工废水的处理尚不能完全满足目前社会对于污染物处理的要求。一方面，精细化工废水中，有毒有害物质的种类繁多，且物理性质、化学性质或生物性质存在很大的差异，很难找到一种通用、普适的方法对众多企业的精细化工废水进行有效的无害化处理。另一方面，精细化工原料和制作工艺的复杂性、多样性和特殊性的特点决定了废水中所含的污染物难以处理，例如染料和农药生产企业的化工废水中含有的氯代苯胺、硝基苯等化学物质，具有很强的生物毒性和良好的化学稳定性，导致化学处理法和传统的微生物降解法都不能有效地对其进行完全无害化处理。

③ 污染物浓度高。生产过程中，不完全反应的原料或者生产过程中大量溶解的介质进入了废水体系，会导致废水中有机污染物浓度高。精细化工废水中含有大量的化学原料、副产物以及化学介质，污染物浓度高是精细化工废水处理难度大的原因之一。

④ 色度高。从色度上，废水可以分为黑水和白水两类。黑水色度较高，COD 常常高达几万毫克每升，在常温下呈现酱油般的颜色。目前来说，处理这类废水的有效方法是将其燃烧处理，但是焚烧产生的尾气又会对空气造成二次污染，且对设备有一定的腐蚀性，是精细化工废水处理的难点之一。而白水色度较低，COD 低，主要为冲洗水，水量较大，处理相对容易。

⑤ 化学需氧量高。工业废水性质的研究和废水处理厂的运行管理中，化学需氧量（COD）是一个重要的而且能较快测定的有机物污染参数。精细化工废水 COD 较高的主要原因是：精细化工生产工艺往往需要添加化学溶剂以加快化学反应，但是所添加的溶剂不直接参与反应，这就导致了大量的溶剂残留，并进入废水中，废水的化学污染物较多，难以通过生物降解来处理。例如，溶剂中一般含有较多的苯环结构，且还含有卤素、硝基等强吸电子基团；大多具有较稳定的化学结构，水溶性较低。

5.2.2 水污染指标

水污染指标是衡量水体被污染程度的参数，也是监测水体污染物处理设备运行状态的重要依据。最常用的水污染指标有以下 8 种。

① 生化需氧量。生化需氧量（BOD）是指在有饱和氧的条件下，好氧微生物在 20℃下经过一定时间，降解每升水中有机物所消耗的游离氧的量，单位一般为 mg/L，常以 5d 为测定 BOD 的标准时间，以 BOD_5 表示。

② 化学需氧量。化学需氧量（COD）是用强氧化剂将精细化工废水中的有机物氧化为水

和二氧化碳所消耗的氧的量。常用的氧化剂为重铬酸钾和高锰酸钾，对应的 COD 分别表示为 COD_{Cr} 和 COD_{Mn}，单位为 mg/L。即在一定条件下，以氧化 1L 水样中还原性物质所消耗的氧化剂的量为指标，折算成每升水样全部被氧化后，需要氧的质量（mg）。COD 反映了水受还原性物质污染的程度。该指标也作为有机物相对含量的综合指标之一。

③ 总需氧量（TOD）。完全氧化有机化合物，C、H、N、S 分别被氧化为二氧化碳、水、一氧化氮、二氧化硫时所消耗的氧量，单位为 mg/L。

④ 总有机碳（TOC）。表示废水中有机污染物的总含量，以碳含量表示，单位为 mg/L。

⑤ 悬浮物（SS）。水样过滤后，滤膜或滤纸上残留下来的物质，单位为 mg/L。

⑥ 有机废水的酸碱性。通常用 pH 表示。

⑦ 有毒物质。表示水中生物有害物质的含量，如氰化物、砷化物、汞、铬、镉、铅等，单位为 mg/L。

⑧ 大肠杆菌数。每升水中所含大肠杆菌的数目，单位为个/L。

5.2.3 水体污染物成分分析

通过分类标准，将水体污染物中的主要污染成分进行分类，如表 5-1 所示。污水处理方案中，对水体中污染物的成分分析是无害化处理的关键前提。例如，通过 GC/MS（气相色谱/质谱）法追踪测定某精细化工园区废水处理厂的进水和出水的组分及变化，废水处理工艺虽然有效地降解了酸、醇及部分苯酚和苯胺类有机物，但是氯代苯胺、氯代硝基苯、甲氧基苯系物、腈及含氮杂环化合物仍然有部分残留。这类有机物属于有机有毒物，难以溶解且有较强的生物毒性，导致出水不达标。对这些难以处理的有机有毒物进行优先控制，采取相应的预处理措施和强化工艺，是实现废水达标的关键。

表 5-1 水体污染物的主要成分

分类	主要污染物
无机有害物	水溶性氯化物、酸、碱、盐
无机有毒物	铅化物、汞化物、砷化物、铬化物、氟化物、氰化物等重金属及无机有毒化学物质
耗氧有机物	碳水化合物、蛋白质、油脂、氨基酸等
植物营养物	铵盐、磷酸盐和磷、钾等
有机有毒物	酚类、有机磷农药、有机氯农药、多环芳烃、苯等
病原微生物	病菌、病毒、寄生虫等
放射性污染物	铀、锶、铯等
热污染	含热废水

5.2.4 精细化工废水的来源

精细化工复杂的生产过程及生产工艺，在不同的生产工段会产生不同类型的废水，由于废水的来源不同，含有的主要污染物的种类及成分也存在一定的差异。

① 工艺废水。生产过程中产生的废水称为工艺废水。工艺废水主要来源于工艺生产过程

中需要的投加水、精细化工生产原料含有的水分、化学反应过程中产生的废水和废液。工艺废水组成较为复杂，有害物质含量高、毒性强。如果这类废水不经处理或者处理不到位直接排出，会对周围的环境造成不容忽视的破坏，而且由于其中的污染物组分大多不可降解，对环境水体造成的影响将非常长远。

② 设施运行废水。精细化工生产过程中，设备的运行需要大量的蒸汽设备，如水喷射泵、蒸汽喷射泵等。蒸汽设备需要以水为运行的载体，载体水在与化工原料接触的过程中，会产生大量的运行废水。设施运行废水不仅会对环境造成危害，还会对很多运行的机械设备造成破坏，如生锈等问题，降低了机械设备的使用寿命。此外，湿法除尘等传统的工艺过程也会产生大量的废水。

③ 冲洗废水。工程作业场所地面上一些散落的化工原料和设备滴漏水，以及冲洗地面的废水。冲洗废水含有大量的溶剂、原料、中间体、成品中的成分。冲洗废水可控，排放原因主要是企业管理方面的问题，如操作过程中管理不到位。

④ 洗涤废水。洗涤废水来源于精细化工中间物或者产品在生产过程中的洗涤水、设备清洗水等。洗涤废水中含有大量残留的化工原料，虽然浓度不是非常高，但是水量大，增大了处理难度。

⑤ 意外事故废水。精细化工生产作业过程中，可能会由于一些突发的事故造成化工原料的大量外泄和流失，最终形成精细化工废水。

5.2.5 精细化工废水的治理方法及实例分析

5.2.5.1 精细化工废水的治理方法

为了满足环保要求，精细化工废水治理技术不断发展，一定程度上弥补了传统工艺的不足。精细化工废水处理的工艺流程是处理技术的一部分，也是核心技术，主要包括预处理过程、均衡处理过程、生化处理过程、深度处理过程。工艺流程的合理设置可以对废水进行有效的无害化处理，使污染物得到有效的降解。精细化工企业的污水处理方案一般是根据具体产品和污染物的特点与其生产工艺制定的，因此，精细化工污水处理方法呈现多样化的特点。目前，精细化工废水处理技术可以大致分为物理处理法、化学处理法、物理化学法、生物处理法等。

① 物理处理法。所谓的物理处理法就是通过物理作用，对废水中不溶解的呈悬浮状态的污染物质进行回收、分离。根据不同的物理作用，又可分为离心分离法、重力分离法以及筛滤截流法等。通过沉淀、过滤等物理方式对废水中存在的各类污染物进行处理，使其与水体分离，从而在一定程度上达到净化的目的。该方法可以处理废水中质量较大的污染物，处理过程中很少用到化学物质，因此对人体的危害较小，且处理方法简便，易于操作。但是，缺陷在于不能将废水进行彻底的无害化处理，无法将废水中存在的所有污染物完全去除，物理处理法处理后的废水还需进行进一步的深化处理才能够排放到环境中。

② 化学处理法。化学处理法就是通过特定的化学反应除去溶解在废水中的呈胶体状态的污染物质，或者把有毒有害的物质转化为无毒无害的物质。比如，通过添加化学药剂产生化学反应的处理技术（如中和、混凝、氧化还原等）。在利用化学处理法处理废水的过程中，所用的设备有池、罐、塔以及一些附属装置。利用化学物质对废水中的污染物进行中和、氧化处理，

主要是通过改变废水的 pH 值，使一些较小的污染物可以结成絮状物，从而促进污染物的沉降。该方法中化学物质的使用，可以有效地降低精细化工废水中污染物对人体的危害。但是相对于物理处理法来说，处理过程较为复杂，处理后的废水可能还存在一些污染物和化学物质的残留。

③ 物理化学法。当通过传质作用处理废水时，不仅具有化学作用，也有与之相关的物理作用，因此，称之为物理化学法。通过把物理和化学作用结合起来处理污水，从而净化污水，具体有萃取、吹脱、汽提、吸附、电渗析、离子交换以及反渗透等。在进行物理化学法处理前，废水要经过一定的预处理，去除油渍、悬浮物以及有害气体等，必要的时候还要调节 pH 值。

④ 生物处理法。所谓的生物处理法就是利用微生物的代谢作用，除去废水中的微小悬浮物，胶体、溶液状态的有机污染物质，或者将其转化为无毒无害物质。生物处理法的优点是处理时间较短，处理效率较高，对废水净化程度较高。但是，由于该方法对需要处理的污水的要求非常高、处理过程复杂，对工厂和工人的技术水平要求也较高，因此普及推广有一定的困难。

5.2.5.2 废水的三级处理流程

(1) 一级处理

一级处理的主要目的是将废水中呈悬浮状态的污染物质除去，并且调节废水的酸碱度，主要有自然沉淀、筛滤、上浮、隔油等。经过一级处理之后的污水，通常情况下还不能达到排放标准，一般还要进行后续的二级处理和三级处理。

① 筛滤法。筛滤法是去除废水中悬浮污染物的方法，经常用到格栅和筛网等设备。格栅的作用是截留污水中大于栅条间隙的漂浮物，一般情况下会将其放置在污水处理场，目的是避免管道和一些设备的堵塞。格栅清渣使用机械或人工方法，必要的时候将残渣磨碎，再投入格栅下游。

② 沉淀法。沉淀法的机理是重力沉降，利用重力沉降可以分离废水中呈悬浮状态的污染物质。沉淀法所用的主要设备有沉砂池和沉淀池，去除污水中大部分可沉降的悬浮固体以提高后续的处理效果。

③ 上浮法。上浮法的主要作用是除去污水中相对密度较小的污染物，在一级处理过程中，主要是去除污水中的油类及悬浮物质。

④ 预曝气法。预曝气法是先将污水进行短时间曝气，然后使之进入处理单元。它的主要作用是：使废水自然絮凝或通过生物絮凝的作用，把污水中难以处理的微小颗粒聚集，以便沉淀分离；使废水中的还原性物质被氧化；吹脱废水中溶解的挥发物；增加废水中溶解氧的浓度，有效减轻污水的腐化程度，进而使污水的稳定度提高。

(2) 二级处理

二级处理的目的是进一步处理废水，除去废水中的大量有机污染物，如废水中的呈胶体状态或呈溶解状态的氧化物或有机污染物。二级处理的主要方法如下：

① 活性污泥法。在废水化学处理中，活性污泥法占有非常重要的地位，主要操作过程是把废水中的有机污染物作为底物，在持续通氧的条件下，对各种微生物群体进行混合连续培养，使之形成活性污泥。活性污泥具有吸附、凝聚、分解、沉淀、氧化的作用，进而可以消除废水中有毒的有机污染物质，从而使废水得到净化。活性污泥法从开创至今已有 90 年的历史，已经相当成熟，成为处理有机工业废水和城市污水最有效的生物处理法，应用非常普遍。

② 生物膜法。生物膜法就是让废水通过生长在固定支撑物表面上的生物膜，然后通过生

物氧化作用以及各相之间的物质交换，对废水中的有机污染物进行降解的方法。使用这种方法处理废水时用到的设备主要有生物转盘、生物滤池、生物接触氧化池以及近年来研制出的悬浮载体流化床，目前普遍使用的是生物接触氧化池。

(3) 三级处理

污水三级处理又称污水高级处理或深度处理。二级处理之后，还会存在一些污染物质，这些污染物质主要有微生物未能降解的有机物，以及一些可溶性无机物（如磷、氮、硫等）。三级处理是在二级处理之后，为进一步除去废水中余留的某种特定的污染物质而增加的处理单元，主要以废水回收、复用为目的。需要注意的是，三级处理所需的资金较大，管理也较复杂，但能充分利用水资源。

5.2.5.3 精细化工废水处理案例

纺织染料工业是精细化工中一个重要的分支。其废水中含有大量的有机物和盐，具有COD_{Cr}高、色泽深、酸碱性强等特点，一直是废水处理中的难题。下面通过染料废水的处理分析说明废水处理技术与工艺。

(1) 物理处理法

① 吸附法。通过将废水与多孔性固体（如活性炭、吸附树脂等）进行接触，利用吸附剂表面活性，将染料废水中的有机物和金属离子吸附并使其富集在吸附剂表面，从而达到净化废水的目的。

活性炭具有较强的吸附能力，对阳离子染料、直接染料、酸性染料、活性染料等水溶性染料具有较好的吸附功能，但活性炭价格高，不易再生。据报道，由壳聚糖与活性炭及纤维素混合制成的染料吸附剂对活性染料和酸性染料有优异的吸附能力，在水中具有优良的分散性，可采用简单而廉价的接触过滤法处理废水。此外，大孔吸附树脂是内部呈交联网络结构的高分子珠状体，具有优良的孔结构和高比表面积，可用于去除难以生物处理的芳香族磺酸盐、萘酚类物质。树脂容易再生，且物理化学稳定性好，树脂吸附法已成为处理染料废水的有效方法之一。

② 膜分离技术。应用于染料废水处理的膜分离技术主要是超滤和反渗透。管式和中空纤维式聚砜超滤膜处理还原染料废水脱色率在95%～98%之间，COD_{Cr}去除率为60%～90%，染料回收率大于95%。近年来，用壳聚糖超滤膜和多孔炭膜等新型膜材料处理印染废水也取得了较好的效果。

(2) 化学处理法

① 混凝法。混凝法主要包括沉淀法和气浮法，混凝法较为经济高效，但是产生的化学污泥需要进行进一步的处理，才能达到无毒无害排放的目的。常用的混凝剂有无机铁复合盐类。近年来国内外使用高分子混凝剂日益增多。天然高分子混凝剂主要有淀粉及淀粉衍生物、甲壳质衍生物和木质素衍生物 3 大类。此外，还有人工合成的混凝剂，代表性的人工有机高分子混凝剂有PAN-DCD（Polyacrylonitrile-Dicyandiamide，二氰二胺改性聚丙烯腈聚电解质）、PDADMA-A（Polydiallyldimethylammonium，二甲基二烯丙基氯化铵聚合物）等。通过分析对比发现：天然高分子混凝剂电荷密度小，分子量低，易发生生物降解而失去絮凝活性。人工合成的有机高分子混凝剂分子量大，分子链中所带的官能团多，絮凝性能好，用量少，pH 范围广。

② 氧化法。氧化法是利用臭氧、氯及其含氧化合物破坏染料分子中的发色基团而达到脱色的目的。臭氧是比较常用的氧化剂，对大多数染料具有良好的脱色效果，但是其对硫化、还

原等不溶于水的染料效果较差。Fenton 氧化法也可用于染料废水的处理，其原理是通过 Fenton 试剂中的 Fe^{2+}和 H_2O_2 反应所产生的羟基自由基使染料有机物断链降解。Fenton 试剂在处理染料废水时，不仅可以发挥氧化作用，还可以发挥混凝作用（图 5-2）。研究表明，用此法处理 2-萘磺酸钠生产废水，先用 $FeCl_3$ 混凝沉淀，然后在 pH 1.5～2.5 条件下以 H_2O_2∶2g/gCOD_{Cr}，Fe^{2+}∶4g/L 水，氧化 60min 可去除 COD_{Cr} 99.6%、色度 95.3%。

$$Fe^{2+} + H_2O_2 \longrightarrow Fe^{3+} + OH^- + HO\cdot \quad (1)$$

$$Fe^{3+} + H_2O_2 \longrightarrow Fe\text{-}OOH^{2+} + H^+ \quad (2)$$

在光照条件下，Fenton反应中的Fe^{3+}不断被还原成Fe^{2+}

$$FeOH^{2+} \xrightarrow{h\nu} Fe^{2+} + HO\cdot \quad (3)$$

图 5-2 （1）、（2）传统 Fenton 反应原理；（3）Fenton 光催化反应原理

③ 湿式空气氧化法。湿式空气氧化法（WAO）是在高温（125～320℃）、高压（0.5～20MPa）条件下通入空气，使废水中的有机物直接氧化。湿式空气氧化法强化和改进后的超临界水氧化法（SCWO），是指在温度、压力高于水的临界温度（374℃）和临界压力（22.05MPa）的条件下将水中有机物氧化。超临界态水的物理化学性质发生较大的变化，水汽相界面消失而形成均相氧化体系，有机物的氧化反应速率极快。超临界水氧化法与传统的方法相比，效率高，反应速率快，适用范围广，可用于各种难降解有机物；在有机物的含量低于 2%时，可通过自身进行热交换，无须外界供热，反应器结构简单，处理量大。

④ 光催化氧化法。光催化氧化法常用 H_2O_2 或光敏化半导体（如 TiO_2、CdS、Fe_2O_3、WO_3、ZnO、ZnS、SnO_2 等）作催化剂，在紫外线高能辐射下，电子从价带跃迁进入导带，在价带产生空穴，从而引发氧化反应。此法对染料废水的脱色效率高，缺点是投资和能耗高。TiO_2 由于其化学稳定性高、无毒、价格低廉而被广泛应用。

Fenton 试剂自身的缺陷：Fe^{2+}浓度大，因此处理后的水有颜色；要求 pH 值低；由于絮凝作用会在使用过程中产生大量的污泥，从而给之后的处理带来挑战。近期的研究提出了 Fenton 光催化法，即通过光照来减少 Fe^{2+}和 H_2O_2 的用量，降低了成本。另外，H_2O_2 分解产生羟基自由基的速度大大加快，使得催化效率明显增大。其反应原理如图 5-2 所示。

⑤ 电化学法。电化学法治理染料废水，实质是间接或直接利用电解作用，把染料废水中的有毒物质转化为无毒物质，是一种有竞争力的废水处理方法（图 5-3）。染料废水的电化学净化根据电极反应发生的方式不同，可分为内电解法、电凝聚电气浮法、电催化氧化法等。应用最广泛的内电解法是铁屑炭法。该方法在不消耗能源的基础上利用废物去除多种污染成分和色度，但反应速率较慢，反应柱易于堵塞，对高浓度的废水处理效果较差，因此只能用于低浓度染料废水的处理。电凝聚电气浮法是指在外电压的作用下，利用可溶性阳极材料（铁或铝等）产生大量的阳离子，对胶体废水进行凝聚，同时在阴极上析出大量氢气形成微气泡，与絮状颗粒黏附并一起上浮。与化学凝聚法相比，其材料损耗少一半左右，污泥量较少；其缺点是电能消耗和材料消耗过大。电催化氧化法是指通过阳极反应直接降解有机物，或通过阳极反应产生的羟基自由基、臭氧等氧化剂降解有机物。电催化氧化法的优点是有机物氧化完全，无二次污染。但该法真正应用于废水工业化处理则取决于具有高析氧电位的廉价高效催化电极，同时电极与电解槽的结构对降低能耗也起重要的作用。

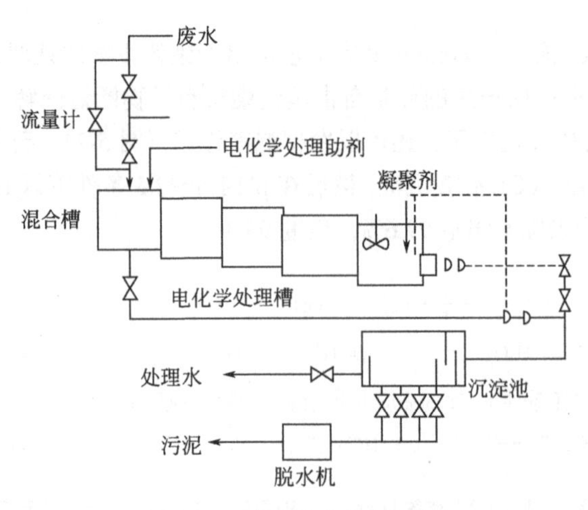

图 5-3 电化学处理废水流程图

(3) 生物化学处理法

生物化学处理法具有运行成本低，对环境友好等特点。但是由于染料废水的水质环境比较复杂，且有毒有害污染物种类繁多，毒性较大，因此对温度和 pH 值条件要求较为苛刻的微生物难以在该环境下生存并发挥作用。根据菌群的生物性质，可以将生物化学处理法分为好氧法、厌氧法以及好氧-厌氧法。

好氧法运行简单，对 COD_{Cr}、BOD_5 的去除率较高，对色度的去除率却不太理想。而厌氧法对染料废水的色度去除率较高。厌氧法污泥生成量少，产生的气体是甲烷，可作为能源利用。利用复合的微生物群可处理染料废水，菌种现已发展到 100 多种，如反硝化产碱菌、脱氮硫杆菌、氧化硫杆菌等。它可以针对不同的废水配成不同的菌群去分解不同的污染物，具有较强的针对性。高效微生物菌群将有机物分解成 SO_2、H_2O 以及许多对水质没有影响的有机小分子。运用 HSB（由 100 余种菌种组成的高效微生物菌群）微生物技术处理无锡某染料厂生产的分散染料、酸性染料（COD_{Cr}浓度达 2000～2500mg/L）的废水，出水 COD_{Cr}小于 100mg/L，平均去除率为 92.68%，苯胺去除率为 94%，酚去除率为 93%，氨氮去除率为 92%，色度均在 50 倍以下。为了增加优势菌种在生物处理装置中的浓度，提高对染料废水的处理效率，通常将游离的细菌通过化学或物理的手段加以固定，使其保持生物活性并提高使用率。研究表明，高效脱色菌群固定在活性污泥上，脱色酶活力提高 70%。表 5-2 列出不同处理方法应用于废水处理的优缺点比较。

表 5-2 染料废水处理方法对比

项目	处理方法	效果及优点	缺点
物理法		除去颗粒悬浮物，去除部分色度	处理程度不高
化学法	混凝法	工艺流程简单，操作管理方便，设备投资较小，占地面积小，对疏水性染料脱色效率很高	运行费用较高，泥渣多且脱水困难，对亲水性染料处理效果较差
	氧化法	色度去除率高，适用于处理高浓度有机废水	耗能大，COD 去除率小
	湿式空气氧化法	效率高，反应速率快，适用范围广，可用于各种难降解有机物	需要控制高温环境，能耗较大
	光催化氧化法	对染料废水的脱色效率高	投资和能耗高
	电化学法	对含酸性染料的废水有较好的处理效果，脱色率为 50%～70%	对颜色深、COD_{Cr} 值较高的废水的处理效果较差，能耗高，成本高，且有副反应存在

续表

项目	处理方法	效果及优点	缺点
生物化学法	好氧法	对 BOD 去除效果明显，一般可以达到 80%左右	色度和 COD 去除率不高，运行费用高，剩余的污泥需要专门处理或处置
	厌氧法	能直接处理高浓度染料废水，色度和 COD 去除率分别稳定在 80%和 90%以上	条件较为苛刻，BOD 去除率低
	好氧-厌氧法	BOD 和 COD 去除率均较高，效果稳定	微生物对营养物质、pH、温度等条件有一定的要求，占地面积大，管理复杂

5.3 精细化工的废气及其处理概况

精细化工也产生大量废气。同样，废气产生的来源多种多样，成分较为复杂，既包含大量的有机和无机化合物，同时还含有大分子颗粒物，并在大气环境中通过相应的形式进行排列组合。精细化工废气中难处理的是有机废气。有机废气可以通过呼吸道和皮肤进入人体，从而使人的呼吸、血液、肝脏等系统和器官产生病变。其中，精细化工产生的各种挥发性有机物（VOCs）主要包括芳环类、烃类、醇类、醛类、酸类、酮类、有机硫化合物、胺类化合物、含氧有机化合物和有机磷化合物等，对人体健康有多方面的危害，可能会造成慢性中毒，损害脾脏和神经系统，严重者还可能出现生命危险。此外，VOCs 对大气造成严重的污染，对精细化工废气进行有效的处理势在必行。不同行业排放的废气中有机物的毒性和种类不尽相同，表 5-3 总结了精细化工行业中一些常见有机污染物对人体的危害。

表 5-3 精细化工行业中常见有机污染物对人体的危害

有机物种类	对人体的危害
苯类	损害人的中枢神经系统，造成神经系统障碍。当苯蒸气浓度超过 2%时，可以引起致死性的急性中毒
多环芳烃	有较强的致癌性
苯酸类	能使细胞蛋白质发生变性或凝团，致使全身中毒
腈类	中毒时会引起呼吸困难、严重窒息、意识丧失直至死亡
硝基苯类	吸入蒸气影响神经系统、血象和肝脾器官功能，大面积皮肤吸收可致死亡
芳香胺类	致癌，二苯胺、联苯胺等进入人体可造成缺氧症
有机氮化合物	致癌
有机磷化合物	降低血液中胆碱酯酶的活性，使神经系统发生功能障碍
有机硫化合物	低浓度硫醇可引起不适，高浓度可致死
有机含氧化合物	环氧乙烷有刺激性，吸入高浓度可致死。丙烯醛对黏膜有强烈的刺激。戊醇可引起头痛、恶心、腹泻等

5.3.1 精细化工废气的来源

根据废气产生方式和排放特征，精细化工行业的挥发性有机物（VOCs）排放源分为四类：溶剂使用源、化工产品生产源、废物处理源和存储输送源。其中，溶剂使用源是指在精细化工生产过程中，由于使用的有机溶剂挥发而形成的排放源。化工产品生产源是指在生产过程中，由于原料、中间物或产物的挥发形成的污染源。废物处理源是指工业污水、工业固体废物处理过程中形成的污染源。存储输送源是指在输送、存储或配备工业原料、产品和有机溶剂时形成的污染源。在精细化工企业中，可能存在某一类或者多类污染源。

5.3.2 精细化工废气的排放特征

① 精细化工生产过程中所排放的 VOCs 种类较多且性质差异大。精细化工生产过程中，由于工艺繁多，原料复杂，导致废气排放量大，污染物种类繁多且组成复杂。常见的 VOCs 污染物如表 5-4 所示。

表 5-4 精细化工行业常见的 VOCs 污染物

污染物种类	主要代表物
烃类	苯、甲苯、二甲苯、正己烷、石脑油、环己烷、甲基环己烷、二氧杂环己烷、稀释剂、汽油等
卤代烃	三氯乙烯、四氯乙烯、三氯乙烷、三氯苯、二氯乙烷、三氯甲烷、四氯化碳、氟利昂等
醛酮类	甲醛、乙醛、丙烯醛、糠醛、丙酮、甲乙酮、甲基异丁基酮、环己酮等
酯类	醋酸乙酯、醋酸丁酯、油酸乙酯等
醚类	甲醚、乙醚、甲乙醚、四氢呋喃等
醇类	甲醇、乙醇、异丙醇、正丁醇、异丁醇等
聚合用单体	氯乙烯、丙烯酸、苯乙烯、醋酸乙烯等
酰胺类	二甲基甲酰胺、二甲基乙酰胺等
腈（氰）类	氢氰酸、丙烯腈等

② 生产工艺产生尾气污染物。精细化工尾气中的气态污染物大多以混合物的形式排放。如制药工业中通常产生酸性气体、普通有机物和恶臭气体等。对于单一化合物的净化是相对容易的，但是在多种化合物共存的情况下，由于其性质各有特点，存在差异，使用单一的方法治理通常很难达到理想的效果。在多数情况下，需要考虑分级治理废气。如废气中存在卤代烃或者含硫化合物时会导致催化燃烧法中的催化剂中毒，因此需要预先处理其中的卤代烃和含硫化合物，然后进行催化燃烧。

③ 不同生产过程中排放的废气工况条件多样。不同的工序所排放的尾气工况差异较大。如一般涂料、燃料以及胶黏剂生产过程中排放常温气体，而在制药行业中排放的大多为高温气体。

5.3.3 精细化工废气处理技术的现状

精细化工废气的末端处理技术主要是针对难处理、种类多样、对人体伤害较大的挥发性有机物（VOCs）。按照处理方式可以分为两种：一种是物理法，采用冷凝回收法对 VOCs 废气进行处理；另一种是消除法，即通过生化方法将有机废气污染物氧化分解成无毒或低毒产物的破坏性方法。物理法主要通过改变温度、压力或是采用选择性吸附剂和选择性渗透膜等方法来富集分离有机污染物，包括吸附、吸收、冷凝和膜分离技术。通过该法回收的有机溶剂可以直接用于质量要求较低的生产工艺，或者集中进行分离提纯。消除法是指通过化学或生物处理，用热、光、催化剂或微生物等将有机化合物转变为二氧化碳和水等无毒无害的小分子化合物，主要包括高温焚烧、催化燃烧、生物氧化、低温等离子体破坏和光催化氧化技术等。吸附、催化燃烧和高温焚烧是传统的有机废气治理技术，也是目前应用较为广泛的治理技术。

（1）冷凝法

冷凝法是指采用冷却或冷冻的方法，将废气中沸点较高的有机物冷凝下来进行回收。冷凝法较为简单，而且操作方便，但是对精细化工废气中有机污染物的脱除效率有限，适用于较高浓度的有机废气处理。其原理是：物质在不同的温度下有不同的饱和蒸气压，通过降温或升压，使得废气中有机组分的分压等于该温度下的饱和蒸气压，有机组分冷凝成液体而从气相中分离出来。在不同温度下，有机物质的饱和程度不同，在压力系统的作用下根据废气中所含物质设置不同饱和度，将有机物冷凝分离，分离后将有害废气进行进一步处理，有机物即可回收利用。这种方法的操作程序非常简单，但是要保证操作质量却存在一定的难度。特别是目前工业企业在高科技的带动下发展速度非常快，排出的废气量也非常多，当处于常温环境下就需要采用冷却水降温，特别是一些废气中 VOCs 的含量很低，采用冷却凝固治理技术进行分离成本高。目前冷凝法主要用于回收废气中有价值的溶剂，很少单独用于处理废气。一般冷凝法的处理流量范围为 < $3000m^3/h$（标准状态下），废气中的 VOCs 含量约占 0.5%～10%。

根据冷凝温度的不同，可以将冷却剂或冷冻剂分为以下三种类型：① ≥0℃，冷却水、冷冻水（有时也可以用空气冷却）；② ≥–15℃，冷冻盐水；③ ≤–120℃，液氮。

冷凝法所用的设备主要是冷凝器，可以分为直接接触式冷凝器（直接冷凝法）和表面换热式冷凝器（间接冷凝法）。直接冷凝法是指 VOCs 蒸气直接与冷却剂进行接触，从而达到冷凝的目的。该方法传热迅速，但只能用于冷却剂混入后不影响冷凝物质量的情况，如用水将空气或乙炔冷却。所用冷凝器和吸收设备一样，大多为喷洒塔、洗涤器或填料塔。冷却介质大多为水。间接冷凝法利用间壁进行流体和冷却剂之间的热量传递。间接冷凝法采用表面换热式冷凝器，主要分为管束式冷凝器和翅片式冷凝器，后者主要用空气作为冷凝介质。

（2）吸收法

吸收法是以液体作为吸收剂，通过洗涤吸收装置使废气中的有害物质被吸收，从而达到净化的目的。吸收过程实际上是气相和液相之间进行气体分子扩散或者湍流扩散的物质转移过程。吸收过程可以分为物理过程和化学过程。物理吸收过程是指通过相似相溶原理，将所处理物质溶于吸收剂中，如利用水除去水溶性的有机气体丙酮、甲醇、醚和微溶性的灰尘烟雾等。化学吸收是吸收剂上的活性基团与有机废气中的相应成分发生化学反应的吸收过程。化学吸收法适用于浓度较高、温度较低和压力较高情况下的废气处理，去除率可以达到 95%～98%。

根据所需处理气体污染物的成分选择吸收剂。合适的吸收剂需要对气体污染物有较大的溶解度，对吸收质有较高的选择性，蒸气压低以避免引起二次污染，便于使用、再生和再利用；具有良好的热稳定性和化学稳定性，毒性低，不易腐蚀设备，价格便宜。同时，改变气液两相的接触面积和吸收剂在设备中的分布情况、停留时间、浓度梯度、操作温度和压力等可以有效地提高处理效率。例如，为了实现高效的吸收过程，吸收剂和被处理的废气需要达到充分接触。较为常见的吸收设备有填料塔、板式塔、喷洒塔、降膜吸收器和文丘里吸收器。选用吸收器需要充分了解废气和吸收剂的特性，当废气在吸收剂中的溶解性较高时吸收较快，尽可能采用结构简单的吸收剂。为了防止排出的气流中夹带液滴需要设置除雾器。

常见的吸收剂可总结如下：

① 水。水是物理吸收最好的吸收剂。由于水分子可以与极性溶质分子相结合，所以乙醇、丙酮等极性分子都有良好的水溶性。针对精细化工生产过程中产生的低浓度丙酮蒸气，可以使用水作吸收剂，与废气以逆流方式通过填料塔来完成净化。

② 洗油（碳氢化合物）。多数洗油都是非极性的，可以溶解非极性蒸气，如脂肪族碳氢化合物等。但是在吸收过程中，经常会由于吸收不足而导致排放气中有害物质浓度超标。使用后

的洗油需要再生才能使用。

③ 乙二醇类。乙二醇类吸收剂通常为聚乙二醇二甲醚，可以在130℃下用真空蒸馏解吸。如使用聚乙二醇水溶液处理甲苯废气，甲苯去除率高达83%。

④ 复配吸收液。复配液吸收法是在传统吸收法的基础上提出的一种吸收法。相对于传统吸收液而言，处理效果明显更佳，且该项技术投资少，运行成本低，净化效率高，易于操作，具有很好的推广应用价值。

⑤ 其他吸收剂和相应可吸收的有机物质见表5-5。

表5-5 常用吸收剂和相应可吸收的有机物质

吸收剂	吸收的有机物质
次氯酸盐溶液	硫醇、硫醚
碱液	有机酸、酚
酸液	胺
氨水、亚硫酸盐溶液	乙醛
高锰酸钾溶液、次氯酸盐溶液、过氧化酸	醇
N-甲基吡咯烷、硅油、石蜡和高沸点酯类	氯化烃

(3) 吸附法

吸附法是处理VOCs中可吸附组分或回收溶剂的典型方法。其原理为：在气相中需要分离的气体组分可以与吸附剂选择性结合，然后再通过解吸回到气相中。吸附可以分为物理吸附和化学吸附。在处理废气时，通常采用物理吸附。在实际过程中，比表面积、颗粒大小、孔径大小、晶格及其缺陷、润湿性、表面张力、气相中分子间的相互作用、吸附层中分子的相互作用等都会对吸附过程造成影响。

精细化工废气的净化工艺中，常用的吸附剂是活性炭、活性焦炭或活性炭纤维，它们具有较大的比表面积，且对非极性物质如有机溶剂等有较好的吸附能力；而对极性物质如水，则吸附性较差，因而可以用水蒸气进行再生处理。活性炭纤维具有吸附容量大、吸附-脱附速度快等优点，但价格较高，常用于回收有较大经济价值的物料，对无回收价值的物料常常采用颗粒活性炭进行吸附净化。除此之外，高聚物吸附树脂（如聚苯乙烯、聚丙烯酸酯）、活性氧化铝、硅胶、沸石分子筛等都是较常见的吸附剂。

对于沸点在50～120℃之间的、无饱和键或不易发生自聚合的有机废气可以采用固定床吸附装置进行净化处理。吸附装置主要有固定床吸附器、转子吸附器、流化床吸附器。其中，最常用的是固定床吸附器，并以颗粒状吸附剂作为吸附质，其具有较大的吸附体积和较长的吸附循环周期，可以适应废气浓度的波动。当吸附剂饱和后进行再生再投入使用，因此，实际投入运行时，需要采用三台吸附器联用的方式，即一台吸附，一台解吸和再生，一台备用。图5-4为吸附装置的流程示意图，用水蒸气进行解吸。

(4) 燃烧法

燃烧法也称为热破坏法，采用燃烧的方法对VOCs废气进行分解，基于有机化合物燃烧氧化的特性，通过燃烧将废气中可以氧化的组分转化为无害物质，从而达到排放的标准。也可以根据燃烧的需要加入催化剂，使VOCs废气发生化学反应，降低所含的有机物浓度。燃烧法对VOCs废气的处理主要包括直接燃烧法、热力燃烧法、蓄热燃烧法和催化燃烧法。当废气中挥发性有机物浓度较高时，可以直接燃烧废气。而在热力燃烧和催化燃烧时，所处理的废气浓度

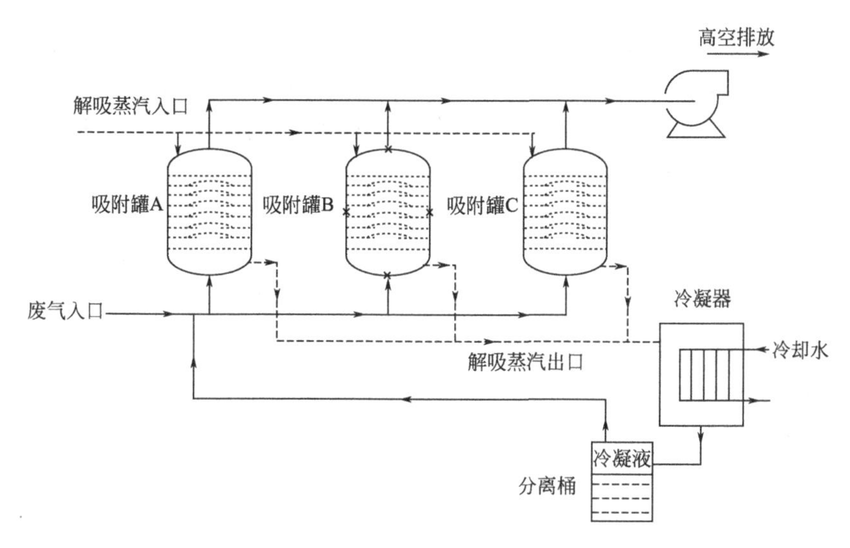

图 5-4 固定床吸附装置流程图（用于回收不溶于水的溶剂）

较低，必须借助辅助燃料来实现燃烧。催化燃烧的方法，就是对 VOCs 废气进行热处理的过程中，适当使用催化剂实施催化助燃，其本质上也属于热力燃烧，由于具有催化反应的特点，与热力燃烧区分开来，其通过催化剂的催化作用来降低氧化反应温度和提高反应速率。通常使用的催化剂包括金属盐、金属等，但是，催化剂的价格高，使得催化燃烧的成本也比较高。在使用催化剂的过程中，还需要加入适量的载体，以使催化剂具有稳定性并增强催化活性，陶瓷作为催化剂载体具有良好的催化效果。如果直接将 VOCs 废气高温燃烧不仅无法消除某些气体，还可能在燃烧过程中产生更多的有毒有害气体。因此在催化剂作用下，燃烧不需要过高的温度，在一定程度上降低了成本，还减少了其他气体的产生。

① 直接燃烧法。直接燃烧是将有机废气作为燃料来燃烧，一般用于可燃物浓度较高时的废气处理，其中可燃物的浓度一般高于爆炸浓度上限，且具有较高的燃烧热值，不需要添加辅助燃料也能维持燃烧所需的温度。直接燃烧法的火焰温度一般在 1100℃左右，常用设备为炉、窑以及石油化工企业较为常见的火炬。其中，火炬是敞开式的燃烧器，并不能达到完全燃烧的目的，而且会造成燃料能量的损失，产生大量的有害气体和烟尘以及热辐射，污染环境。

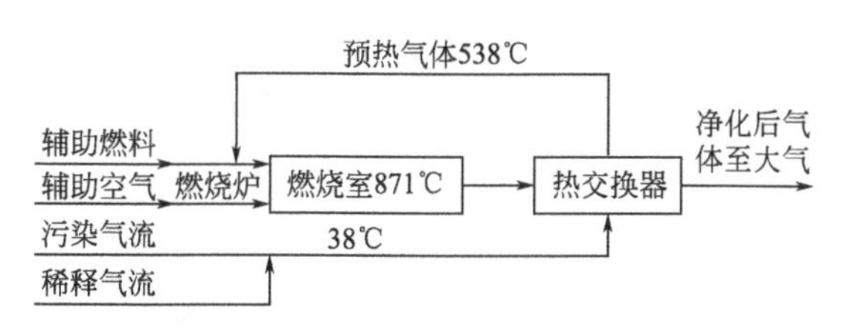

图 5-5 热力燃烧法净化有机废气工艺流程

② 热力燃烧法。当精细化工废气中可燃物含量较低时，不能通过着火依靠自身来维持燃烧，需要借助辅助燃料燃烧所产生的热量使废气中的 VOCs 氧化并转化为无害物质。如图 5-5 所示，传统的热力燃烧装置主要由辅助燃烧器和燃烧室组成，先利用辅助燃烧器升高温度，待燃烧器温度升至可以点燃有机废气时，再将废气引入燃烧室氧化燃烧，最后将净化后的气体通过烟囱排向大气。若废气中氧含量高于 16%时，可使用配烟燃烧器；若低于 16%，则使用离烟燃烧器，以补充燃烧所需的空气。废气在燃烧室中需要有足够的停留时间以保证有机废气能够完全氧化。

③ 蓄热燃烧法。为了降低能耗，常用废气预热器来降低燃料的消耗，即通过废气预热器来预热废气，使其在使用少量燃料的情况下可达到所需的温度。当预热温度足够高而不需要添加额外的辅助燃料时，称为自供热操作。但是如果废气中可燃物浓度较低而需要较高的预热温度

时，传统的间壁式换热器很难做到，因此，对在工业上成功应用的蓄热炉经验加以应用，称为蓄热式热力氧化器。典型的蓄热换热方法，一般至少需要两台换热器来实现加热和冷却周期的切换以达到连续操作，也可以用旋转蓄热式换热器同时连续地进行加热和冷却。常用的蓄热体有陶瓷散堆填料和陶瓷规整填料。操作温度一般在 800～850℃。蓄热燃烧法原理是把有机废气加热到 760℃以上，使废气中的有机物在氧化室内氧化分解成二氧化碳和水。氧化产生的高温气流经陶瓷蓄热体，使陶瓷体升温，从而用于对原始废气进行预热。陶瓷蓄热体常分为两室或者三室，每个蓄热室每次经历蓄热-放热-清扫等程序，周而复始，连续工作。与热力燃烧和催化燃烧工艺相比，蓄热燃烧法具有热效率高，运行可靠，能处理中、高浓度废气等特点，其处理风量在 1000～100000m^3/h 不等，加热介质主要为煤油和天然气。图 5-6 展示了蓄热燃烧法净化有机废气工艺流程。

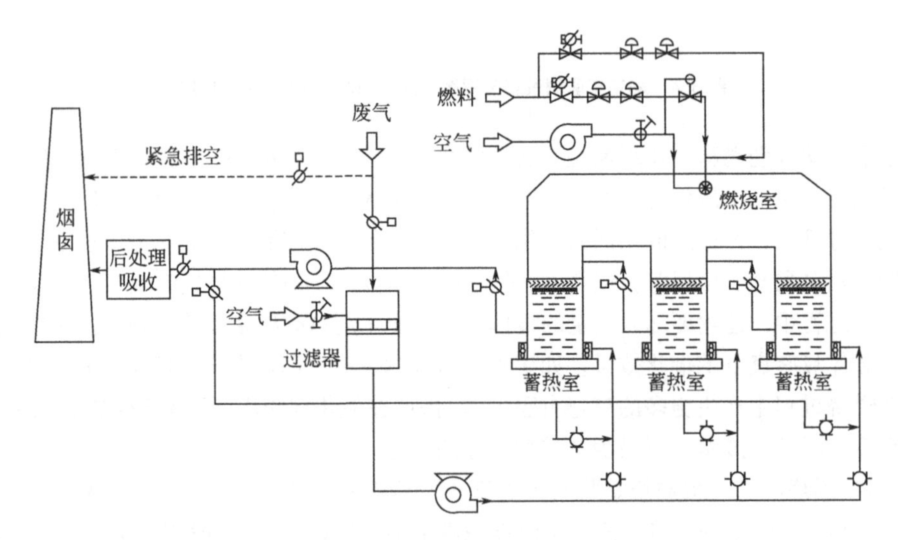

图 5-6　蓄热燃烧法工艺流程

④ 催化燃烧法。催化燃烧法是指借助催化剂在相对较低的起燃温度下（200～300℃）进行无焰燃烧，将有机废气氧化分解为二氧化碳和水。其实质是活性氧参与的剧烈氧化反应，催化剂将空气中的氧进行活化处理，当与反应物分子接触时，发生能量传递，活化反应物分子，从而加速氧化反应的进行。选用合适的催化剂是关键，由于燃烧过程会放出大量的热，催化剂在高温下需要能保持相对良好的催化活性。催化 VOCs 所用的催化剂主要是贵金属催化剂和金属氧化物催化剂。处理精细化工废气的贵金属催化剂主要有 Pt、Pd 和 Rh 等，这些贵金属常负载在载体上使贵金属呈高分散状态，载体不仅仅能起到结构支撑作用，还有相应的载体效应。金属氧化物催化剂主要为钙钛矿型复合氧化物和尖晶石型复合氧化物，这两种结构的催化剂都具有良好的深度氧化活性。此外，多种燃烧方法的联合使用强化了有机废气处理过程。蓄热式催化燃烧法（RCO）是催化燃烧法中较为典型的方法，与传统的蓄热燃烧法相比，有更好的自适应性，输入参数在短时间内剧烈波动时依旧能保证稳定，在停机一段时间后不用经过再次预热便可正常工作；热损失较小，可以快速启动；在净化高浓度废气时可以在净化废气的同时生产出较高的热能从而获得经济效益。其工艺流程如图 5-7 所示。

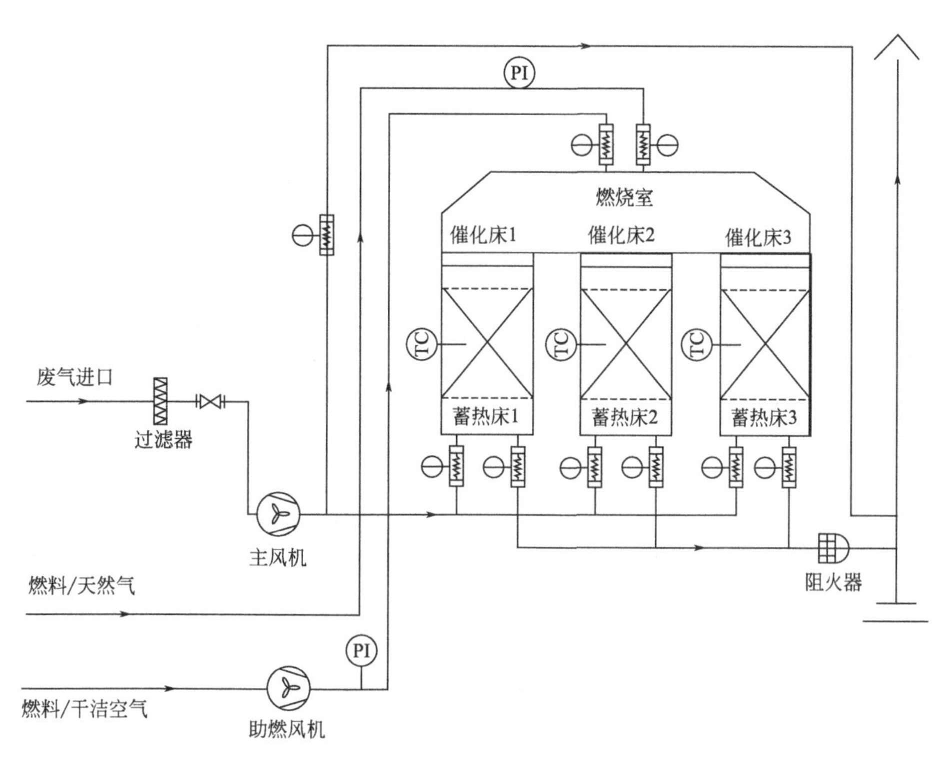

图 5-7 蓄热式催化燃烧法净化有机废气工艺流程

(5) 生物处理法

生物处理法，即运用微生物的生理特征将有害的废气进行隔离和转化，转变成水、二氧化碳等，并回收气体中有用的有机物，经过技术处理后再利用。实质上是通过微生物的代谢活动将复杂的有机物转变为简单、无毒的无机物和其他细胞质。首先，有机物通过气膜扩散至液膜，并溶解于水相中；在液膜和生物膜之间浓度差的推动下，有机物扩散至生物膜，进而被微生物捕获并吸收；微生物随之通过代谢活动将有机成分转化为无害的二氧化碳和水等无机物。该法主要针对水溶性较好、生物降解能力强的 VOCs 的处理，处理时间短、操作简单、成本低。目前，较为典型的生物处理法可分为生物过滤法、生物吸收法和生物滴滤法等。

① 生物过滤法。生物过滤法是最早被使用的一项生物技术，用来处理硫化氢等恶臭性气体，现扩展至易于被生物降解的VOCs。有机废气经过预处理后进入生物过滤装置来达到净化的目的。填料为木屑、堆肥、土壤和活性炭等组成的吸附性填料，填料上附着丰富的微生物，通过微生物的新陈代谢活动，将各类有机废气分解为 CO_2、H_2O、NO_3^-、SO_4^{2-} 等无毒的无机物。

② 生物吸收法。该法由废气吸收和微生物氧化两部分组成。有机气体首先由反应器的下部进入，向上流动的过程中与填料层中的水相接触，实现质量传递，水带着被溶解的废气进入生物反应器，生物反应器中的悬浮液中生长的微生物的新陈代谢活动可以将污染物去除。

③ 生物滴滤法。该法将生物吸收和生物过滤相结合，使得污染物的吸收和降解同时发生在一个反应器中。首先将营养液喷洒到填料表面，流出塔底并回收利用，废气从底部进入，经过填料上可以充当生物滤池的微生物的生物膜，气相和液相中的有机废物均被氧化净化（图 5-8）。采用该法时，通过更换回流液体去除微生物的代谢产物，有很强的缓冲能力，适合降解后代谢产物为酸性的物质，如卤代烃和含有 S、N 的有机物等。

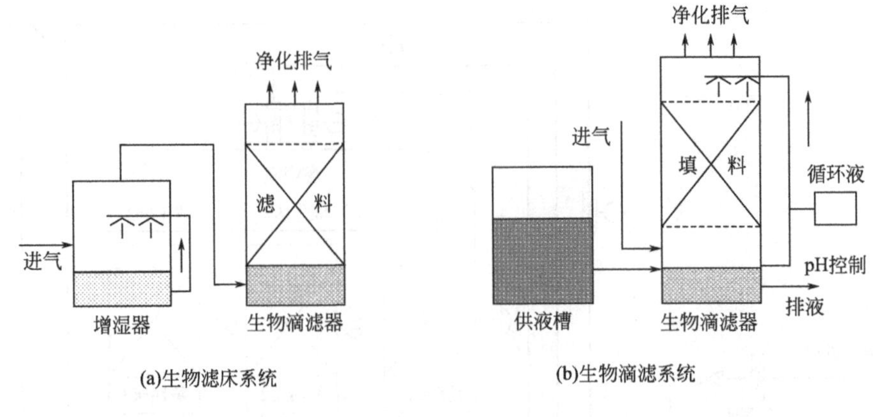

图 5-8 生物滴滤法处理有机废气工艺流程

④ 新型生物处理技术。由于污染废气中，气体的溶解性和生物降解性差异较大，新型的生物处理技术应运而生，如复合型反应器、二段式生物滤池和低 pH 值生物滤池等。复合型反应器将细菌和真菌微生物有效地协同作用，可以更好地去除废气中亲水或疏水性的污染物。二段式生物滤池，第一段是惰性填料用于酸性气体的处理；第二段则用碎木作为填料，是一种传统的开放性滤池，用于处理其他挥发性物质。低 pH 值生物滤池则用于处理硫化氢等有机酸性气体。

(6) 低温等离子体法

低温等离子体（NTP）是继固、气、液三态之后的第四态。当外加电压达到气体的放电电压时，气体被击穿，产生包括电子、各类离子、原子和自由基在内的混合体，也就是说等离子体的内部富含极高活性的粒子。放电过程中虽然电子温度很高，但是重离子温度较低，整个体系呈现低温状态，所以称为低温等离子体。废气中的污染物质可以与这些具有较高能量的活性基团发生反应，转化为二氧化碳、水等无毒的无机小分子，从而达到净化废气的目的。待处理废气进入等离子体后，在高能离子的作用下，有机物分子被激发，带电粒子或分子间的化学键被打断，同时空气中的水和氧气在高能电子轰击下也会产生 OH 自由基、活性氧等强氧化性物质，这些强氧化性物质也会与有机物分子反应，从而促进有机污染物的处理净化。目前，利用该原理的处理技术主要有电子束法、脉冲电晕放电法、介质阻挡放电法、铁电填充床放电法、稳定直流电晕放电法和沿面放电法等，实际应用主要以脉冲电晕放电法和介质阻挡放电法为主。当对废气的净化要求比较高时，通常在等离子体装置后再接一个催化反应器。其流程如图 5-9 所示。

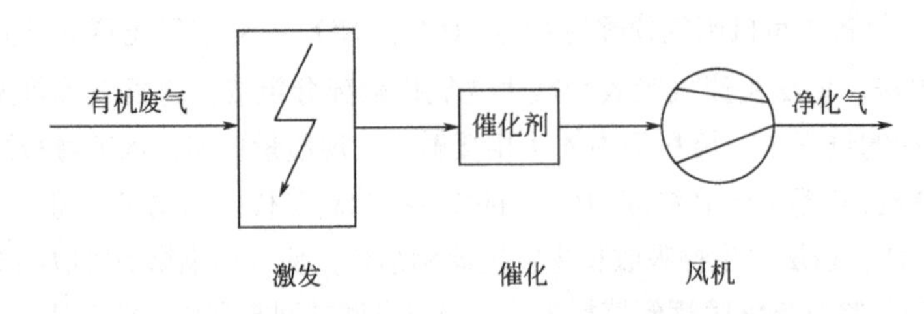

图 5-9 低温等离子体/催化联用法处理有机废气流程示意图

(7) 光催化氧化法

光催化氧化法是利用高能高臭氧的紫外线照射有机废气，如氨、三甲胺、硫化氢、甲硫醇、甲硫醚、二硫化碳和苯乙烯等，使其裂解出分子链结构并降解转变成低分子化合物，如二氧化碳和水等；同时利用高能紫外线光束裂解废气中细菌的分子键，破坏其 DNA 结构，再通过臭氧进行氧化反应，从而彻底脱除臭气以及杀灭细菌。除此之外，高能高臭氧的紫外线光束还可以分解空气中的氧气产生游离氧，即活性氧，但游离氧携带的正负离子不均匀，因而需要与氧分子结合产生臭氧。臭氧对有机物具有强氧化作用，对带有刺激性气味的气体分子有非常好的清除效果。在实际应用中，常用高能紫外线光束、臭氧及纳米光催化二氧化钛等技术组合对废气进行协同分解氧化处理，使其能够降解为无害无味的物质（图 5-10）。

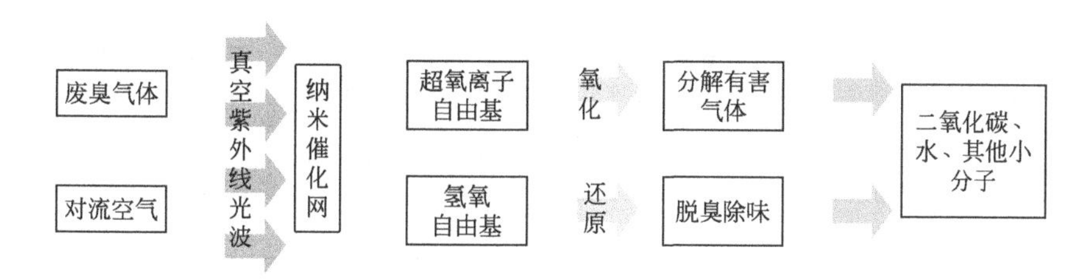

图 5-10　光催化氧化法处理有机废气原理图

总之，目前工业有机废气的处理技术主要有冷凝法、吸收法（水法、有机溶剂法）、吸附法（活性炭颗粒吸附法、活性炭纤维吸附法）、燃烧法（催化燃烧法、热力燃烧法、蓄热燃烧法、直接燃烧法）、生物处理法、低温等离子体法、光催化氧化法等，具体技术要点和适用范围见表 5-6。

表 5-6　有机废气常见处理技术优缺点分析

序号	处理技术	优缺点分析
1	冷凝法	所需的设备和操作条件比较简单，回收得到的物质比较纯净，但是净化程度受温度影响较大，仅适用于废气处理量较少而冷凝物质浓度较高的情况。 ① 直接冷凝法：设备简单，投资少，但会造成二次污染，即废气净化问题可能会转化为废水处理问题。 ② 间接冷凝法：热交换效率相对较低，冷凝器需要定期清理，造成二次污染的可能性较小
2	吸收法	优点：可用于废气浓度较高的场合（＞50g/m³），吸收剂易得，能适应废气流量、浓度的波动，能吸收可聚合的有机化合物，不易着火，不需要特殊的安全措施，如已有废水处理装置则用水作吸收剂更为方便。 缺点：投资费用较大，用于吸收剂循环运转的操作费用较高。如废气中有机物组分复杂，则难以再生利用或必须添加较多的分离设备。吸收液还需送入废水处理系统中做进一步处理
3	吸附法	常用于回收高浓度有机废气中的物料或低浓度废气的深度处理。当处理量较大时，操作和投资费用比吸收法高出两三倍；气体处理量较低时，能显示出其优势。吸附法可以处理低浓度甚至痕量的组分，不需要水，可以较好地适应浓度变化和吸附卤代烃类物质。但是由于其吸附容量低，需要不断地吸附、碱洗和再生操作。
4	燃烧法	① 直接燃烧法：可处理较高浓度可燃物的废气，不适用于大风量、低浓度有机废气的净化。 ② 热力燃烧法：可用于处理可燃物浓度较低的废气。热力焚烧炉结构简单、投资费用少、操作方便，几乎可以处理一切有机废气并达到排放要求。目前，大多采用带有热量回收系统的热力焚烧装置。 ③ 蓄热燃烧法：具有净化效率高，安全性好，节能潜力大，运行维护费用低等特点。可用于处理低浓度、风量大的有机废气。但是由于其容积较大，一次性投资费用较高。 ④ 催化燃烧法：起燃温度低、能量消耗少，使用范围广，适应氧浓度范围大，净化效率高，无二次污染，燃烧缓和，运转费用少，操作管理方便，可以长期运行，并可回收废热、降低处理成本，在经济上合理可行。但是对处理的有机废气有一定的要求，不能含有使催化剂中毒、抑制反应、堵塞或覆盖催化剂活性中心的物质。催化剂的费用较高，且经常需要更换以保持较高的活性，这些缺陷也限制了催化燃烧法的应用

续表

序号	处理技术	优缺点比较
5	生物处理法	生物处理法与其他方法相比，具有可在常温常压下操作，设备结构相对简单、投资较低，操作简便、运行费用低，净化效率高，抗压能力强等特点，净化率一般可达到90%以上。 ① 生物过滤法：只有一个反应器，液相、生物相之间不流动，气液接触面积大，使用的滤池投资少且运行费用低，对于苯系物和醛酮等有机物有很好的净化作用。 ② 生物吸收法：反应条件容易控制，但需要额外添加养料，且设备多、投资高。此外还需增设曝气装置，控制温度等一系列条件，以确保微生物的最佳状态。 ③ 生物滴滤法：简单、成本低，运行费用较低，且去除效率较高。建造和操作比生物过滤床复杂，针对不同成分、浓度及气量的气体污染物需要不同的生物净化系统
6	低温等离子体法	适用范围广，净化效率高，系统动能消耗低，装置简单、造价低，不需要预热、随用随开，所占空间小，抗颗粒物干扰能力强，便于维护。但是对含水、尘的有机废气易爆炸，一次性投资费用高
7	光催化氧化法	清洁高效，二次污染小，且受环境条件影响限制小，装置简单，可以利用太阳能以降低能耗。但是其对有机物的去除效率不高，且在运行一段时间后，催化剂会发生明显的钝化现象，进一步降低了催化活性

5.4 精细化工的固体废物及其处理概况

5.4.1 精细化工固体废物产生的原因

精细化工行业生产过程中，需要对原料进行除杂。根据产品质量的要求，对反应中的副产物进行分离和去除，相当一部分副产物以固体形式存在。为了加快反应速率，调控反应的选择性，以达到提高产品收率的目的，需要使用各种催化剂，因此就有废弃催化剂的产生。此外，在废水、废气的回收或处理过程中也会产生固体废物。

5.4.2 精细化工固体废物的危害

① 对土壤的污染。存放固体废物需要占用大量的场地，而且在自然界的风化和雨水作用下，固体废物会四处流散。尤其是有毒的固体废物，既使土壤受到污染，又可导致农作物等受到污染。一旦土壤受到污染，就很难得到恢复，甚至成为不毛之地。

② 对水域的污染。固体废物既可能渗入地下水中，又可能通过风和雨被带入地表水，对水体造成污染。固体废物不做任何处理，直接倒入江河湖泊或沿海海域，将造成严重的水体污染。如果污染物转入农作物或者转入水域后，会给人类健康带来危害。

③ 对大气的污染。固体废物在堆放过程中，在温度、水分的作用下，某些有机物质发生分解，产生有害气体扩散到大气中，对大气造成污染。例如，石油化工厂排出的重油渣及沥青块等，在自然条件的作用下，会产生含芳烃的毒气。

5.4.3 精细化工固体废物处理方式分类

① 固体废物的预处理及其渣浆处理。在对固体废物进行综合利用和最终处理之前，实行预处理。预处理主要包括固体废物的破碎、筛分、粉磨、压缩等工序。传统的渣浆处理工艺，

通常是通过干燥的方式处理固体废物，回收生产原料，此种工艺普遍为间歇操作。首先将一定量的渣浆通入干燥机，经过一段时间后，将高温蒸汽通入干燥机中，再经一段时间后回收气态生产原料。剩余固体残渣和固态的生产原料送至中和罐。在中和罐中，生产原料会和中和液剧烈反应产生大量的废气，通过此种方法将干燥渣浆中的生产原料去除。中和后的渣浆再送至污水处理单元继续处理。

② 物理法处理固体废物。利用固体废物的物理和化学性质，从中分选或分离有用或有害物质。根据固体废物的特性可分别采用重力分选、磁力分选、电力分选、光电分选、弹道分选、摩擦分选和浮选等分选方法。

③ 化学法处理固体废物。通过发生化学转换回收有用物质和能源，煅烧、焙烧、烧结、溶剂浸出、热分解、焚烧都属于化学处理方法。

④ 生物法处理固体废物。利用微生物的生物化学作用，将复杂有机物分解为简单物质，将有毒物质转化为无毒物质。沼气发酵和堆肥即属于生物处理法。

⑤ 固体废物的最终处理。没有利用价值的有害固体废物需进行最终处理。最终处理的方法有焚化法、填埋法、海洋投弃法等。固体废物在填埋和投弃海洋之前需进行无害化处理。

5.4.4 精细化工固体废物处理技术的现状

精细化工固体废物与一般固体废物处理技术有一定的共性和关联性。固体废物的处理通常是指通过物理、化学及生物法把固体废物转化为适于运输、储存、利用或处置物质的过程。固体废物处理的目标是无害化、减量化、资源化。有人认为，固体废物是“三废”中最难处置的一种，成分复杂，物理性状（体积、流动性、均匀性、粉碎程度、水分、热值等）千变万化，要达到上述“无害化、减量化、资源化”的目标具有相当大的挑战。

处理固体废物首先要控制固体废物的产生量。例如控制工厂原材料的消耗定额，提高产品的使用寿命，提高废品的回收率等。其次是开展综合利用，把固体废物作为资源和能源对待。无法利用的废物经压缩和无毒处理后成为终态固体废物，然后再填埋或投海。目前主要采用的传统方法包括压实、破碎、分选、固化、焚烧和热解、生物处理等。

① 压实技术。压实是一种通过对废物实行减容化来降低运输成本、延长填埋场寿命的预处理技术。压实技术常见于生活垃圾处理，如易拉罐、塑料瓶等。

② 破碎技术。为了使进入焚烧炉、填埋场、堆肥系统的废弃物的外形尺寸减小，必须预先对固体废物进行破碎处理。经过破碎处理的废物，由于消除了大的空隙，不仅尺寸大小均匀，而且质地均匀，在填埋过程中更易压实。固体废物的破碎方法很多，主要有冲击破碎、剪切破碎、挤压破碎、摩擦破碎等，此外还有专用的低温破碎和湿式破碎等。

③ 分选技术。固体废物分选是实现固体废物资源化、减量化的重要手段，通过分选将有用物质筛选出来加以利用，将有害成分分离出来，并对不同粒度的废弃物加以分离。分选的基本原理是利用物料某些性质的差异，将其分选开。例如利用废弃物中的磁性和非磁性差别进行分离，利用粒径尺寸差别进行分离，利用密度差别进行分离等。根据不同性质，可以设计制造各种机械对固体废物进行分选。分选包括手工拣选、筛选、重力分选、磁力分选、涡电流分选、光学分选等。

④ 固化技术。固化技术是通过向废弃物中添加固化基材，使有害固体废物固定或包容在惰性固化基材中的一种无害化处理过程。经过处理的固化产物应具有良好的抗渗透性，良好的机械特性，以及抗浸出性、抗干湿性、抗冻融性。这样的固化产物可直接在安全土地填埋场处置，也可用作建筑的基础材料或道路的路基材料。固化处理根据固化基材的不同可以分为水泥固化、沥青固化、玻璃固化、自胶结固化等。危险废物的固化或稳定化处理是危险废物安全填埋之前的必要步骤，通常用作填埋处理前的预处理。对于常规的固化/稳定化技术，存在一些不可忽视的问题：为提高稳定性和降低浸出率需要更多的凝结剂，使处理费用和固化后的体积都增加。有学者认为固化是物理包容，当包容体破裂后废物会重新进入环境，造成不可预见的影响。针对这些问题，国际上提出了使用高效的化学稳定化药剂进行无害化处理，成为危险废物无害化处理的研究热点（表 5-7）。

表 5-7　固化/稳定化技术比较

技术	适用对象	优点	缺点
水泥固化法	重金属、废酸、氧化物	①水泥搅拌，处理技术已经较为成熟；②对废物中化学性质的变动有相当的承受力；③可通过水泥和废物的比例来控制固化体的结构强度和不透水性；④不需特殊的设备，处理成本低；⑤废物可直接处理，不需预处理	①废物中若含有特殊的物种，会造成固化体破裂；②有机物的分解造成裂隙，增加渗透性，降低结构强度；③大量水泥的使用增加固化体的体积和重量
石灰固化法	重金属、废酸、氧化物	①所用物料价格便宜，容易购买；②操作不需特殊的设备及技术；③在适当的处置环境，反应持续进行	①固化体的强度较低，且需要较长的养护时间；②有较大的体积膨胀，增加了清运和处置的困难
塑性固化法	部分非极性有机物、废酸、重金属	①固化体的渗透性较其他固化法低；②对水溶液有良好的阻隔性	①需要特殊的设备和专业的操作人员；②废污水中若含氧化剂或挥发性物质，加热时可能会着火或逸散；③废物需要先干燥，破碎后才能进行操作
熔融固化法	不挥发的高危害性废物、核能废料	①玻璃体的高稳定性，可确保固化体的长期稳定；②可用废玻璃屑作为固化材料；③对核能废料的处理已有相当成功的技术	①对可燃或具有挥发性的废物并不适用；②高温热熔需要消耗大量能量；③需要特殊的设备及专业人员
自胶结法	含有大量硫酸钙和亚硫酸钙的废物	①烧结体的性质稳定，结构强度高；②烧结体不具有生物反应性及着火性	①应用面较为狭窄；②需要专门的设备和专业人员

对固化处理来说，衡量固体处理效果的主要指标是固化体的浸出率、抗压强度和增容比。其需要满足以下要求：有害废物经过固化处理后所形成的固化体应该具有良好的抗渗透性、抗浸出性、抗干湿性、抗冻融性及足够的机械强度等，最好能作为资源加以利用，如作为建筑基础和路基材料等；固化过程中材料和能量消耗要低，增容比要低；固化工艺过程简单，便于操作；固化剂来源丰富，价廉易得；处理费用低。

⑤ 焚烧和热解技术。焚烧法是固体废物高温分解和深度氧化的综合处理过程。通过焚烧把大量有害的废料分解为无害的物质。由于固体废物中可燃物的比例逐渐增加，采用焚烧方法处理固体废物，利用其热能已成为必然的发展趋势。焚烧法处理固体废物，占地少，处理量大，在保护环境、提供能源等方面可取得良好的效果。焚烧过程获得的热能可以用于发电。焚烧炉产生的热量，可以供居民取暖等。目前，日本及瑞士每年把超过 65%的都市废料进行焚烧而使能源再生。但是焚烧法也有缺点，例如，投资较大，焚烧过程排烟造成二次污染，设备锈蚀现象严重等。焚烧法产生的废气中可能含有颗粒状污染物、酸性气体、NO_x、重金属、CO、有机

氯化物。

焚烧法中，一些特殊的废物不能通过该法处理，包括：高压气瓶或液体容器盛装的物质；放射性废物；爆炸物废物；含汞废物；多氯联苯含量大于 50mg/L 的废物；含二噁英的废物；集尘器收集的飞灰；重金属含量高的废物。

热解是将有机物在无氧或缺氧条件下高温（500～1000℃）加热，使之分解为气、液、固三类产物。与焚烧法相比，热解法则是更有前途的处理方法。热解技术用于固体废物资源化处理的优点是：可以将固体废物中的有机物转化为以燃料气和炭黑为主的储存性能源；因为是缺氧分解，排气量少，有利于减轻对大气环境的二次污染；废物中的硫、重金属等有害成分大部分被固定在炭黑中，可以用于处理有机污泥、塑料和橡胶制品等。热解过程的产物包括 H_2、CO、烃类等可燃气体；焦木酸、乙酸、甲醇、丙酮、苯、低分子脂肪烃等可燃性液体；纯炭、玻璃、金属、砂土等混合熔融块状物或焦渣。热解产物组成成分及气、液、固的比例随着处理固体废物的不同而变化，而且与热解温度及其他工艺条件（如升温速率和催化等）也有很大的关系。热解和焚烧的区别见表 5-8。

表 5-8　热解和焚烧的区别

区别	焚烧	热解
原理不同	利用有机物的氧化分解性能	利用有机物的热不稳定性
过程不同	放热反应	吸热反应
产物不同	热能量，供热或发电	燃料油、燃料气或固体燃料
利用方式不同	就近使用	便于储存和远距离运输
优缺点	焚烧气体需要治理才能排放	产物可直接利用，不产生二次污染

⑥ 生物处理技术。生物处理技术是利用微生物对有机固体废物的分解作用使其无害化，利用微生物的代谢作用，在有氧或缺氧的条件下对固体废物中分子量大、能位高的有机物进行分解，使之转化为分子量小、能位低的简单物质，达到固体废物减量化、无害化和资源化的目标。生物处理技术包括好氧生物处理技术、厌氧生物处理技术和微生物浸出等。

a. 好氧生物处理技术。一个完整的好氧堆肥过程包括升温阶段（堆肥初期，15～45℃）、高温阶段（45℃以上，有机物降解强烈，嗜热微生物为主）、降温阶段（嗜温微生物为主）和腐熟阶段。若要实现无害化，则需要堆体温度 55℃以上维持 5～7d 或堆体温度 70℃维持 3～5d（图 5-11）。

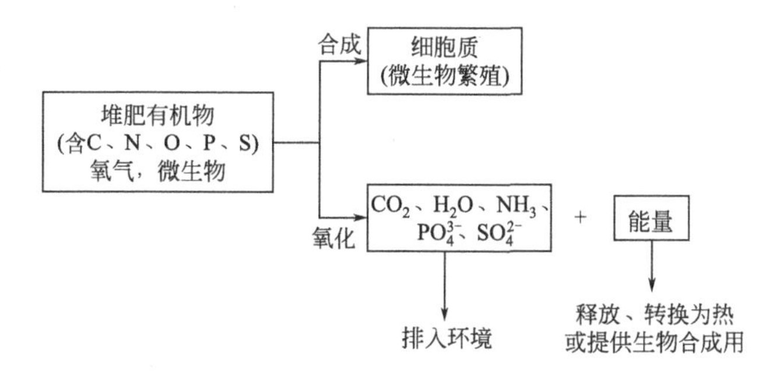

图 5-11　有机物的好氧堆肥分解过程

b. 厌氧生物处理技术。厌氧生物处理技术大致可以分为四个阶段（图 5-12）：水解阶段，复杂的非溶解性聚合物转化为溶解性单体或二聚体的过程；发酵阶段，水解产生可溶性小分子，有机物被转化为挥发性脂肪酸的过程；产氢产乙酸阶段，发酵阶段的产物进一步转化为乙酸、氢气、二氧化碳的过程；产甲烷阶段，产甲烷菌利用乙酸、氢气和二氧化碳生成甲烷气体的过程。

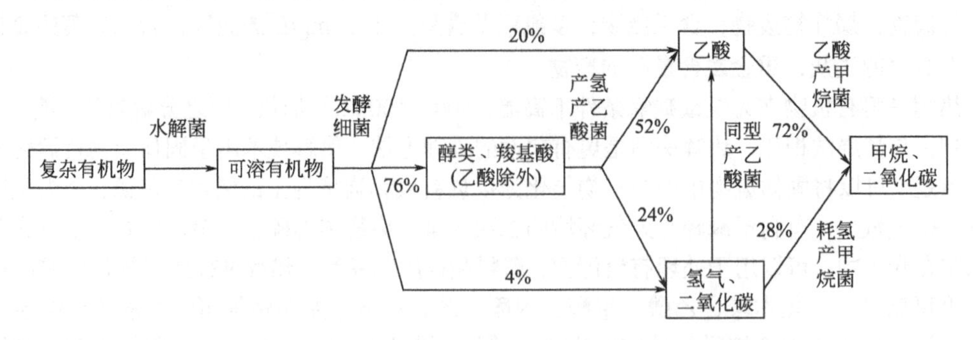

图 5-12　厌氧生物处理技术基本原理

c. 微生物浸出。该技术是利用微生物新陈代谢过程或代谢产物将废物中的目标元素转变为易溶状态并得以分离的过程。

⑦ 等离子体技术。等离子体是大量离子化的正负带电粒子和电中性的粒子，粒子的能量一般为几到几十电子伏特，可以将固体分子彻底分解，再重新组合。这样有害物质被分解，重金属被分离，其余部分熔融后固化成玻璃体。等离子体可以根据温度和内部的热力学平衡性，分为平衡态等离子体和非平衡态等离子体。在平衡态等离子体中，电子温度和离子温度相同，体系温度非常高，因此又称为高温等离子体，电感耦合等离子体就是其中一类。非平衡态等离子体内部的电子温度远远高于离子温度，系统处于热力学非平衡态，其表观温度较低，称为低温等离子体。

工业应用的等离子体处理系统主要由进料系统、等离子体处理室、熔化产物处理系统、电极驱动及冷却密封系统组成（图 5-13）。固体废物通过进料系统进入等离子体处理室，有机物被分解气化，无机物则被熔化成玻璃体硅酸盐及金属产物，气化产物主要是合成气（CO、CH_4）、水蒸气、CO_2和少量的 HF、HCl 等酸性气体。熔化产物被收集到处理器中冷却为固态，金属可以回收，熔化的玻璃体可用来生产陶瓷化抗渗透耐用的玻璃制品，合成气通过过滤器去除烟尘和酸性气体后排向大气。

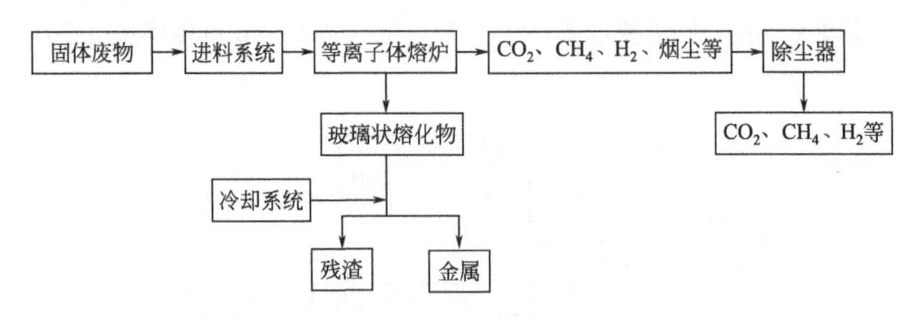

图 5-13　等离子体技术处理固体废物流程图

目前，等离子体降解污染物直接应用于工业化生产还存在一定的问题。主要体现在：系统非连续人工操作限制了生产效率，费用高；化学激发过程中获得的能量无法满足化学工业、材料工业、环境工程等化学过程所需要的能量；多数情况下需要真空系统和外围设备，增加了投资；等离子体产生的机制、加工工艺过程、工艺结果评价、工艺控制技术和装置及工艺优化等方面还需要进一步探讨。

⑧ 固体废物的资源化利用。从固体废物中制取可用的材料或能量而获得最佳的经济价值，固体废物处理的最优方式在于“废物资源化”。再生资源的开发利用形成了一个新兴的工业体系。目前，世界各国固体废物资源化的水平并不高，处理方法基本都限于单种废物的回收和利用。

5.5 精细化工清洁生产

世界经济在快速发展，“三废”的排放给环境带来的污染日益严重，精细化工 “三废”的排放量不断增加，加工过程中会排放出大量有毒有害、结构复杂和生物难以降解的污染物质。传统的污染物治理模式是控制污染物的达标排放，也就是所谓的“末端治理”，投入高、治理难度大、运行成本高，而且只能在一定时期内或局部地区起到一定作用，不能从根本上解决工业污染问题。针对传统“末端治理”模式的局限性，人们提出了清洁生产的思路，也就是从原材料选取、生产过程到产品服务全过程对生产工艺进行控制，达到从根本上治理污染的目的。要实现化工的可持续发展，必须走由末端治理向清洁生产转变的道路。

5.5.1 清洁生产的概念

清洁生产在不同发展阶段或不同国家曾有许多不同叫法，如污染预防、废物最少化、清洁工艺等。联合国环境规划署（UNEP）在总结分析各国开展的污染预防活动后，提出了清洁生产的定义，其定义为：“清洁生产是一种新的、创造性的思想，该思想将整体预防的环境战略持续应用于生产过程、产品和服务中，以增加生态效率和减少人类及环境的风险。对生产过程，要求节约原材料和能源，淘汰有毒原材料，减少废物的数量和毒性；对产品，要求减少从原材料提炼到产品最终处置的全生命周期的不利影响；对服务，要求将环境因素纳入设计和所提供的服务中。”清洁生产思想的形成，是思想和观念的转变，也是目前全球环境形势下人们不得不面临的一个问题。

5.5.2 清洁生产的内容

① 清洁的能源。新能源开发、可再生能源利用、现有能源的清洁利用以及对常规能源（如煤）采取清洁利用的方法，如城市煤气化、乡村沼气利用、各种节能技术等。

② 清洁的生产过程。应当尽量少用或不用有毒有害及稀缺原料；生产过程产出无毒、无害的中间产品，减少副产物的产生；选用少废、无废的工艺和高效的设备；减少生产过程中的各种危险因素，采用简单和可靠的生产操作和控制方法；促进物料的再循环，开展生产过程内部原料的循环使用和回收利用，提高资源和能源的利用水平；完善管理，培养高素质人才，树立良好的企业形象。

③ 清洁的产品。要求产品具有合理的寿命期和使用功能；产品本身及在使用过程中、使用后都不会对人体健康和生态环境造成危害；产品包装应易于回收、复用、再生、处置和降解。

5.5.3 清洁生产的层次

① 低层次是企业生产过程的全过程污染控制，即在产品、原材料、能源选择，原材料采购、储运，生产组织形式、生产工艺设备选择及产品生产、包装、储运的全过程中控制污染。

② 中层次是工业再生产过程的全过程污染控制，即在基本建设、技术改造、工业生产及供销活动过程中进行污染控制。

③ 高层次是经济再生产过程的全过程污染控制，即生产、流通、分配、消费各领域的过程控制，也就是按产品的生命周期全过程进行控制，甚至包括产品报废后的回收利用。

5.5.4 清洁生产的目标和特点

清洁生产的目标是：

① 通过使用最低限度的原材料、资源的综合利用、短缺资源的代用、二次能源的利用，以及节能、节水等措施，实现合理利用资源，最大限度地提高资源和能源的利用效率，以减缓资源的枯竭。

② 在生产过程中，尽可能减少废物和污染的产生和排放，促进工业产品的生产、消费过程与环境相容，降低整个工业活动对人类和环境的风险。

清洁生产的特点是：

① 清洁生产是一项系统工程。清洁生产是对生产全过程以及产品的整个生命周期采取污染预防的综合措施，涉及产品设计、能源替代、工艺过程、污染物处置及物料循环等。

② 重在预防。清洁生产以预防为主，通过污染物产生源的削减和回收利用，使废物减至最少。

③ 经济与环境效益的统一。实施清洁生产，将使生产体系运行最优化，提升产品竞争力。与过去常规的环境治理相比，兼顾经济效益和环境效益，实现二者的统一。

④ 与企业发展相适应。清洁生产结合企业产品特点和工艺生产要求，促进企业调整，以适合企业生产经营的需要。

5.5.5 实施清洁生产的途径

① 改进产品设计，优化原材料的选择。产品的设计能够充分利用资源，有较高的原料利用率，产品无害于人体健康和生态环境。原材料选择上尽量减少有毒有害物料的使用，减少生产过程中的危险因素。生产过程中消耗大、污染重，或在消费过程中、报废后会严重影响环境的产品，应加以调整和改进，甚至淘汰。

② 改革生产工艺，更新生产设备。生产过程中产生废料造成污染的重要原因往往是工艺不够合理、完善。采用先进技术改进生产工艺和流程，淘汰落后的生产设备和工艺路线，合理循环利用能源、原材料，提高生产自动化管理水平和原材料及能源的利用水平，减少废物的产生。

③ 物料闭路循环，废物综合利用。工业过程中排放的“三废”，实质上是生产过程中流失的原料、中间体和副产品。实施清洁生产要求流失物料必须加以回收，使之重新回到流程中，建

立从原料投入到废物循环回收利用的生产闭路循环，达到既减少污染又创造收益的目的。综合利用不应局限于某个企业内部，还应该推进企业间的合作。“零排放”就是其倡导的一种典型思路，以原料为核心，建立互补式的生态工业园区生产模式，使资源得到最充分的利用。

④ 加强科学管理。经验表明，强化管理能削减 40%污染物的产生。实施清洁生产要转变传统的生产观念，建立一套健全的环境管理体系，使人为的资源浪费和污染排放减至最小。

5.5.6 实施清洁生产的意义

末端治理是控制污染、保护环境的传统手段，而清洁生产是一种新的、创造性的思维，尽管它们是两种截然不同的环保思维，但两者并非互不相容，在推行清洁生产的同时仍然需要末端治理措施加以补充和配合。现实的工业生产过程难以完全避免污染物的产生，只能有限度地实现污染预防。此外，失去使用功能的产品需要最终处理、处置等末端治理或资源化方法。因此，在环境保护方面，清洁生产和末端治理将长期并存、相互补充。

近几年来，世界精细化学工业开始注重可持续发展，强调保护环境工作的重要性。在之前的发展中，提高运营效率是化工生产的主要目标，往往导致严重的资源浪费、环境污染和安全风险。随着民众环保意识提高，节约能源、保护环境、减少消耗，以确保安全生产和减少环境污染，逐渐成为精细化工公司的重要目标。特别是在市场竞争激烈的情况下，确保生产安全、减少污染和环境破坏以及树立良好的品牌形象，都对企业的可持续发展起到积极的作用。另外，环境保护也需要运用有关学科的原理和方法以及工程化的策略和技术，合理利用自然资源，以防治环境污染，改善环境质量。通过大气污染防治工程、水污染防治工程、固体废物的处理和利用、噪声控制等进行环境污染综合防治，以及利用系统工程方法从整体上寻求解决环境问题的最佳方案。最后，要实现精细化工的可持续发展，必须走由末端治理向清洁生产转变的道路。建立清洁生产理念，加强“三废”的资源化利用，是协调经济效益和环境效益的最佳选择。

思考题

5-1 “三废”环保处理的本质是什么？未来将是什么方向主导？

5-2 实验室中的“三废”处理与大型工业“三废”处理有哪些区别？

5-3 对于“三废”处理，除去教材中出现的，你还能列举出其他的处理方法吗？

5-4 “三废”对于环境的污染具体体现在哪些方面？

5-5 从事化工生产时，“三废”带来的危害可以通过哪些措施来防范呢？

第6章 精细化工绿色发展和工艺过程强化技术

6.1 概述

在第1章1.2节绿色精细化工和可持续发展的论述中，世界著名的化工企业一致地表示对绿色化工新技术的持续关注，并投入研发。近几十年来，以环境保护和过程安全为约束条件、以过程强化为手段的新技术和新工艺层出不穷，无论是在小规模精细化学品合成还是大宗化学品生产过程，均获得了经济和环境的双重收益。新技术的共同特点是整体绿色程度高、合成过程高效低碳，如过程强化技术中的设备强化（微反应器）、外场强化（超声、微波、电场）、过程耦合强化（催化精馏）、介质强化（低共熔溶剂）及高效催化技术等。本章希望通过对以上强化方式的论述，从化工、催化、外场等多方面、多角度、多尺度为绿色安全的精细化学品合成提供一些新思路。另外，随着信息技术和计算科学的发展，智能制造在精细化工领域中的应用具有广阔的前景，有望成为精细化工领域的又一热点和解决方案。

6.2 微化工技术

微化工技术（Micro-reactor and Flow Chemistry Technology）是指在微米或亚微米尺度进行化学反应和化工分离过程的技术，被认为是21世纪化工产业的革命性技术。微化工设备具有多相流动有序可控、比表面积大、传递距离短、混合速度快、传递性能好、反应条件均一、反应过程安全性高等特点，为化工过程的高效率、低能耗、可控和安全奠定了基础。合成化学微反应器系统由流体和原料输送装置、微混合器、微反应器、淬灭装置、压力调节装置、收集装置和各种传感器（如质量、温度和压力传感器）组成（图6-1）。流体化学技术借助于微尺度控制效应，强化热对流速度，缩短分子扩散时间，提高流体雷诺数，从而使流体快速进入混沌流或者湍流状态，提高传质效果。微通道换热实现了反应温度的精确稳定控制。微化工技术的反应持液量低，设备小型化，从根本上降低了事故发生的概率，从而达到本质安全（本质安全是指通过设计等手段使生产设备或系统本身具有安全性，即使在误操作或发生故障的情况下也不会造成事故。其核心思想就是从源头上减小或者消除危险）。

早在20世纪50年代，诺贝尔奖得主Richard Feynman预言，微型化是未来科技的发展方向。微型化的概念出现在20世纪80年代，首次应用在微机电系统（Micro-electro-mechanical Systems，MEMS），MEMS推动了光刻、刻蚀等超精密加工技术的快速发展，而超精密加工技术和电子器件的小型化为微型化开辟了新的时代。在有机合成化学和化学工程领域，帝国化学

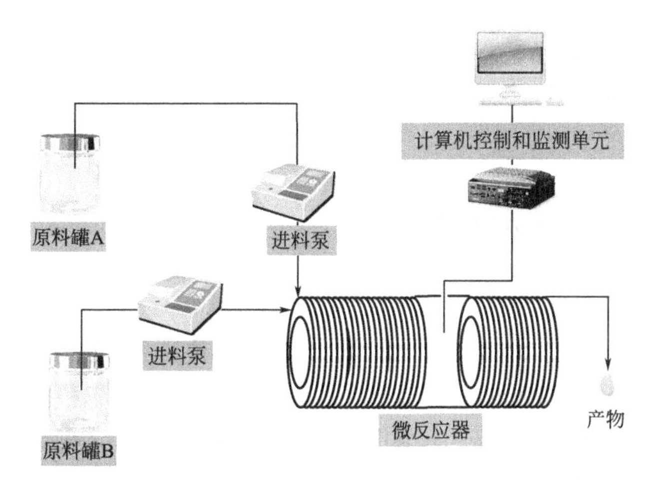

图 6-1　微反应器示意图

工业公司（ICI）的 Ramshaw 教授在 20 世纪 70 年代末提出小型化设备的建议：在保持相同生产能力的情况下，将化工设备的尺寸缩小几个数量级。为顺应科技发展的潮流与环境可持续发展的需求，微化工技术自 20 世纪 90 年代开始兴起，并逐渐引起广泛关注。1995 年，在德国 Mainz 举办了一个研讨会，讨论了微反应器在化学和生物反应中的应用进展，这个研讨会被认为是全球微反应器研究的开端。1997 年第一届微反应国际会议在德国举行，微反应技术成为学术界和工业界的焦点。欧洲多所大学与制药公司紧密结合，启动了多个微反应器未来工厂联合研究项目（如 Reel、CONSENS、CO_2RRECT、F^3-Factory、MoBiDiK、SYNFLOW、Grants4Tech、DDiC 等），旨在通过协同创新、全链条设计、灵活生产的方式加强欧洲化学工业在全球微反应技术的领先地位，并将微反应器技术应用于合成生产精细化学品、药物、无溶剂聚合物、创新型表面活性剂、医疗保健行业的产品和可再生资源材料等。

微化工系统涵盖微混合器、微换热器、微吸收器、微控制器、微萃取器、微通道反应器（简称为微反应器）等化工单元。作为核心部件的微反应器，是集化学化工基本原理及微机械加工技术为一体的前沿科技，日臻成熟，在化学工程、精细化学品合成、材料科学、微电子行业、制药工业、生物分析等领域均有应用。到目前为止，微反应器的整个供应链和商业环境都已经相对成熟。许多商业公司在原材料输送设备，在线测量设备，微反应器设计、制造以及微反应器的工艺开发方面开展相关业务。有影响力的微反应器设备供应商有康宁（Corning）公司、拜耳（Bayer）公司、Lonza 公司、Syrris 公司、Chemtrix 公司、ThalesNano 公司和 Vapourtech 公司等。

微反应器可显著强化反应体系的传质和传热能力，同时保证了反应物料流动的均匀性和稳定性。将其应用到精细化工领域，反应过程投料配比更精准，转化率和选择性更高，反应过程更可控，过程安全性得到保障，为精细化工领域的发展提供了一个“微型化”“安全化”“绿色化”的新方向。

精细化工生产过程涉及的物料多为易燃、易爆、有毒的危险化学品，生产工艺多涉及硝化、磺化、卤化、过氧化、强氧化等危险过程，瞬间释放大量热或气体，因此提高行业的安全水平，实现清洁化生产已刻不容缓。目前我国精细化工行业仍大量采用釜式反应器，生产方式多为间歇生产，设备和设施达不到环保要求，安全得不到保障，难以进行具有高附加值反应的研发。微化工技术可在一定程度上解决精细化工研发和工程化脱节问题，以及困扰行业发展的难题。《国家安全监管总局关于加强精细化工反应安全风险评估工作的指导意见》（安监总管三〔2017〕

1号）中提到，对于反应工艺危险度为4级和5级的工艺过程，尤其是风险高但必须实施产业化的项目，要努力优先开展工艺优化或改变工艺方法降低风险，例如通过微化工技术、连续流完成反应；要配置常规自动控制系统，对主要反应参数进行集中监控及自动调节。

6.2.1 微反应器的特点及优势

（1）传质和传热效率高

微反应器的内部特征尺寸在数十至数百微米量级，总传热系数为2000～20000kW/(m^2·K)，其比表面积高达10000～50000m^2/m^3，显著增大了两相界面面积、物料混合效果。微反应器的特征尺寸小、停留时间分布窄带来了较强的传质能力，减少了可能的副反应，同时降低了反应的危险性；比表面积大提高了反应物与器壁之间的热交换效率，传热效率高使化学反应放出的热量容易移出，避免局部温度过高，减少副反应的发生，更能防止热量积聚而产生飞温现象甚至是爆炸事故，降低反应失控风险，同时可节省冷介质的用量，降低反应过程能耗。

（2）并行放大模式（或直接放大）

为实现产能扩增，传统反应器设备一般要经历实验室小试、中试、工业生产逐级放大过程，但涉及的动量、质量和热量的“三传”过程常存在滞后性，放大效应使实验设备从实验室规模到工业化生产时，工艺条件无法保持一致。而且每级放大都要反复实验来调试反应条件，耗时费力，一般需2～5年。微反应器的每一通道均相当于一个独立反应器，其放大过程通常采用通道数目叠加（Numbering-up）来达到增加产能的目的，即数目放大。这种方法具有优良的“三传”状态重现性和通道间的抗干扰能力，可有效保证各个通道的基本性质不变，放大效应较小。微反应器的放大过程包含：单一反应芯片上微通道数目的增加和结构优化，即横向放大模式；多个反应芯片间的排列和叠加，即纵向放大模式。通过以上两个层次的放大可节约微反应器系统的研发时间，降低成本，实现科研成果从实验室向产业化快速转化。

（3）高度集成化

成熟的微加工技术可将微混合、微反应、微换热、微分离、微分析等多个单元操作和一些与之相匹配的微传感器、微阀等器件集成到一块反应芯片上，实现单一反应芯片的多功能化操作，从而达到对微反应系统的实时监测和控制，以增加响应速度和节省成本。由于微反应系统的小型化和高度集成化，设备拆装移动方便，具有便携式特点，适于按需现场分散生产，消除了危险品在储存和运输过程中的潜在危险，使分散资源得到充分、合理的利用，具有较大的环境和生态效益。此外，还可将该芯片与气/液相色谱、质谱或UV/FTIR光谱仪等分析设备进行集成，开发具有原位监测、检测和分析的微系统。Reizman和Jensen开发了一种自动反馈和优化反应条件的微反应器集成平台，含有反应物的液滴通过在线液相色谱-质谱（LC-MS）分析，能快速筛选候选试剂，如图6-2所示。

高度集成微流控平台的多个分析模块由化学工作站总控制，所获分析数据由Matlab软件进行处理，以计算转化率、产品收率、选择性等。利用LabView软件自动调整泵、压力和温度控制器的参数，自动反馈优化反应条件，节省了人力和物力成本，有效降低了人为因素造成的失误，具有优异的重复性，灵活、高度自动化的微流控设备将成为更多新产品和新工艺开发的重要平台。

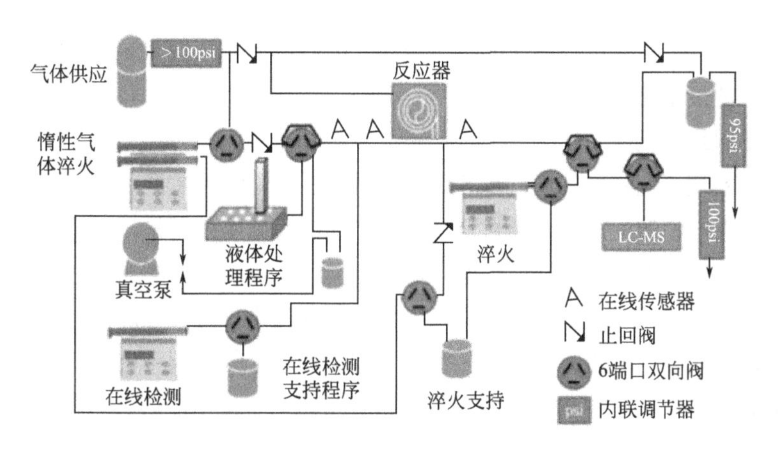

图 6-2 自动反馈和优化反应条件的微流控平台

1 psi=6.89kPa。

(4) 自动精确控制工艺条件

反应过程中的参数精确控制（包括浓度分布、温度分布、反应时间），可以强化反应过程，精确物料配比，进而提高反应转化率、选择性和收率。在常规尺度反应釜内进行快速强放热反应时，反应热难以及时排出，使反应过程过于剧烈，甚至引发安全事故。因此实际操作过程中，常采用逐滴添加反应物料的方式，以控制反应过程。先加入的反应物或最先生成的产物在反应釜内停留时间过长，导致副反应发生。微反应器为连续流动操作模式，停留时间由物料的流动速度和通道长度决定，易于实现停留时间的精确控制。反应物不在某个具体位置长时间停留，特定条件下生成的反应产物快速转移到下一个工序区域，减小副反应发生的概率，尤其是不稳定医药或农药中间体的合成过程。此外，连续流设备系统可以设定安全参数，在实现自动控制的基础上装备紧急停车系统和其他安全联锁装置，实现工艺过程的自动控制和主要参数指标的自动报警。采用隔离、遥控等方式，实现化工设备从复杂操作到一键化的转变，减少现场操作人员，降低了人工成本。

由于自动化程度高，微反应器温度、压力耐受性强，可在高温高压等苛刻的条件下作业，保证选择性和提高反应速率。以邻苯二胺与乙酸的缩合反应为例，室温下反应需要 9 周，但将温度提升到 100℃反应就只需要 5h，若将温度进一步提高到 200℃则反应只需要 3min。使此反应在微反应器中以 313℃、5MPa 的条件进行，停留时间只需要 6s。

(5) 节约占地

微通道反应设备为连续流设备，多采用模块化、撬装化设计，设备集成度高，用较小的占地面积实现了高效的工艺，不仅安全性高，而且改善了生产环境，同时生产规模可根据实时需求进行灵活调控，具有较高的操作弹性。图 6-3 为传统釜式反应与工业化微通道反应工厂对比。

图 6-3 传统釜式反应与工业化微通道反应工厂对比

微通道反应生产工厂便携、集成的特点能够实现分散生产和按需转移，保证资源利用的最大化和运输风险的最小化。

（6）过程环保绿色化

微反应器可实现反应物料的精确配比和瞬间混合，避免了因搅拌不均带来的局部配比过量的问题，降低了副产物的生成量、原材料使用量和后续污染物处理量，降低了生产成本，提高了收益率，实现了绿色可持续发展。譬如，采用微反应器技术进行常规尺度反应器内不能实现的芳香族化合物的直接氟化反应过程，即以单质氟为反应物进行氟化反应。与传统的间接多步过程相比，取得了较高的转化率和产率，提高了剧毒物质氟气的利用率。另外，利用微反应器技术还可降低有机合成反应中溶剂的使用量，甚至可完全不使用溶剂。

6.2.2 适用微反应器的反应类型

（1）快速强放热反应

化学工业中的快速强放热反应普遍存在。譬如芳烃或烷烃的混酸硝化反应，现行工业过程常使混酸相以逐滴添加的方式与有机物混合、反应，人为延长了反应放热时间，降低了反应热集中释放引起的爆炸危险；但另一方面，反应物和产物在反应器内停留时间的延长，导致副反应发生的概率增加，难以保证产品质量。微反应器内部体积的缩小不但有利于传热，而且危险试剂和产物的滞留量小，并且能够加强对反应过程的控制。德国 Fraunhofer 化学技术研究所的研究人员在全自动微反应系统中合成了三硝基甘油，效率高。微反应器的超快传热速率可解决散热问题，为稳定、高效运行硝化反应提供了新的选择。同时由于反应过程中的持液量少、反应器耐压能力强，微反应器系统具有极高的内在安全性，可避免发生爆炸。

（2）需要在线实时检测的反应

当在传统化工设备中对产品质量进行实时检测时，投入的反应物料量通常较大，一旦检测出问题，整个反应釜的物料将均不符合标准，原料浪费严重。集成度高、持液量小的微反应器可实时掌握反应的进行程度和产品性能，并及时反馈和优化反应条件，通过微反应器灵敏高效的检测，可避免一些传统化工设备的问题。

（3）高温高压反应

根据 Arrhenius 方程，提高反应温度可以大大缩短反应时间，提高生产效率，从而为工业生产带来经济效益。在常温下进行反应时，反应温度的上限通常由反应混合物中溶剂/液体的沸点决定。另外，只能通过在耐压反应器内提高压力来提高溶剂/液体的沸点。因此，利用超压技术可以进行远高于沸点（常温）的高温反应，也可以增加气体的溶解度。高温（200℃）和高压（5000kPa）反应是常见和重要的反应条件，对有机合成却是危险的。微反应器和相关组件的加压通常比传统间歇式反应器更容易和更安全，由金属和陶瓷制成的微反应器可以承受高温高压，光刻微加工技术的硅微反应器让高温高压工艺方便可行。另外，对于释放大量反应热、易失控的快速反应，反应过程中易出现温度和压力急剧上升的现象，进一步加快反应速率。如此循环，爆炸风险系数激增。微反应器的传热效率较高，可实现反应温度的精准控制，保障反应的安全、可靠进行，例如，丙烯基苯基醚的 Claisen 重排反应：当反应温度低于 230℃时，转化率较低；当反应温度较高时，反应过程的副产物增多，选择性降低。传统反应器内的最佳反应温度为250℃，压力为1.3MPa，反应时间为1～2h；微反应器的最佳反应温度和压力则分别为240℃和10MPa，选择性高达95%，且反应温度易恒定在某个数值，有利于反应过程的安全平稳进行，即微反应器可对高温高压反应进行精准控制，提高反应效率。

（4）耗时较长的反应

微反应器可实现反应物料的快速混合和传热，达到缩短反应时间的目的。在微反应器内进行了甲硅烷基烯醇与4-溴苯甲醛的催化醇醛缩合反应，在转化率为100%的前提下，可将反应时间由传统工业反应器的24h缩短至20min，大大缩短了反应时间。

（5）严格控制产物特性的反应

实际生产过程中，有些反应不仅追求高转化率和选择性，还要求形貌、组成等分子特性，如纳/微材料的制备过程。通常，用于制备的传统间歇技术面临材料多分散性、重复性差、复杂形态随机分布等问题。而材料的分子大小、形状、形态、组成等性能决定了它们的功能和使用性能。微反应器能实现反应物料的瞬间混合，达到爆发成核的需求，可降低粒子尺度，为粒子的生长提供了稳定的化学环境，因此可获得粒径分布窄的纳/微材料。利用高度集成化的微反应器，可实现新型材料的制备和功能化，精准控制纳米粒子的成核、生长、功能化过程的时空分离；依靠外场协助，可实现复杂结构和多功能的纳/微材料生产；依据动力学参数，通过反应条件的在线控制，可使材料组成、性质的原位调控成为可能。

6.2.3 微反应器流体化学技术在精细有机合成中的应用

精细化学品的特点决定了其反应工艺多为间歇过程，定制反应器成本高昂。相比之下，小型微型反应器相对容易设计和建造，而且价格便宜，使有机合成更加经济、便捷。微反应技术还为高温高压反应、涉及危险试剂和中间体的反应、闪蒸化学、聚合、光化学、电化学和多步原料药物合成开辟了新的工艺窗口。据统计，大约有20%的精细化学品合成可在微反应器内进行，包括那些难以在传统釜式反应器中顺利进行的反应，均能大幅改善转化率、选择性或过程安全性等，鉴于此，微反应器在精细化工领域的应用具有光明的前景，应用潜力大。

（1）低温反应

较多精细化学品的合成对反应温度要求苛刻，即使温度略微高于设定温度，也易出现副产物增多、产品纯度下降、收率降低等问题。在传统釜式反应器中常采用低温、逐滴添加反应物的操作方式，增加了过程控制难度。Moffatt-Swern氧化反应利用醇类制备羰基化合物，是精细有机合成中常用的反应之一。反应机理是：二甲基亚砜（DMSO）先与三氟乙酸酐反应生成硫鎓盐，硫鎓盐与醇反应生成中间体4（图6-4），然后在碱性环境中得到目的产物羰基化合物。由于硫鎓盐和中间体均易发生Pummerer重排，分别生成副产物，消耗大量原料，导致目的产物收率降低。该反应为放热反应，为抑制副反应，传统釜式反应器的反应温度必须控制在−50℃以下。在传统釜式反应器中，在−70℃下，环己醇通过Moffatt-Swern氧化制环己酮的产率仅为83%。Kawaguehi等在微反应器内进行了此反应（如图6-5所示），于−20℃、2.4s的条件下，获得了88%的产率；当反应温度提高到20℃时，反应时间可缩短到0.01s，环己酮产率仍高达 89%。可见，与传统反应器相比，在微反应器内进行此类低温反应，优势较为明显。

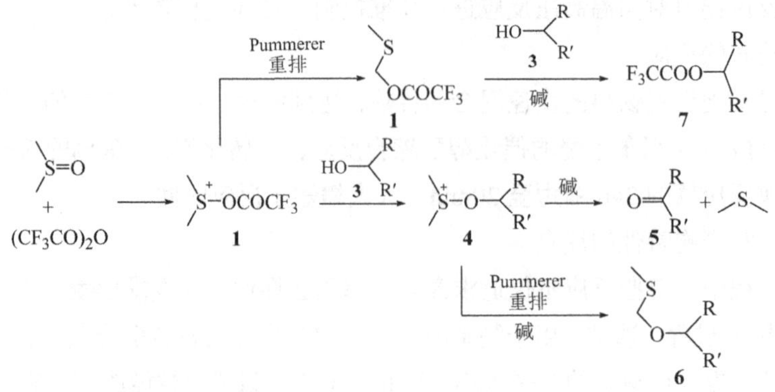

Pummerer 重排

$HO-CH(R)(R')$ **3**

碱

$OCOCF_3$ **1**

$F_3CCOO-CH(R)(R')$ **7**

$(CH_3)_2S=O$ + $(CF_3CO)_2O$ → $(CH_3)_2S^+-OCOCF_3$ **1** —($HO-CH(R)(R')$ **3**)→ $(CH_3)_2S^+-O-CH(R)(R')$ **4** —碱→ $O=C(R)(R')$ **5** + CH_3SCH_3

Pummerer 重排 碱 → $CH_3SCH_2-O-CH(R)(R')$ **6**

图 6-4 Moffatt-Swern 氧化反应的反应过程及机理

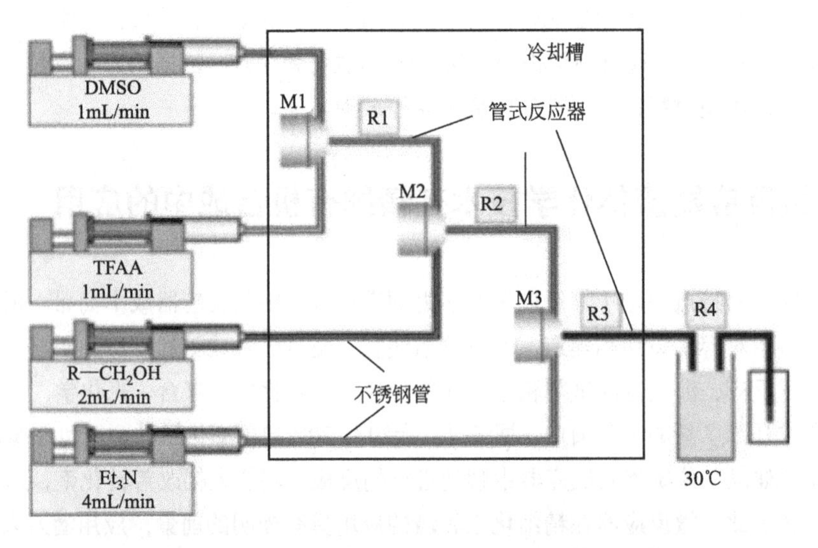

图 6-5 微反应器内进行的 Moffatt-Swern 氧化反应流程图

有机硼化合物是重要的医药、农药中间体，通常利用 Grignard 试剂制备。制备过程反应速度快、放热剧烈，反应温度过高，将产生大量副产物，过程控制难度大，如 Grignard 试剂与硼酸酯在低温下合成苯硼酸（如图 6-6 所示）。为抑制副反应，提高反应选择性，实际工业生产中常通过加入过量硼酸酯、控制−55～−35℃的低温条件、缓慢滴加反应物料等控制反应过程，导致操作烦琐，产率低于 70%。

Löwe 等利用基于分割和重组混合原则的微反应器进行了苯硼酸制备反应，并与常规反应器结果进行了对比，如表 6-1 所示。结果表明，在反应温度为 20～50℃时，微反应器的小试收率比常规反应器高 12 个百分点以上；10℃和 40℃下，微反应器的中试收率也分别高达 89.2% 和 79.0%。

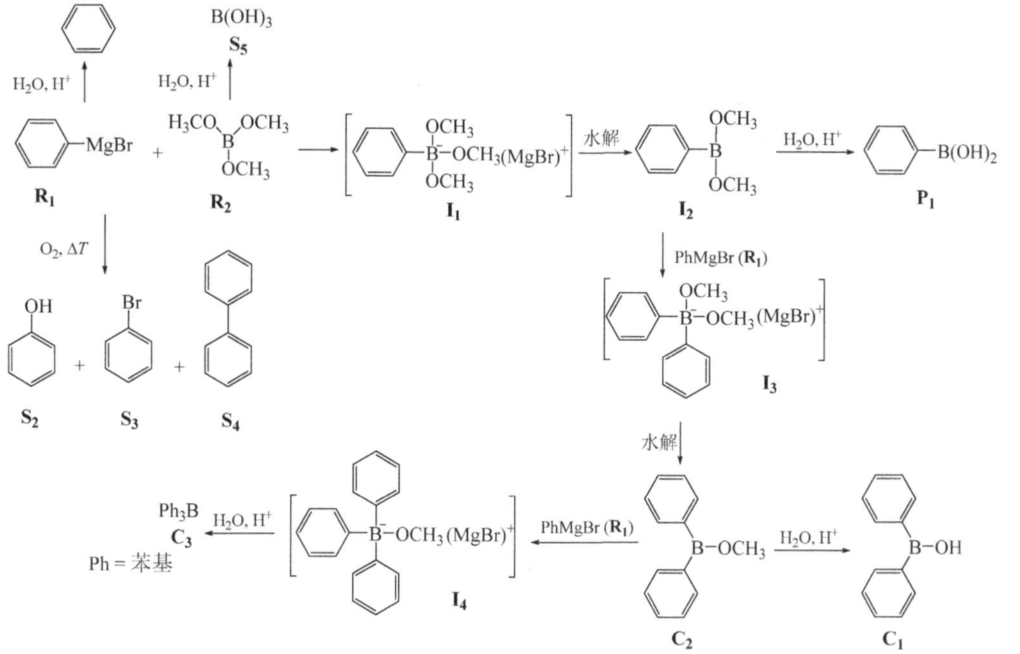

图 6-6 苯硼酸的反应过程及机理

表 6-1 不同反应器合成苯硼酸的结果对比

项目	反应规模	反应温度/℃	主产物 P_1 收率/%
常规反应器	1.5L 小试	20	70.6
	工业生产	20	65.0
微反应器	小试	20	83.2
	小试	50	82.1
	中试生产	10	89.2
	中试生产	40	79.0

(2) 硝化反应

硝化反应的问题主要在于反应放热剧烈，过程易失控，需严格控制反应温度，如西地那非（Slidenafil，商品名“Viagra”）的中间体进行硝化反应，反应温度须控制在 100℃以下，否则易引发脱羧反应，产生大量二氧化碳并放出大量热，甚至导致爆炸事故。利用微反应器的高效传热性能，苯酚硝化反应温度控制在 45℃，仅需 7s 的停留时间即可实现 79.4%的产率，高于传统反应器的 20%，抑制了传统反应器内因快速放热引起的聚合副反应，提升了过程安全性。

(3) 氟化反应

有机氟化物的合成方法一般采用间接多步过程（如 Schiemann 工艺），在以二乙氨基三氟化硫（DAST）为氟化剂的传统间接氟化工艺中，当反应温度超过 90℃时，爆炸风险系数猛增，若使反应在较低温度下进行，则反应速率大大降低，影响氟化物收率。著名的 Seeberger 教授等以 DAST 为氟化剂，在微反应器内进行了醇、醛及有机酸的氟化反应研究，在 70℃、16min 的操作条件下，醇类和羰基类底物的氟化产率分别可达 70%和 90%，反应过程安全可控，氟化反应产率高，如图 6-7 所示。

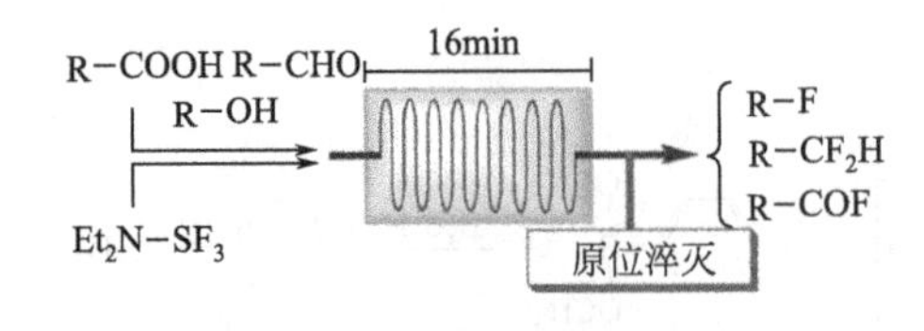

图 6-7 微反应器内以 DAST 为氟化剂的氟化反应

氟单质（F_2）为氟化剂的直接氟化操作复杂，氟单质的氧化性极强，在反应过程中极不稳定，易因局部过热而导致爆炸。Chambers 等分别在单通道和多通道反应器内进行了芳香族化合物的直接氟化研究，目的产物收率可达 78%，证明了直接氟化工艺的可行性。直接氟化为快速强放热反应，通常在气-液界面上完成，故增加气-液相界面积是重要的强化手段。为增加相界面积，采用气-液降膜微反应器或鼓泡塔微反应器，以乙腈或甲醇为溶剂，甲苯的直接氟化过程中一氟甲苯取代物的收率远高于传统鼓泡塔反应器。

（4）氧化反应

微反应器内以乙腈为溶剂，F_2/N_2 为氧化剂，1,2-环己二醇的气-液两相连续流动部分氧化反应在室温下的转化率可达 87%，单/二氧化产物的选择性分别为 53%和 30%。当以甲酸为溶剂时，反应转化率降至 60%，但氧化产物环己酮的选择性提高至 88%。在微反应器内进行此反应，消除了有毒重金属的使用，且副产物 HF 还可利用电解手段循环使用，整个生产工艺环境友好。

工业上生产过氧化氢的成熟方法是蒽醌法，但该工艺较为复杂，副产物较多且环保性较差。研究者一直在尝试氢气和氧气直接反应合成过氧化氢的新方法，由于氢气和氧气混合时极易燃爆，难以实现大规模工业生产。通过不断优化反应通道的结构和特征尺寸，在微反应器内成功直接合成了过氧化氢，并确保反应能够在爆炸极限内稳定运行。

（5）偶氮反应

偶氮反应是传统染料合成的基本反应之一，微反应器能够成功实现偶氮反应，与传统反应器相比，相同反应条件下，停留时间可缩短至 2.3s，转化率高达 100%，且反应过程中无沉淀产生。传统釜式反应器内进行偶氮反应生产偶氮颜料时，产品颜料易出现颗粒大小不均、直径偏大、颜料色泽和透明度较差。采用微反应器进行偶氮反应合成的颜料黄 12 号偶氮颜料，与传统反应器合成的颜料相比，颗粒平均粒径明显变小、粒径分布变窄，颜料晶体性质得到改善，产品光泽度和透明度分别提高了 73%和 66%。

（6）高温重排反应

重排反应容易受反应动力学控制，反应速率较慢，反应时间较长，常通过提高反应温度缩短反应时间。Claisen 热重排反应需在较高反应温度下进行，且需要阶梯式升温，前 27h 维持 140℃，后 10h 维持 150℃，但传统釜式反应器的上限耐受温度一般在 140℃左右，当超过此温度时，需定制耐受高温的釜式反应器或做特殊换热处理，只能采用逐渐加料及溶剂回流的方式控制反应温度，导致反应时间延长，产品质量难以保证。微反应器容易实现此类高温重排反应，反应可在 220～260℃的高温下长时间稳定运行，在 3～10min 内，收率可达 98%。

（7）光化学和电化学反应

光化学和电化学有机合成是一个强大的工具。工业光化学已经应用于维生素 D_3、维生素 A 和青蒿素的合成，以及一些单元反应如甲苯的光氯化反应。微反应器技术同样适用于光化学和电化学。

光化学在工业合成中主要受限于光子传输的衰减效应（布格-朗伯-比尔定律）。在规模化生产中，大型反应器中形成有效的光辐照是一个难题。在微反应器中，由于小尺寸通道中的反应混合物可以均匀地辐照，反应时间可以从小时/天大幅缩短到秒/分钟。迄今为止，微反应器的光化学合成已经应用到包括环加成、环化反应、光异构化、单线态氧介导氧化、光裂解、光化学脱羧基等单元反应中。青蒿素是抗疟疾药物成分，我国科学家在分离和合成方面做出了卓越贡献，屠呦呦因此获得 2015 年诺贝尔生理学或医学奖。合成关键步骤如图 6-8 所示。2012 年，Seeberger 课题组利用氟化乙烯丙烯（FEP）毛细管反应器，使液相与氧气接触形成段塞流（Slug Flow），利用四苯基卟啉（TPP）或者二氰基蒽（DCA）作为光敏剂，在中压汞灯或 LED 光照下，促使氧气形成单线态氧参与反应。5min 过氧化中间体的收率为 88%，如果使用 660nm 的 LED 灯辐射，3min 的收率即可达到 87%。微反应器的流体化学还保证了使用纯氧气工艺的安全性。

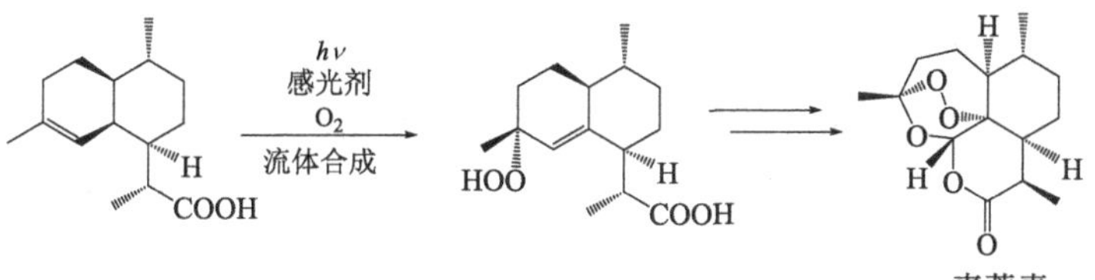

图 6-8　微反应器光照法合成青蒿素的关键步骤

电化学反应是一种本质清洁的方法，在不添加化学氧化剂或还原剂的情况下，从中性有机分子中生成阴离子和阳离子自由基合成子。然而，传统的间歇式电化学法通常在反应混合物中加入辅助电解质来提高电导率，因此反应复杂，增加了额外的成本，所以很少将传统的间歇式电化学方法进行工业化。电化学微反应器微通道的平行微带中，阴极和阳极之间的间隙足够小，使两个电极周围的扩散层重叠，即使在无电解液的条件下也能产生较大的电导率。许多不同的电化学微反应器已经被开发用于合成化学，并用于研究各种电化学反应，包括 C—C 和 C—杂原子的偶联反应、分子间环化反应、氟化反应、羧基化反应、酰胺的合成和二芳基碘盐试剂的制备等。此外，连续流动电化学也可用于制备聚合物。

（8）多步合成反应

原料药合成在有机化学的地位举足轻重。原料药合成一般是通过传统的间歇法逐步进行的。迄今为止，已有很多药物在微反应器中通过连续化学实现了大规模合成。为了实现多步连续合成，必须考虑许多重要因素，包括选择合适的溶剂、试剂与下游反应的相容性、减少合成步骤、简化工艺、在线分析、流动分离纯化、最终产品的净化、反应器类型、系统稳定性等。McQuade 教授和 Jamison 教授分别报道了利用微反应技术连续合成布洛芬的研究。两者使用不同的试剂和工艺，包括 Friedel-Crafts 酰化、氧化 1,2-芳基转移、水解和酸化（图 6-9）。作为原料药反应连续合成的一个里程碑，McQuade 优化了微反应器生产药物过程中的各个步骤，避免下游不相容，并将各个步骤连接起来，实现了一个完全连续的过程。为了保证整个过程的连续性，McQuade 牺牲了 Friedel-Crafts 酰化步骤的收率，将 $AlCl_3$ 催化剂改为 TfOH，因为 $AlCl_3$ 产生大量 $Al(OH)_3$ 沉淀等副产物而与下游产物不相容。虽然整体 51%的收率相对较低，但从学术研究的角度，McQuade 的工作很好地证明了在微反应器系统中多步连续合成原料药的可行性。从成本、产量和安全方面考虑，Jamison 采用了五级流程，包括三个反应步骤、一个在线液-液膜分离和一个操作步骤，平均收率在 90%以上，总收率为 83%。具有标准实验室通风柜一半大小的微反应器系统可以 133mg/min（相当于 70.8kg/a）的速率生产布洛芬，反应器的停留时间为 3min。

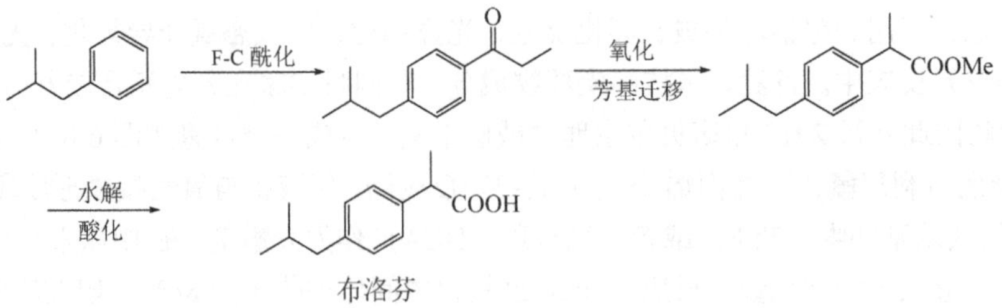

F-C 酰化

氧化
芳基迁移

COOMe

水解
酸化

COOH

布洛芬

图 6-9　微反应器流体化学合成布洛芬

除上述反应外，微反应器还可应用于加氢反应、磺化反应、卤化反应、自由基聚合反应等。

与传统釜式反应器相比，微反应器优势明显。微反应器内部体积的缩小不但有利于传热，而且能够加强对反应过程的控制，拓宽反应的安全操作范围，避免爆炸的发生。同时，由于反应过程中的持液量少、反应器耐压能力强，故微反应器系统具有极高的内在安全性（也称为本质安全设备），可以进行一些常规条件下难以安全、平稳进行的反应过程，在有毒或高危险化学品的生产方面表现出了巨大潜力，有望使化工行业摆脱高危险、易爆炸的现状。但微化工技术仍属于新兴技术，发展不成熟，有较多难题需要攻克。其最大难题是堵塞问题，当有固体反应物参与反应或生成固体产物时，微通道内常发生沉积、增长或架桥现象，且微通道的内部特征尺寸小和几何结构复杂，加重了通道堵塞和清理难度。微反应技术并不能解决所有的化学反应问题，其工业应用更受限于化工过程和企业的经济状况，如长期技术开发成本高、设备投资高、专业人才缺乏、复杂工程建设和多学科协作等难题。从工程科学的角度来看，微化工技术需要对应用于化工新工艺和工业的微反应器进行设计，还需要对微反应器中的化学反应动力学过程进行建模，开发高灵敏度、快速响应的测定装置，小型化的温度、压力和流量传感器，采集信号和处理信息的智能软件平台，达到快速响应和反馈，以控制整个微反应器系统的平稳运行。此外，还要考虑实际工业应用中的长期运行。

微反应器和微化工技术虽然为精细化学品合成领域的发展提供了全新技术手段，但是也面临着许多新的挑战、任务和机遇。因此，需要深刻认识微反应技术的优点和局限性，设计新的合成路线或改变现有的化学工艺，使之适用于微反应器的连续生产。无论如何，基于微反应技术的智能合成化学、计算机辅助智能合成路线设计、高通量合成与筛选和自动连续化生产，将成为化学工程领域的下一个前沿技术。

6.3　超声波合成技术

频率大于 20kHz 的声波，超出人耳可闻的上限而被称为超声波。1883 年，Galton 在研究人耳对声谱的感知极限时，意识到超声波的存在。经过一个多世纪的发展，超声波已在科学技术、社会生产与生活中取得了广泛应用。根据声波频率的高低，超声波被严格地区分为功率超声和检测超声两大类，如图 6-10 所示。检测超声工作频率在 MHz 范围内，可用于物质结构研究、工业检测与控制、地下资源勘察及医学诊断等过程。功率超声的工作频率较低，处于 20～100kHz 之间，声波强度大，伴随波的传播将会出现许多非线性过程，如声空化、声致发光等。功率超声作为一种重要的过程强化手段，已被广泛应用于精细化学品合成的混合、分离、反应等多个过程。

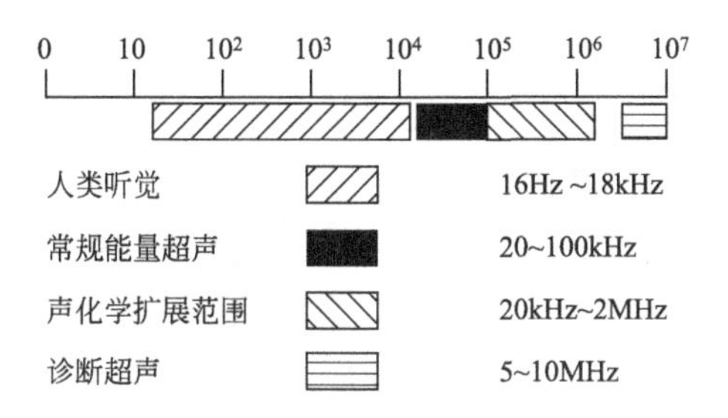

图 6-10　不同声波的频率范围

6.3.1　声空化概念

声空化是功率超声最重要的声动力，使液体中的微小泡核在声波作用下被激活，呈现出气泡生长、振动、收缩乃至破裂等一系列非线性动力学现象。该过程是一个复杂的物理过程，如图 6-11 所示。空化气泡形成后，在声场驱动作用下，在液体介质中产生受迫振动。超声强度较低时，气泡做径向受迫振动，振动过程中气泡始终保持球形不变，称为体积振动模式。随着声强的增大，气泡逐步发展为不规则的非球形振动，称为形状振动模式，如图 6-12 所示。气泡的体积振动模式与形状振动模式均可以延续多个声波周期，统称为稳态空化。当超声强度超过气泡的破裂阈值时，空化气泡在声波膨胀相位迅速增大，并在随后的声波压缩相位迅速收缩至破裂，并产生许多微气泡，构成新的空化核，参与新一轮的空化循环——生长、合并、破裂，这种气泡的振动模式称为瞬态空化。不同于稳态空化，瞬态空化只能存在一个或至多几个声波周期。

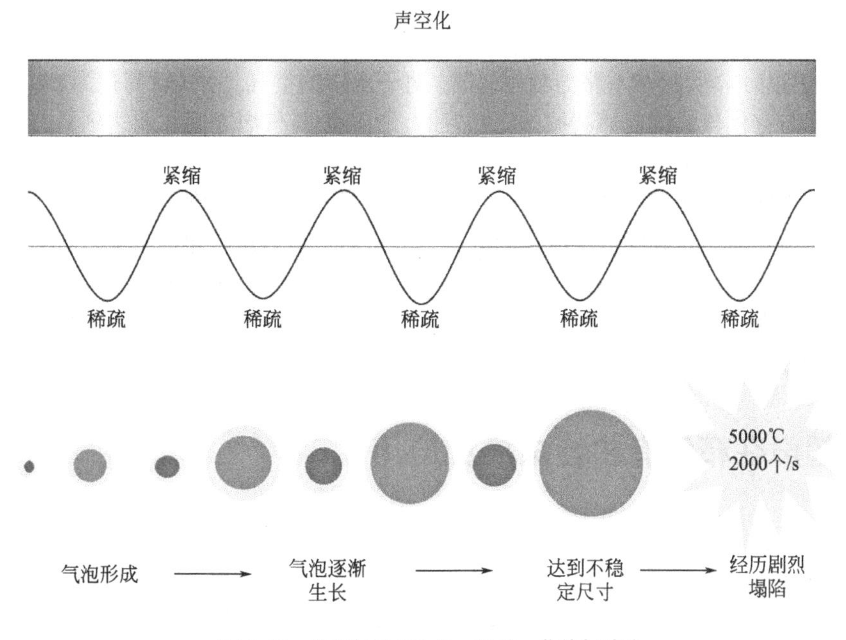

图 6-11　空化气泡的生长、振动、收缩与破碎

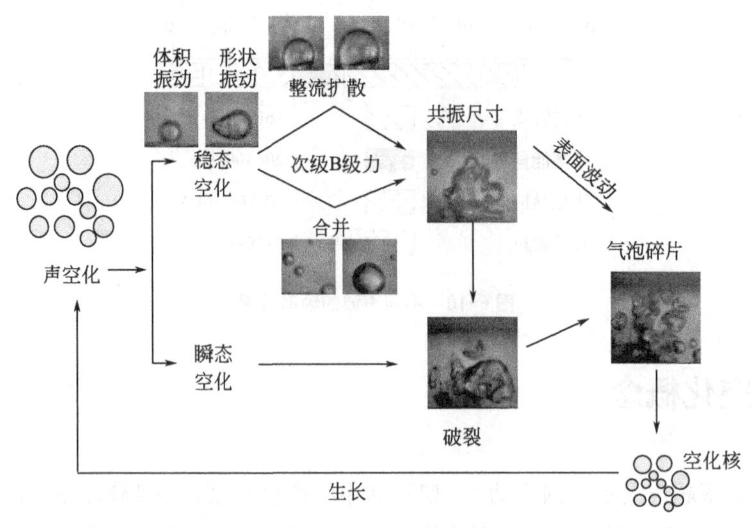

图 6-12 声空化过程

Rayleigh 建立了不可压缩流体中理想球形气泡收缩破裂过程的简单模型

$$R\left(\frac{d^2R}{dt^2}\right)+\frac{3}{2}\left(\frac{dR}{dt}\right)^2=\frac{1}{\rho}(P_i-P_o) \tag{6-1}$$

式中，R 为气泡半径；P_i，P_o 分别为气泡内外两侧的压力。需要说明的是，上式并未考虑液体表面张力、黏滞性及可压缩性等因素的影响。气泡较大时，式（6-1）可较准确地预测气泡破裂行为。1931 年，Minnaert 提出了溶液中固有气泡可发生空化效应的半径和声源频率间的关系

$$f=\frac{1}{2\pi R_r}\left[\frac{3\kappa}{\rho}\left(P_h+\frac{2\sigma}{R_r}\right)\right]^{1/2} \tag{6-2}$$

式中，κ为气体的绝热指数；R_r 为气泡半径。一般而言，常见空化气泡的半径在 10～500μm 范围，液体静压力 $P_h \gg 2\sigma/R_r$，张力项可忽略。对于水中的空气，上式可简化为 $fR_r \approx 3.3\text{Hz}\cdot\text{m}$。当超声波频率与空化气泡的自然共振频率相等时，超声波与气泡之间才能达到最有效的能量耦合，产生明显的空化现象。

声空化过程往往伴随着诸多效应。在超声激发作用下，空化气泡集聚声能，在介质中产生剧烈的冲击波与声流，有效促进了流体间的混合与传质，称为声空化的机械效应。此外，空化气泡在声场的压缩相位内收缩破裂，产生局部高温高压，导致分子裂解或生成自由基，有助于改变反应路径、降低反应活化能，称为声空化的化学效应。声空化引发的特殊物理和化学环境能够为有机合成过程提供动力。

6.3.2 超声在精细有机合成中的应用

（1）超声乳化

基于超声乳化的研究结果提出了多种乳化模型。对于水-苯乙烯体系的乳化过程，认为超声乳化可分为两步，如图 6-13（a）所示。首先，水-苯乙烯相界面受到声压的影响产生瑞利-泰勒不稳定性（Rayleigh-Taylor Instability），形成尺寸为数十到数百微米的油滴分散至水相中。当油滴靠近瞬态空化区域时，受冲击波的影响，破碎至亚微米级，并与水形成水包油型微乳液，如

图 6-13（b）所示，制备了特定分散尺寸的水-葵花籽油乳液。

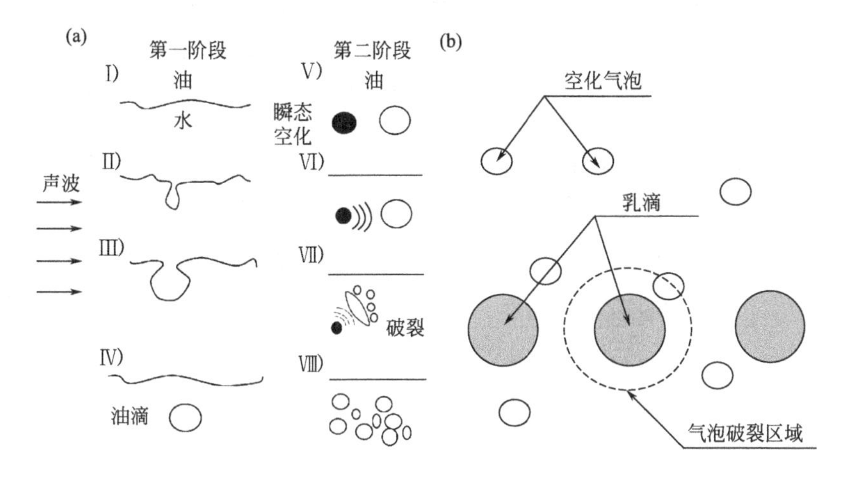

图 6-13　超声乳化机制

（2）超声辅助液-液萃取过程

超声波强烈的搅拌作用和乳化效应能显著改善反应物料间的传质行为，加速液-液萃取过程。大量文献中报道的超声辅助萃取过程研究，使用超声辅助甲醇萃取槐树中的芦丁、杏仁油、草药提取物、人参皂苷、生姜、大豆蛋白、大豆异黄酮、菊酯、果聚糖等，在超声波频率为 20～40kHz 时，较无超声条件下的收率增长 15%～50%，提取效果改善明显。

（3）超声辅助有机合成过程

声空化产生的机械效应和化学效应可以促进有机合成过程进行。一方面得益于声流和冲击波等机械效应，增大反应物料间的相界面积，提升溶质表面更新速率，有助于缩短反应时间，提高产物收率。另一方面，瞬态空化气泡收缩破裂过程产生的氢氧自由基（化学效应）能够加速高分子化学反应及自由基反应。如图 6-14 所示，超声辐射不仅可以加快化学反应的速度，还能改变反应路线，生成截然不同的反应产物。

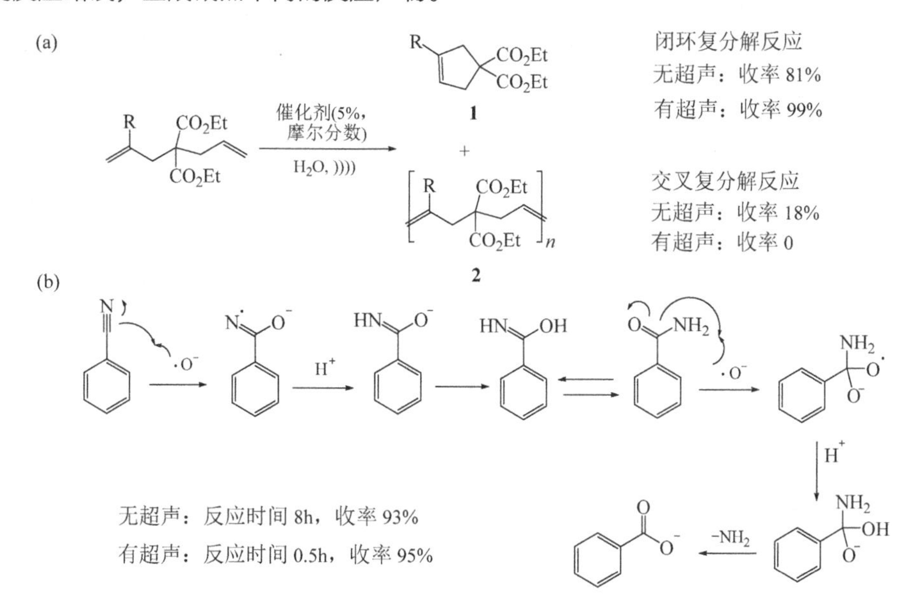

图 6-14　超声对有机反应的促进作用

超声在液-液分散、传质及反应等各方面均表现出了广阔的应用前景。然而，在传统的声化学反应器中，声辐射区域与反应器间存在严重的失耦问题，如图6-15所示，反应器尺寸往往大于超声探头的辐射区域，导致反应器内声场分布不均匀，靠近超声探头的区域声强较高，随着传播距离增加，声强逐渐减弱。受声场强度分布的影响，近场区存在大量的空化气泡（空化群），这些气泡散射驱动声场，进一步缩短了声辐射距离。空化群中的气泡合并、破裂，并与外加声场相互作用，使气泡大小很难保持稳定。不均匀声场和动态变化的气泡场耦合叠加，使声空化效应分布不均且不可控，从而导致整个声化学过程重复性差、能量效率较低。

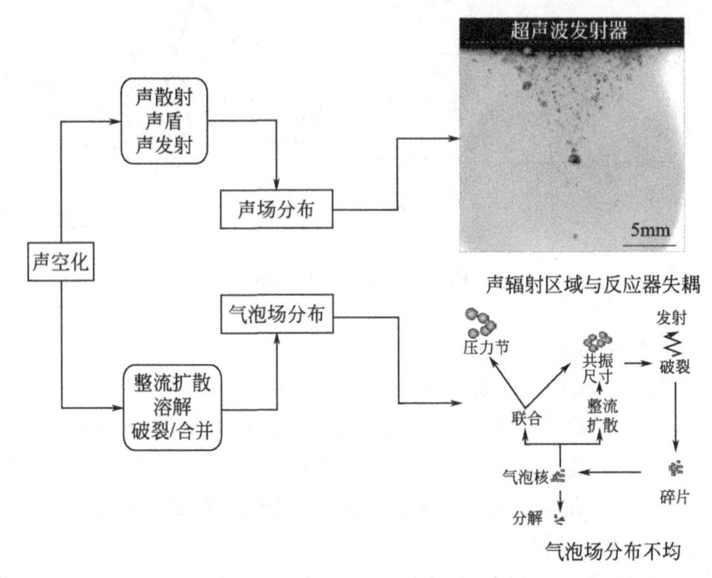

图6-15　传统声化学反应器中的空化分布

6.3.3　超声微反应器

如前所述，声空化气泡与微反应器特征尺寸相近，将超声与微反应器技术耦合，可在亚毫米的受限空间内精确调控气泡场，以增强声场和气泡场的均匀性，提高超声能量利用效率，解决传统声化学设备空化分布不均的问题，如图6-16所示。超声的引入可以有效强化微通道内流体的混合与传质，防止堵塞，超声与微反应器的耦合具有显著的协同效应，有望发展成为化工生产过程的关键平台技术。

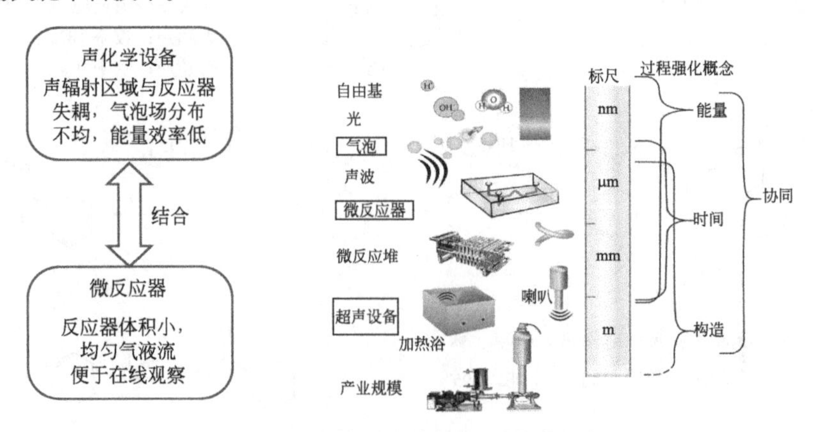

图6-16　常见超声设备与微反应器的尺寸

由于超声微反应器内的声空化区域与反应区域尺寸相当，不存在失耦问题，声能利用效率优于传统声化学设备。超声微反应器应用于相转移催化法制备二苄基硫醚，与无超声引入状况相比，反应物转化率增加了 3%～12%。对硝基苯乙酸酯水解，反应时间 84s，超声微反应器内的产物收率即达到 75%以上，而达到相同收率搅拌釜的反应时间为 1800s。超声的引入不仅能够加速微反应器内反应物料间的混合与传质过程，提高反应效率，还可以有效解决有机合成过程中生成的固体产物堵塞微通道问题。毛细管微反应器浸没于超声清洗槽中，以芳基酰氯和苯胺在碱性条件下的酰胺化反应为模型，发现引入超声后，氯化钠颗粒尺寸由 0.15～112μm 减小至 0.15～36μm，颗粒间桥连现象明显降低，解决了反应副产物氯化钠堵塞通道的问题。此外，伴随超声空化产生的冲击波、声流等效应，有助于剥离黏附于通道壁面的颗粒团簇，保障反应过程平稳运行。该方法推广到芳烃偶联反应，证实超声对不同堵塞物均有良好的疏浚效果，超声结合气-液分段流应用于马来酸酐的光二聚化反应，系统可连续运行 16h，且产物环丁烷四羧酸二酐（CBTA）质量明显提升（图 6-17）。

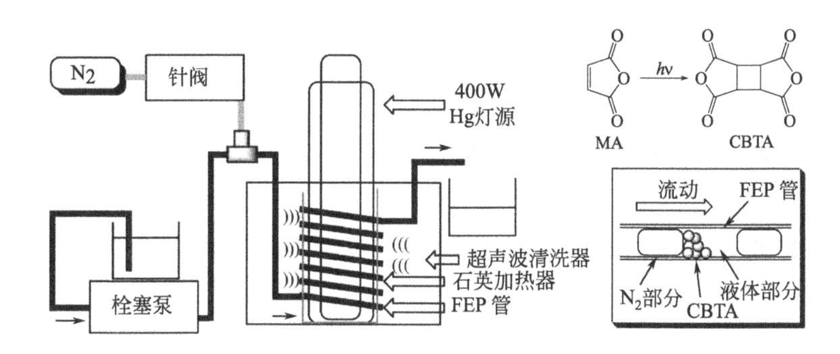

图 6-17　超声疏浚有机合成过程的固体堵塞

6.4　微波能量强化技术

6.4.1　微波强化概念

20 世纪 40 年代，美国雷神公司（Raytheon Company）偶然发现了低能量微波电磁辐射的加热性质，继而在 70 年代出现了微波炉。1986 年，Gedye 和 Giguere 等报道了微波辐照下 4-氰基酚盐与苯甲基氯的反应，比传统加热回流快 240 倍，这一发现引起了人们对微波加速有机反应的广泛注意。大量研究表明，借助微波技术进行有机反应，反应速率较传统加热方法快数十倍甚至上千倍，具有操作简便、收率高、产品易纯化及安全性高等特点，被称为微波辅助有机合成技术（Microwave-assisted Organic Synthesis，MAOS）。

微波是指频率为 300MHz～300GHz 的电磁波，是无线电波中一个有限频带的简称，即波长在 1mm～1m 之间的电磁波（图 6-18）。微波频率比一般的无线电波频率高，通常也称为“超高频电磁波”。为了避免干扰通信，规定微波在工业、民用上只可以使用 0.433GHz、2.45GHz、3.375GHz 等几个频率，微波炉及微波合成设备则在 2.45GHz 的频率下工作，在这个频率下，微波光子的能量不足以破坏化学键，同时也低于布朗运动的能量。

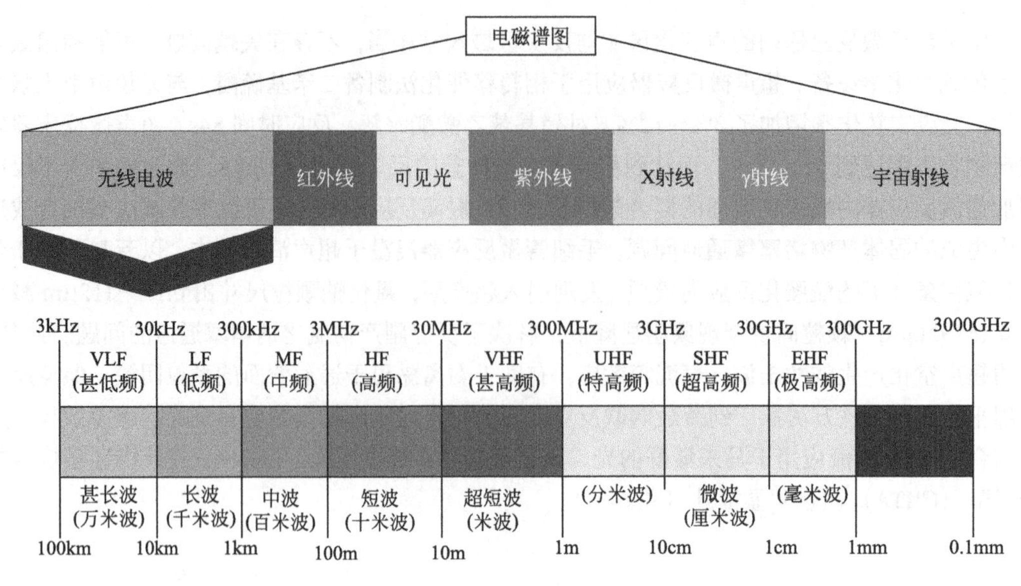

图 6-18　电磁谱图

6.4.2　微波效应及其能量强化原理

微波可加速有机反应，提高转化率和收率及改变反应的选择性，被称为“微波效应”，包括热效应及非热效应。

(1) 热效应

微波基于“微波介电加热”效应实现对物质的有效加热（图 6-19)，依赖于溶剂或试剂吸收微波能量并转变为热的能力。电磁场通过偶极极化和离子传导两个机制实现加热。偶极子或离子在外加电场作用下排列，当外加电场振荡时，偶极子或离子随交变电场重新排列。在此过程中，由于分子之间的摩擦和介电损耗，能量以热的形式释放，此过程释放的热量与偶极子或离子场随电场频率排列的能力直接相关，若偶极子没有足够时间随电场重排，则无热产生。

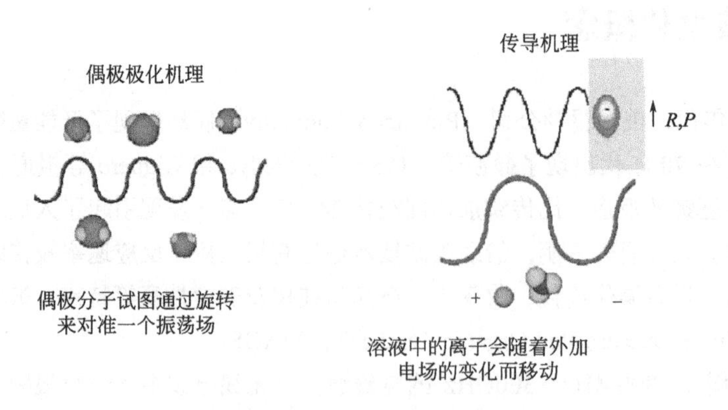

图 6-19　微波介电加热原理

微波加热和传统加热有着本质上的区别，如表 6-2 所示，微波加热利用了液体或固体把电磁能转变为热的能力，其能量的传递产生于加热介质的介电损耗，加热速率取决于分子的介电性质，与传统的热传导和热对流不同。微波加热的这些特性意味着微波辐射的吸收和加热可选择性进行。微波加热是整体性快速加热，而传统加热则是缓慢的梯度加热。微波辐射下的热效应是反向热传导、体系内微波场非均匀性和极性物质对微波辐射选择性吸收共同作用的结果，可用于改善加热效果。

表 6-2 微波加热和传统加热的特点

微波加热	传统加热
能量耦合	热传导/热对流
分子水平耦合	过热
快速	缓慢
选择性	非选择性
整体加热	梯度加热
取决于体系的介电性质	基本与体系性质无关

传统加热方式的热量从外部传递至体系内部（图 6-20 右），势必产生温度梯度，通过热传导和热辐射从外部逐渐向内部加热。热量传递过程中大部分热量被器壁吸收，器壁的温度高于反应体系的温度，并且由于器壁材料的不同，易引起局部热量不均，可能引起某些分子的受热分解，影响反应速率及收率尤其是在回流条件下，为了保持体系的有效回流，外部热源的温度一般高于溶剂沸点 20～50℃。微波反应器采用微波透明的材料，不会被微波所加热，而微波对反应体系整体加热，因此形成了与传统加热反向的温度梯度（图 6-20 左），反应器器壁不会对反应体系造成不利影响。

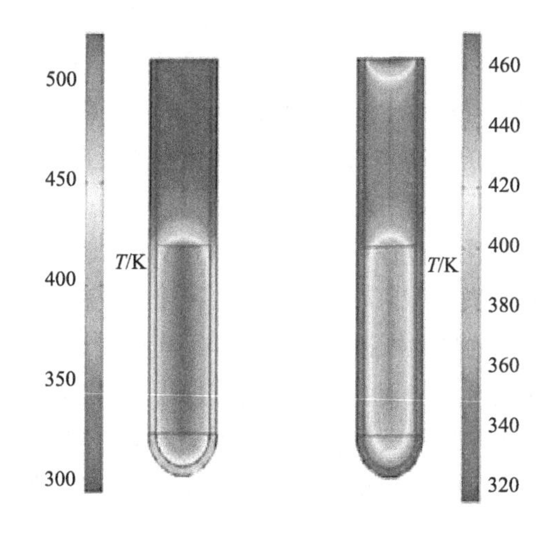

图 6-20 微波加热（左）和油浴加热（右）的温度梯度

微波辐射下，溶剂的加热特性依赖于其自身的介电性质，其在特定频率及温度时把电磁能转变为热的能力取决于其损耗因子 $\tan\delta$。具有高损耗因子的介质对于有效吸收电磁辐射并快速转变为热是十分关键的。表 6-3 中列出了一些常用溶剂的损耗因子，分为高微波吸收溶剂（$\tan\delta>0.5$）、中等微波吸收溶剂（$\tan\delta=0.1\sim0.5$）和低微波吸收溶剂（$\tan\delta<0.1$），其他无永久偶极矩的溶剂（如氯仿、苯和二噁烷）可被认为不吸收微波。值得注意的是，损耗因子低的溶剂并不意味着不能用于微波辅助合成，因为反应所用的一些试剂及催化剂也是极性的，在大多数情况下反应介质的总体介电性质可以达到微波加热效果。另外，极性物质（如离子液体）可以添加到低微波吸收的反应介质中，以促进微波吸收。

表 6-3　不同溶剂的损耗因子（$\tan\delta$）

溶剂	$\tan\delta$	溶剂	$\tan\delta$
乙二醇	1.350	二甲基甲酰胺	0.161
乙醇	0.941	1,2-二氯乙烷	0.127
二甲基亚砜	0.825	水	0.123
丙醇	0.799	氯苯	0.101
甲酸	0.722	氯仿	0.091
甲醇	0.659	乙腈	0.062
硝基苯	0.589	乙酸乙酯	0.059
正丁醇	0.571	丙酮	0.054
仲丁醇	0.447	四氢呋喃	0.047
1,2-二氯苯	0.280	二氯甲烷	0.042
N-甲基吡咯烷酮	0.275	甲苯	0.040
乙酸	0.174	己烷	0.020

微波加热过程中易出现过热现象，溶剂的温度可超过沸点而不沸腾。由于微波加热是一种体系整体加热的方式，形成了与传统加热反向的温度梯度，反应器的器壁不能为这种加热方式提供汽化中心而产生气泡，溶剂易超过沸点而过热，与微波强化精细化学品合成中的反应速率加快现象吻合。这种过热效应难以在传统加热方式中出现，可利用其提高精细化学品的收率和反应效率。微波加热过程中，由于体系存在介电性质不一致或电磁场不均匀分布，被辐照体系中产生了高于宏观温度的过热区域。微波辐射对物质的加热是有选择性的，极性物质可吸收微波快速产生大量热量，而非极性物质则无法吸收。反应体系中一般存在极性不同的物相及分子，因此会出现选择性加热现象。对极性不同的两相混合溶剂进行微波辐射加热时，相同时间内两相溶剂的温度不同。如在水/氯仿两相体系内进行霍夫曼消除反应，微波辐射使水相和氯仿的温度分别达到 110℃和 50℃，两相体系的温度差可避免产品分解，产品质量优于传统加热模式。

当将微波辐射用于多相催化反应过程时，可使极性较大的固相催化剂温度远高于液相物料温度。当某个反应体系不吸收微波时，可在体系中加入吸收微波的敏感体（一种惰性材料，可有效吸收微波辐射能，将产生的热量传递给反应体系）。当微波敏感体充当催化剂时，吸收的能量可聚集在发生催化反应的催化剂表面，有利于反应进行。在无溶剂或多相条件下，石墨常被用作微波敏感体，离子液体也可用作微波敏感体，英国合成化学家 Ley 教授等研究了微波辐射下在甲苯中制备硫酰胺的反应，虽然甲苯不是微波吸收的良溶剂，但加入少量离子液体即可使反应时间远小于传统加热方法。

（2）非热效应

微波的非热效应，即在微波照射下，电磁场直接作用于特定分子（反应物，中间体，甚至过渡态），促进化学反应发生，此时宏观物料的反应温度不变。研究人员认为反应速率的增加来自反应介质及不同的反应机理两方面：微波影响反应分子在溶剂介质中的取向，从而增加分子碰撞的概率；考虑熵和焓对活化能的贡献（$\Delta G=\Delta H-T\Delta S$），在微波作用下极性分子的排列比传统加热更加有序，$T\Delta S$ 将增加，反应活化能降低。一些研究者认为微波在自由基反应、聚合、酶催化、多相反应等有机合成中也存在非热效应，另一些研究者则否认了微波非热效应对一些反应的作用。研究人员使用同时冷却、碳化硅容器、传统及微波混合反应器、不同频率下的微波反应器等方法探究有机合成中的微波非热效应，然而大多数情况下，难以区分热效应对有机合成的贡献，从而导致了互相矛盾的结果。目前，认为微波光子的能量太低，不足以直接断开化学键，因此微波不能诱导分子产生化学反应。一些研究者认为微波辅助有机合成中的反应速率增强，实质上仍是微波热效应的结果。在调控反应过程参数后发现，以前报道的微波非热效应被证明本质上仍然是热效应，是温度测量误差导致了错误的认识。

6.4.3 微波辅助技术在精细有机合成中的应用

（1）偶联反应

在微波加热条件下，用溶胶-凝胶法制备了有机硅胶催化剂形式的钯-氮杂环卡宾（NHC）配合物，并用于 Heck 和 Suzuki 偶联反应过程，反应收率较高、稳定性较好，如图 6-21 所示。

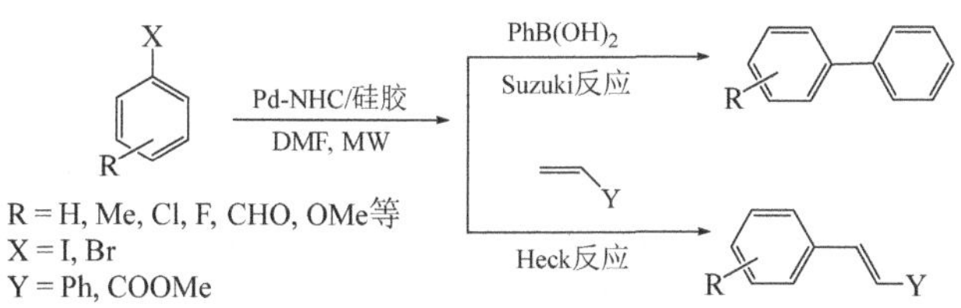

图 6-21 微波辐射下的 Pd-NHC/硅胶催化的 Heck 和 Suzuki 偶联反应

（2）加成反应

在水中利用水溶性钌基催化剂催化腈选择性水合制备脂肪族和芳香族酰胺，150℃时用微波辐射，反应 45min，可高效转化为相应的酰胺，见图 6-22。

（3）重排反应

微波辐射下，以 Al（Ⅲ）/蒙脱石 K10 黏土为催化剂，二醇可在 15min 内完成图 6-23 所示的高收率的频哪醇-频哪酮重排反应；而采用传统加热方法，反应时间长达 15h。

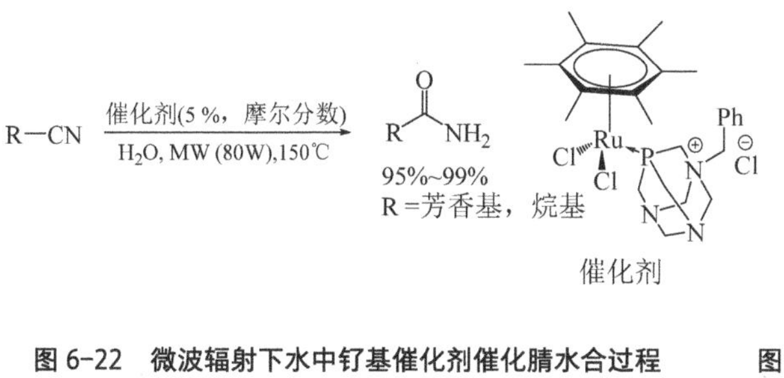

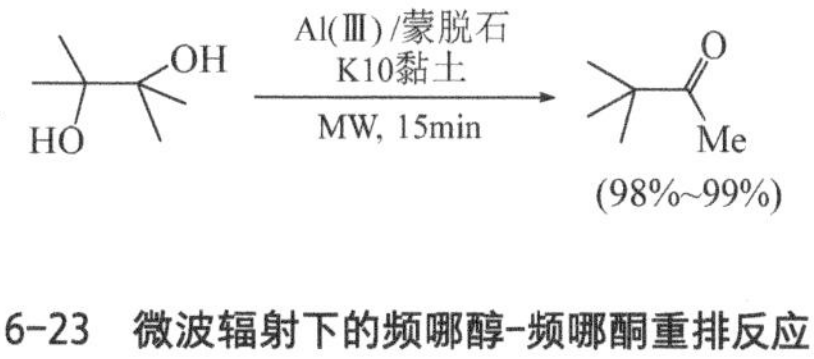

图 6-22 微波辐射下水中钌基催化剂催化腈水合过程

图 6-23 微波辐射下的频哪醇-频哪酮重排反应

（4）保护和脱保护反应

将内酯和长分子链醛吸附在蒙脱石 K10 或 KSF 黏土表面，在微波辐射下进行如图 6-24 所示的反应制备 1-半乳糖-1,4-内酯的缩醛衍生物，当采用蒙脱石 K10 黏土替代传统试剂二甲基甲酰胺时，收率由 25%提高至 89%。

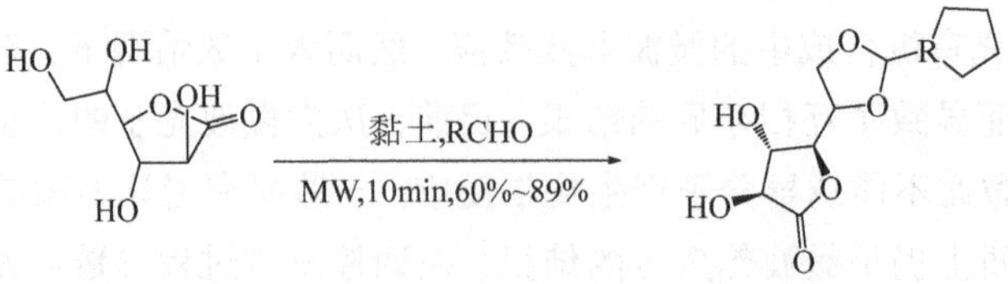

图 6-24　1-半乳糖-1,4-内酯的缩醛衍生物的微波辅助制备

(5) 离子液体的合成

在微波辐射下制备 1,3-二烷基咪唑卤化物（图 6-25），反应时间可以由数小时缩短到几分钟，避免了使用大量有机溶剂作为反应介质。

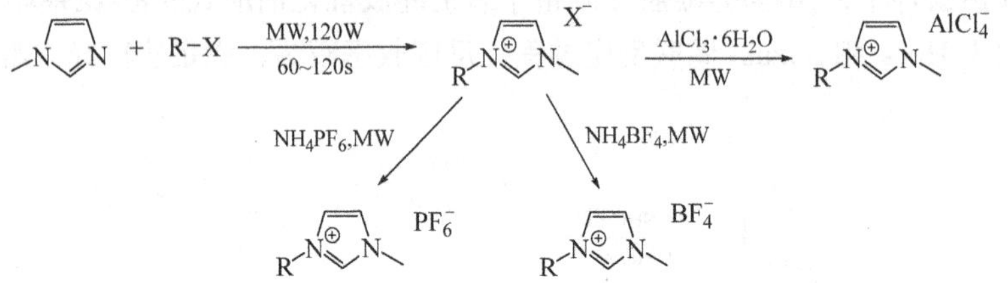

图 6-25　离子液体的微波辅助合成

(6) 杂环化合物的合成

利用微波辐射可在碱性水介质中合成各类含氮杂环化合物，如取代氮杂环化合物、吡咯烷、哌啶、氮杂环化合物、*N*-取代 2,3-二氢-1*H*-异吲哚、4,5-二氢吡唑、吡唑烷等。此外，微波辅助方法可避免多步反应、官能团的保护和脱保护，无须使用昂贵的相转移及过渡金属催化剂。譬如，碘与苯甲醇或苯甲醛在微波辐射下于氨水中反应生成腈，可进一步与双氰胺或叠氮化钠经历环加成反应生成高纯度的三嗪或四唑类化合物（图 6-26）。

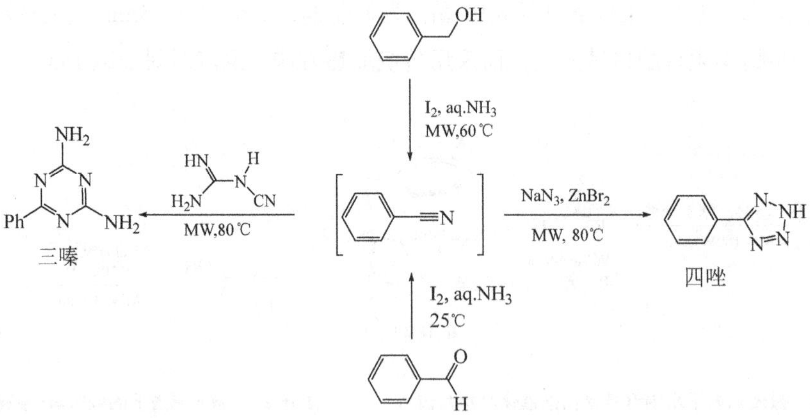

图 6-26　三嗪和四唑类化合物的微波辅助合成

(7) 环氧化合物的开环反应

在微波辐射情况下，环氧化合物的开环和硫氧化均可快速实现，并具有优异的非对映异构体收率（图 6-27）。

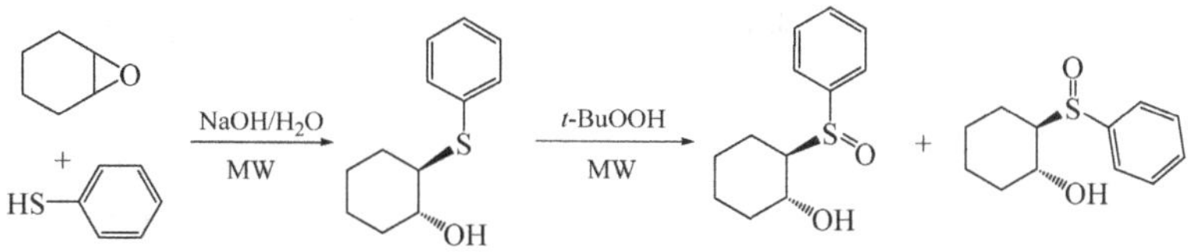

图 6-27 β-羟基硫化物和β-羟基亚砜的微波辅助合成

（8）点击化学

利用微波辅助的三组分反应，从相应的卤代烷、叠氮化钠和炔烃中制备了一系列 1,4-二取代-1,2,3-三唑（图 6-28），由于有机叠氮化物为原位生成，故此过程无须处理，此点击过程更加方便和安全。

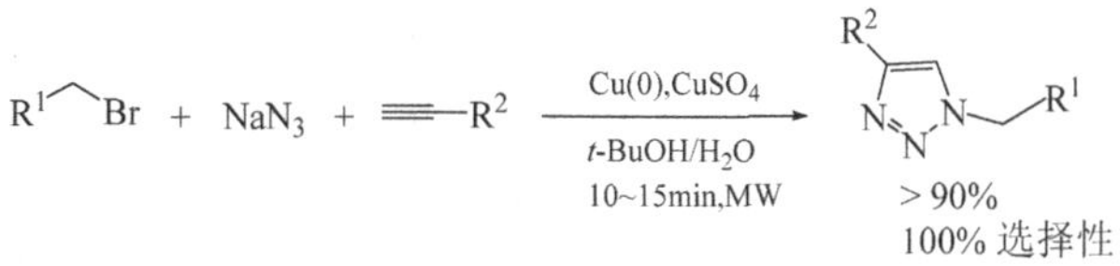

图 6-28 微波辅助点击化学

6.5 有机电化学合成

有机电化学合成是指通过有机分子在“电极/溶液”界面上的电荷传递、电能与化学能相互转化，实现旧键断裂和新键形成的过程，即使用电化学方法进行的有机合成。

1834 年，英国科学家 Faraday 进行了醋酸钠溶液的电解反应，实现了乙烷的电解合成。德国科学家 Kolbe 发现了羧酸盐电解时以自由基机理发生脱羧二聚生成烷烃的反应，即 Kolbe 反应。自此，科学家开始逐渐了解电化学合成，并建立了有机电化学合成的基础理论。但受限于有机电化学动力学的发展，1940 年以前，有机电化学合成并未实现工业化。20 世纪 50 年代，与电化学相关的材料及工艺取得了诸多进展，为有机电化学合成的工业化奠定了基础。20 世纪 60 年代中期，美国 Monsanto 公司实现了丙烯腈电解合成己二腈的工业化，产能为 2 万吨/年。随后，与丙烯腈相关的 α-和β-不饱和酸系列的化合物相继实现了电化学工业化生产。20 世纪 60 年代末，美国 Nalco 公司又实现了四乙基铅的电化学工业化生产。自此，世界各国相继开发了许多有机电化学合成的项目，并实现了上百种有机物的电化学合成工业化。我国在 20 世纪 70 年代实现了电化学还原胱氨酸合成 L-半胱氨酸的工业化，此后，又相继实现了乙醛酸、丁二酸、全氟丁酸等有机物电化学合成的工业化。近年来，有机电化学合成引起了大量的关注，成为有机合成方法学的一大热门领域。

6.5.1 有机电化学合成原理

有机电化学合成是一种通过从电极上获得电子实现电解反应的技术。电化学反应和传统化学反应间有明显区别：依据化学反应过渡态理论，反应物分子接触后先形成活化络合物，再进一步转变为产物；而电化学反应则借助电子传递实现，两反应物间并不一定紧密接触，如图 6-29 所示。

(1)

$$A + B \longrightarrow [A\cdots B] \longrightarrow C + D$$

(2)

阴极：$A + ne^- \longrightarrow C$

阳极：$B - ne^- \longrightarrow D$

总反应：$A + B \longrightarrow C + D$

图 6-29　化学反应和电化学反应的过程示意图

从本质上讲，氧化还原反应是反应物得失电子的过程，理论上均可通过电化学过程实现。在实际操作中，一些有机反应的电极电位超过电化学体系中介质的电位窗口范围，电化学过程难以完成这些反应。目前，有机电化学合成能实现的反应主要包括加成、取代、裂解、偶联、消除、氧化及还原等。

在电化学体系中，电极反应在电极与电解质溶液间形成的界面上进行，人们习惯把发生在电极/溶液界面上的电极反应、化学转化和电极附近液层中的传质等一系列变化的总和统称为电极过程。单个电极上的电极过程由以下步骤串联而成：①反应分子由溶液本体向电极表面附近液层迁移，为液相传质步骤；②反应分子在电极表面或电极表面附近的液层中进行电化学反应前的某种转化过程，如电极表面吸附、络合离子配位数的变化或其他化学变化等，这类过程的特点是没有电子参与反应，称为前置表面转化步骤，或简称前置转化；③反应分子在电极与溶液界面上发生电子转移，生成有机产物，称为电子转移步骤或电化学反应步骤；④产物在电极表面或表面附近的液层中进行某种转化，如产物由电极表面脱附，产物的分解、复合或其他化学变化，称为随后表面转化步骤，简称随后转化；⑤产物自电极表面向溶液本体传递，称为反应后的液相传质步骤。

一个电极过程并不一定包含上述所有步骤，但均包括①、③、⑤三个步骤。涉及多个电子转移的电化学步骤也可能由几个步骤串联组成，故需通过实验判断反应历程。反应速率与活化能密切相关，某一个步骤的活化能取决于该步骤的特性，步骤不同、活化能不同，因而反应速率不同。如果整个电极过程由各分步骤串联而成，则其速率取决于各分步骤中的最慢步骤，即速率控制步骤，简称控制步骤，只有提高控制步骤的速率，才能提高整体速率。因此，确定电极过程的控制步骤，在电极过程动力学研究中具有重要意义。

6.5.2　有机电化学合成的分类

按电极反应在整个有机合成过程的作用可将有机电化学合成分为直接和间接有机电化学合成两大类。

(1) 直接有机电化学合成

直接有机电化学合成是指有机合成反应直接在电极表面完成，分阴极和阳极反应两大类，阴极反应主要包括醛、酮、含 C═C 键化合物、卤化物等有机化合物的还原反应，阳极反应主要有胺、醇、醛、羧酸及烯烃的氧化反应。

(2) 间接有机电化学合成

对于一些特殊反应，难以利用直接有机电化学合成方法实现。如某些有机化合物在电解液中的溶解度低，难以接近电极表面；反应物或产物为油状或树脂状物质，易于黏附在电极表面，污染电极，降低反应效率；反应过程电子传递速度慢等。针对这些问题，可采取间接有机电化学合成法解决。

间接有机电化学合成，也称媒质电解合成，利用水溶性氧化还原对为媒质，与有机物反应，水相中失去氧化（或还原）能力的媒质可通过电极反应再生，循环使用。该方法具体可分为间接电氧化和间接电还原两大类。若媒质的还原态与电极进行电子交换而转变为氧化态，而后将有机反应物氧化成产物，则为间接电氧化合成过程；若媒质的氧化态与电极进行电子交换而变为还原态，将有机反应物还原为产物，则为间接电还原过程。这两种类型的合成过程基本原理如下。

间接电氧化合成：

$$A \longrightarrow A^{n+} + ne^-$$

$$R + A^{n+} \longrightarrow A + P$$

间接电还原合成：

$$B + ne^- \longrightarrow B^{n-}$$

$$R + B^{n-} \longrightarrow B + P$$

式中，A^{n+}/A，B/B^{n-}为作为媒质的氧化还原对；R 为有机反应物；P 为产物。

媒质在整个电化学反应过程中充当电子载体，其选择对整个合成路线具有至关重要的作用，需满足三个条件：氧化还原对的电极反应可逆，反应速率快；氧化态/还原态与有机反应物间的反应速率快，选择性高；氧化态/还原态易溶于电解液。若一种媒质无法同时满足上述条件，则可使用两种或两种以上媒质，即“双媒质”或“多媒质”。根据媒质类型，可分成金属媒质、非金属媒质、有机化合物媒质及过氧化物媒质电化学合成等。

(3) 特殊有机电化学合成

① 成对有机电化学合成。通常情况下，有机电化学合成仅利用某一电极上的反应获得产物，而另一侧的电极反应未被利用。成对有机电化学合成则同时利用了阴极和阳极的反应，具体指在同一电解槽中阴极和阳极同时得到各自产物或得到同一种产物的电化学合成技术，该技术理论上可大大提高电流效率，降低生产成本和能耗。

② 固体聚合物电解质有机电化学合成。固体聚合物电解质（SPE）有机电化学合成法是 20 世纪 80 年代初发展起来的有机电化学合成方法。SPE 复合电极由多孔金属层和 SPE 膜构成。多孔金属层为导体和电催化剂；SPE 膜可传递电子，并将阴极室和阳极室隔开。若 SPE 电极一面镀有金属层，则在有机相一侧得到产物；若采用两面镀金属层的 SPE 电极，则相当于成对电化学合成，可同时生成两种产物。按照反应方式，可分为直接电解反应（SPE 电极上的电催化剂与有机物直接发生反应）和间接电解反应（电极上的电催化剂首先被氧化或还原，再与有机物发生反应）两类。

③ 电化学聚合。电化学聚合（ECP）指通过电解使单体产生自由基或离子，并发生聚合反应。聚合过程包括链引发、链增长和链终止三个阶段。链引发既可以是直接引发（单体直接和电极间发生电子传递过程，产生活性中心），也可以是间接引发（电极与电解液中的电化学活性组分之间发生电子转移过程，形成活性物质，引发单体聚合）；链增长通常发生在电极表面和电解质溶液中，电极表面的离子聚合过程则通过外加电场控制。根据链增长历程，分为电化学缩合聚合反应和电化学加成聚合反应；根据聚合反应的发生位置，分为阴极聚合和阳极聚合。

6.5.3 有机电化学合成技术在精细化工中的应用

有机电化学合成技术简化了反应步骤，减少了物耗和副反应的发生，从本质上来说能够从根源上消除传统有机合成产生的环境污染。近几十年来，有机电化学合成在精细化工的应用越来越多。目前世界上有100多家工厂采用有机电化学合成生产约80 种产品，还有很多已通过了工业化实验，具体如下。

(1) 二茂铁的电化学合成

双环戊二烯基铁又名二茂铁，是一种具有芳香族性质的有机过渡金属化合物，热稳定性、化学稳定性和耐辐射性均较好。二茂铁及其衍生物常用于汽油抗震剂、医药、航天、催化等领域。传统化学法制备双环戊二烯基铁以铁粉或卤化亚铁、环戊二烯为原料，在特定溶剂中进行，反应有副产物金属卤化物生成，造成产品纯度低、后处理困难、环境污染严重。

电化学法合成双环戊二烯基铁是以铁和环戊二烯为原料，以环戊二烯、二甲基甲酰胺、溴化钠（导电盐）组成电解液，纯铁为阳极，阴极可使用对电解质惰性的任何导电物质（铝、铅、锌等）。当体系通入直流电时，电解质的阳离子向阴极迁移，被还原后与环戊二烯反应生成环戊二烯基金属化合物，同时有氢气生成；阳极上的铁被氧化成 Fe^{2+}，并向阴极迁移，与阴极上的环戊二烯基金属化合物反应生成双环戊二烯基铁，释放出金属离子 M^{+}。优化电解质种类及反应温度，收率可达80%。电化学法具有选择性好、产品纯度高、“三废”少、工艺简单的优点，使大规模生产和应用成为可能。电极反应如下：

阴极反应： $M^{+}+e^{-} \longrightarrow M$

$M + C_5H_6 \longrightarrow C_5H_5M + 1/2\ H_2\uparrow$

即 $M^{+}+e^{-} + C_5H_6 \longrightarrow C_5H_5M + 1/2\ H_2\uparrow$

阳极反应： $Fe - 2e^{-} \longrightarrow Fe^{2+}$

总反应式为： $2C_5H_6 + Fe \longrightarrow (C_5H_5)_2Fe + H_2\uparrow$

(2) 乙基香兰素的电化学合成

乙基香兰素是一种具有甜巧克力香气的香料，广泛用于化妆品、食品添加剂、医药等行业，其化学合成法包括黄樟素法、对甲酚法、对羟基苯甲醛法、香兰素乙基化法和乙基愈创木酚法等，其中乙基愈创木酚-乙醛酸高温氧化法是目前国际上制备乙基香兰素的主要方法，上述方法普遍存在分离难度大、环境污染严重等问题。电化学氧化法是以邻乙氧基苯酚为原料，先与三氯乙醛缩合形成三氯甲基甲醇，然后在碱性溶液中水解得到乙基香兰素。该合成路线一般以石墨为阳极、镍为阴极，以3-乙氧基-4-羟基苯乙醇酸的碱性水溶液为电解液。将电解液注入电解槽后，升温至电解温度，打开电源，开始反应。待反应完全，取出阳极液，冷却后调节溶液的pH值至3～4，然后用苯萃取得到乙基香兰素。后续可通过减压蒸馏进行提纯。通过控制电解温度，调节电流密度和反应时间，可将乙基香兰素的产率提高至95%。电化学氧化法制备乙基香兰素的工艺具有反应条件易于控制、反应选择性高、产率高、“三废”污染少等优点。

6.6 催化精馏技术

催化精馏技术是涉及分离领域的研究热点之一，近几年发表的相关专利和文献呈大幅增长趋势。本节主要介绍催化精馏技术的概念及主要特点，论述催化精馏过程的稳态模型、动态模型和优化技术，以及其在一些有机合成反应中的研究现状及亟待解决的问题。

6.6.1 催化精馏过程的概念及特点

1921年Bacchaus提出了催化精馏的概念，但直到20世纪60年代才逐渐受到重视。催化精馏是将固体催化剂以适当形式装填于精馏塔内，使催化反应和精馏分离在同一个塔中连续进行，借助分离与反应的耦合来强化反应与分离的一种工艺。目前，催化精馏技术已被广泛应用于酯化、醚化、脱水、加氢、卤化、硝基化和乙酰化等过程。

普通精馏过程主要涉及气-液两相传质过程，传质推动力为气-液组分浓度差。催化精馏过程则是气-液两相传质和反应的耦合过程，传质推动力为气-液两相组分的浓度差和反应效应，既服从化学反应的动力学，又遵循普通精馏原理。因此，催化精馏过程既不同于一般的反应过程，也不同于一般的精馏过程，在催化精馏过程中，化学反应过程与分离过程相互作用，相互促进，使得这一单元操作能够顺利进行。

由于催化反应和精馏过程高度耦合，在反应过程中可以连续得到反应物，故催化精馏过程具有如下工艺特点：

① 催化反应和精馏分离过程发生在同一塔设备中，简化了工艺流程，节省了设备费用和操作费用；催化剂以特殊方式填充，避免了与塔身接触带来的腐蚀。

② 在连续移出反应产物的过程中，促进主反应的发生，减少副产物的生成，从而提高了反应的选择性。

③ 在可逆反应过程中利用精馏过程不断移出产物，使反应向正方向进行，提高了反应的转化率，减轻了后续分离工艺的负荷。

④ 放热反应过程中放出的反应热可以为精馏过程提供热量，降低工业反应消耗的能源。

⑤ 对于现有生产装置，绝大多数情况下，改造时只需用普通精馏塔里的催化结构部分代替原有的填料或建成新的催化精馏塔，故节省了设备的投资，容易实现老工艺的改造。

自催化精馏问世以来，其因良好的耦合优点，在石油化工、制药、“三废”处理、混合物分离等诸多方面得到了很好的应用，并取得了良好的经济效益。譬如，乙酸甲酯合成过程的多物种体系存在多个共沸物，后续分离较为困难（9 个普通精馏塔），而美国 Eastman 公司设计的催化精馏合成乙酸甲酯生产工艺克服了产品难分离的问题，该工艺只需一个催化精馏塔和两个分离塔，就得到纯度较高的乙酸甲酯产品，大幅减少设备投资和能耗，并且反应物转化率接近 100%（图 6-30）。

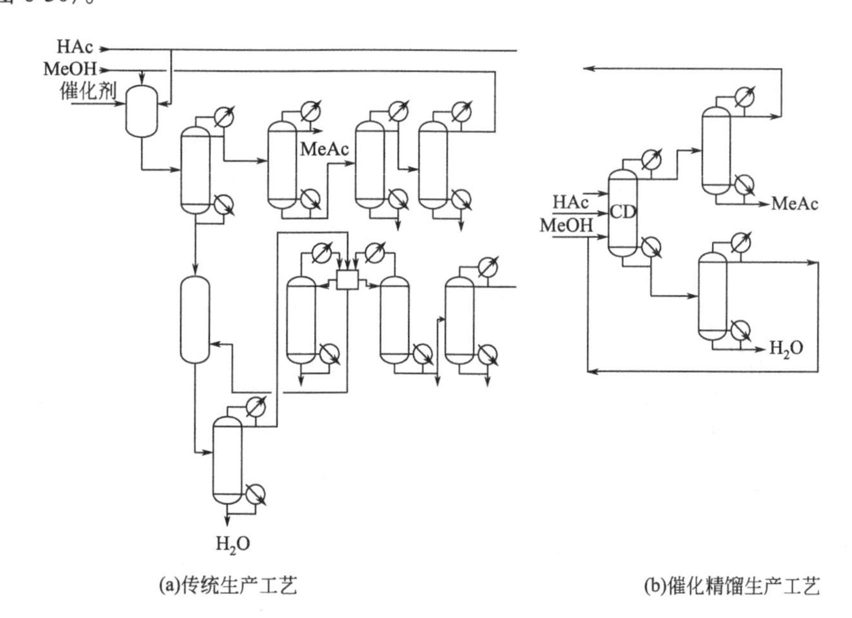

图 6-30 乙酸甲酯合成工艺比较

6.6.2 催化精馏过程的模拟计算

催化精馏过程包括反应过程和传质分离过程，由于在同一个塔内进行，两者间的相互影响增加了催化精馏过程的复杂性，导致催化精馏过程的精准模拟极为困难，适用于催化精馏过程的严格数学模型是研究热点之一。严格数学模型不仅能准确预测实验结果，还可分析各因素对催化精馏过程的影响及各因素间的相互关系，以优化工艺。

催化精馏过程的模拟分为稳态模拟和动态模拟。前者包括平衡级模型、非平衡级模型、非平衡级混合池模型、统计模型等；后者以平衡级模型为基础，反映了过程瞬时参数，对开/停车及过程控制具有一定的指导意义。

6.6.3 催化剂装填方式

催化精馏塔内的催化反应段既有催化作用，又有物质传递作用，要求催化剂的装填结构兼具高催化效率和强分离效果，选择合适的催化剂装填方式是提高催化精馏效率的关键因素之一。催化剂的装填方式主要有：固定床式装填方式、悬浮式装填方式和填充式装填方式、散装装填方式等。

(1) 固定床式装填方式

固定床式装填方式指催化剂直接放置于塔内的某一区段，类似于固定床催化反应器的催化剂装填方式，常见的是在精馏塔的降液管中进行装填。由于催化剂自身物性的限制，还不能将催化剂直接加工成各种形状的散装填料。如果把催化剂直接装入塔中，由于一般使用的催化剂颗粒较小（树脂为 0.15～1.25mm），床层空隙率太小，难以提供足够的蒸气上升空间，无法进行精馏操作，催化剂也易受挤压而破碎。为此，业界先后提出了多种降液管装催化剂的结构。如图 6-31 所示，塔板上开有两类孔，一类为供气相通过的普通小筛孔，另一类为连接降液管的圆形大孔，降液管管壁按一定规则开孔，且下端封闭，催化剂装在降液管中，这种结构存在催化剂更换困难的问题，且要求催化剂寿命超长，推广应用难度较大。为进一步改进装填结构，将装有催化剂的降液管下端用管连接，通过塔壁上的装卸口引出，以循环未反应的原料、降低催化剂的装填难度、增加催化剂装填量，但随着操作时间延长，催化剂床层越来越紧密，导致降液管尾端催化剂破碎，且反应过程中催化剂的溶胀易使刚性降液管损坏。将普通塔板和催化剂床层交替排布，在催化剂床层上设置蒸气通道，床层上、下部分别设有催化剂的装卸出入口，床层底部和顶部设置固定支撑用的筛网，这种结构具有催化剂更换方便、装填量大和床层阻力小等优点。

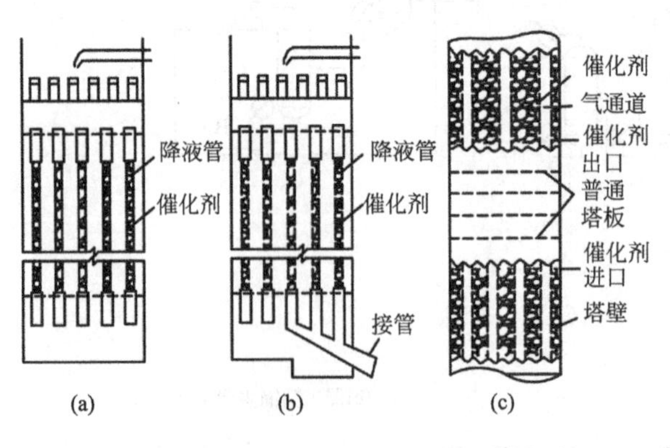

图 6-31 降液管的固定床式催化剂装填结构示意图

另一种方式是板式塔式装填方式，这种方式的催化剂装填量受降液管的空间限制，催化剂的装卸也较困难，影响精馏塔的操作效果，见图 6-32 (a)。为了催化剂装卸方便，可将降液管引出塔外，将催化剂直接放在塔板上，但反应与精馏不在同一场所进行，催化精馏的效果较差，这种方式可使催化剂浸泡在液相中，催化剂分布均匀，气-液-固三相接触良好，催化剂利用率高，但压降大，催化剂因运动易造成破损，见图 6-32（b）。将催化剂装入构件中，再将元件按一定间距平行置于塔板上，这种方式可避免上述方式的缺点，见图 6-32（c）。

齐鲁石化公司研究院提出了一种复合板式结构，反应段分为几个催化剂床层，催化剂直接散装于催化剂床层中，在催化剂床层间至少装有一块分离塔盘，且床层中留有气相通道，使向上流动的气体穿过床层和分离塔盘。这种结构的优点是催化剂装卸方便，反应物与催化剂直接接触，消除扩散对反应速率的影响，见图 6-32（d）。

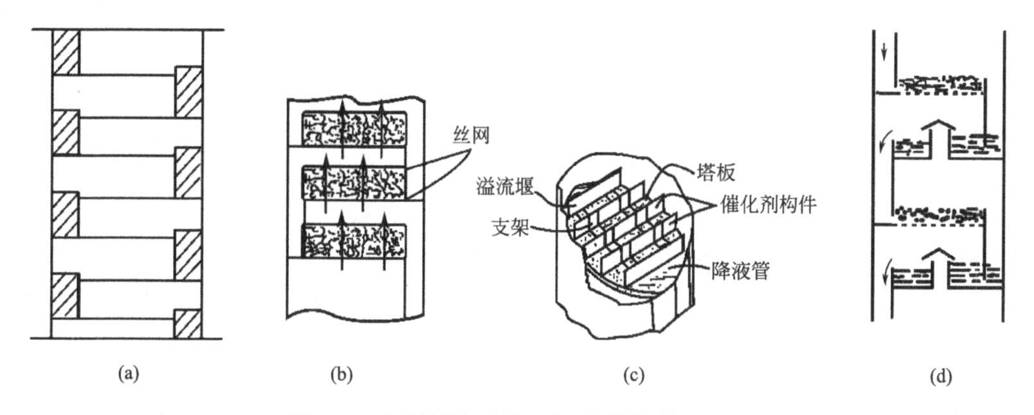

图 6-32　降液管的板式塔式催化剂装填结构示意图

（2）悬浮式装填方式

在悬浮式催化精馏塔中，将细粒催化剂悬浮于进料中，从反应段上部加入塔内，在下部和液体一起进入分离器，分出的清液送回至提馏段，催化剂可循环使用，整个工艺流程如图 6-33 所示。

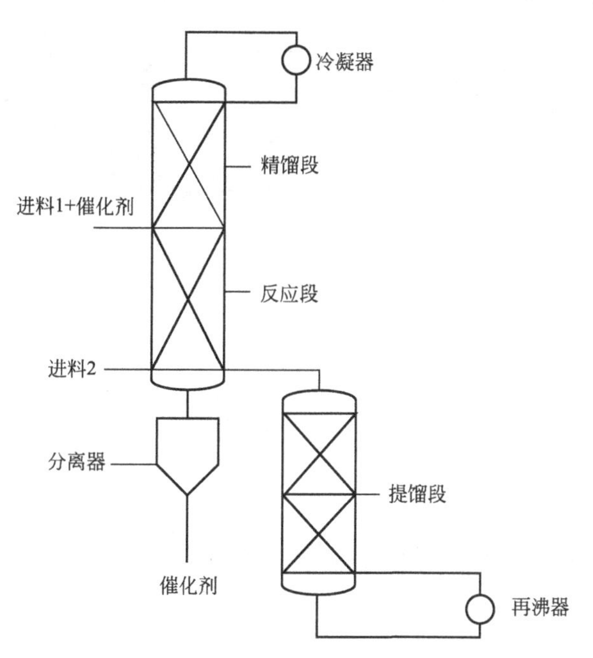

图 6-33　悬浮式催化精馏工艺流程图

另一种方式是将催化剂颗粒放在塔板中的筛网上，使其在上升气流的推动作用下悬浮于液体中，每层塔板上均设置催化剂装卸口及清液出口，更换催化剂时，失活的催化剂和液体一起从板上出口流入分离器，分出的液体用泵打回塔板，然后将新催化剂悬浮在液体中加入塔板。其优点在于催化剂以悬浮液形式加入或取出，不影响蒸馏塔的正常操作，减少了传质、传热阻力，提高了催化剂效率。

(3) 填充式装填方式

催化剂与规整填料相结合构成了填充式装填方式，规整填料几何形状规则、对称且均匀，改善了散装填料的沟流和壁流。能量和压降相同的情况下，与散装填料相比，可装填更大表面积的规整填料，因此分离效率更高。为充分利用规整填料的优点，多种规整催化填料被用于催化精馏过程。

离子交换树脂的成型加工难度较大，且易损坏催化剂颗粒，为此，日本 Kuraray 公司将离子交换树脂做成片状或毛毡状，与弹性构件一起卷成捆束，形成催化元件。图 6-34 (a) 为工业上用于生产甲基叔丁基醚（MTBE）的催化元件，将催化剂装入玻璃布缝成的小袋中，用金属丝网卷成圆柱状，置于反应段内的不锈钢支撑物上。为避免短路和沟流，一般采用大小两种规格的催化剂包，外部敷以不锈钢波纹丝网为弹性部件，卷成一层布袋一层波纹丝网的圆柱体，构成一个催化剂单元，若干个结构单元垂直交错叠置在塔的上段构成催化精馏段。上下相邻的圆柱体中波纹丝网的波纹走向相反，以增加气-液两相流体的湍动程度，使气-液两相流体充分接触。

美国 Koch 公司推出了一种名为 Katamax 的新型催化剂填充方式，如图 6-34 (b) 所示，将催化剂装入两片波纹丝网构成的夹层中，捆成砖状规则装入塔中，催化剂效率大于 75%，已被用于中试装置生产 MTBE，产品纯度达 98.2%，但催化剂装卸仍较为麻烦。

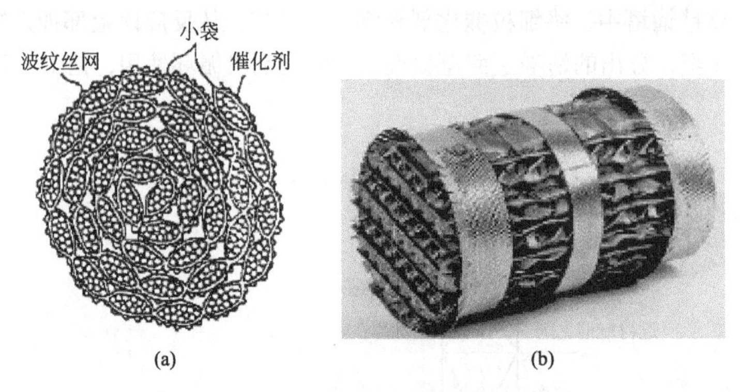

图 6-34　两类催化精馏催化剂的填充式装填方式

(4) 散装装填方式

散装装填方式的催化剂主要是由离子交换树脂直接加工而成的鞍形和环形填料。高分子材料所特有的溶胀特性，导致催化剂填料易膨胀、互相挤压、破碎，且热稳定性差、加工困难，故应用范围较窄。

6.6.4 催化精馏在精细有机合成中的应用

(1) 催化和醚解

催化精馏最初成功应用于甲醇与异丁烯反应生产甲基叔丁基醚，传统的生产工艺采用的是二反三塔生产工艺，新的催化精馏技术不仅打破了热力学限制，而且简化了实验流程，故催化精馏技术在该过程中得到了长足的发展。20 世纪 80 年代美国 CR&L 公司建成了世界上首套甲基叔丁基醚的工业化生产装置，目前催化精馏法生产甲基叔丁基醚已经非常成熟。醚化的逆反应醚解亦可以采用催化精馏实现工业化应用，如以甲基叔丁基醚为原料经醚解生产高纯度异丁烯。

（2）烷基化

催化精馏工艺过程应用于烷基化反应的经典案例是以丙烯与苯为原料生产异丙苯和以乙烯与苯为原料生产乙苯的工艺过程。CD Tech 公司以催化剂包作为反应段的填料，开发了生产异丙苯的催化精馏工艺过程，并成功探究了中试反应过程。此工艺与传统生产异丙苯的工艺相比，具有产品纯度高、投资小、能耗低的优点，目前这一技术已发展成为生产异丙苯的主要方法。

（3）酯化与酯水解

酯化反应一般为可逆反应，受限于化学平衡过程，反应的转化率都比较低，且反应物与产物之间极易形成二元或三元共沸物，使后续产品的纯化过程变得非常复杂。

反应精馏法制备乙酸甲酯的工业过程是反应精馏技术的经典实例，该技术自开发及工业应用后，已成为检验一部分反应精馏设计的模型系统。

催化精馏可以利用酯化或酯水解反应体系中形成的多元共沸物的沸点差异，一边反应一边精馏，将产物及时连续地分离出反应区域，从而大大提高反应的转化率，简化工艺流程。

在乙酸丁酯合成的传统工艺中，乙酸和丁醇按比例加入搪瓷反应器，在浓硫酸的催化作用下生成乙酸丁酯。利用水与乙酸丁酯共沸，带出乙酸丁酯。过程中持续加热反应器，产生的气相在塔顶冷凝后，部分回流，部分进入倾析器。倾析器下层水相直接排出，上层为粗酯（所含乙酸量较少），可直接进入精馏塔精制，塔底可得乙酸丁酯，塔顶的丁酸返回反应器继续反应，如图 6-35 所示。然而，催化剂浓硫酸具有强氧化性，易导致磺化、炭化及聚合等副反应；搪瓷反应器的传热性能差，扩大产能时，反应器的换热能力远远达不到要求，需多个搪瓷反应器并联，导致设备投资增加、生产效益降低。

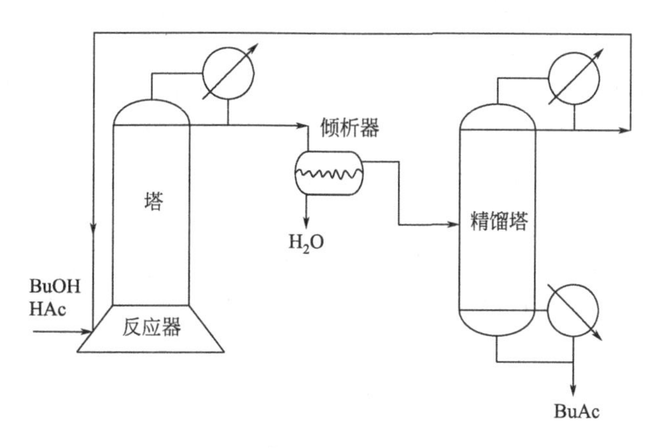

图 6-35　乙酸丁酯的传统生产工艺流程

因此，以固体酸催化剂替代浓硫酸合成乙酸丁酯已成为必然趋势，尤其是阳离子交换树脂，改进的乙酸丁酯合成工艺流程如图 6-36 所示，丁醇和乙酸先在预反应器内反应，温度为 343～353K，反应器出口为达到反应平衡的乙酸-丁醇-乙酸丁酯-水的四元混合物，之后进入催化精馏塔进一步反应和分离，催化精馏塔内为装填好的强酸性阳离子交换树脂和 KATAPAK 填料，塔底产品精制后，可得乙酸丁酯。

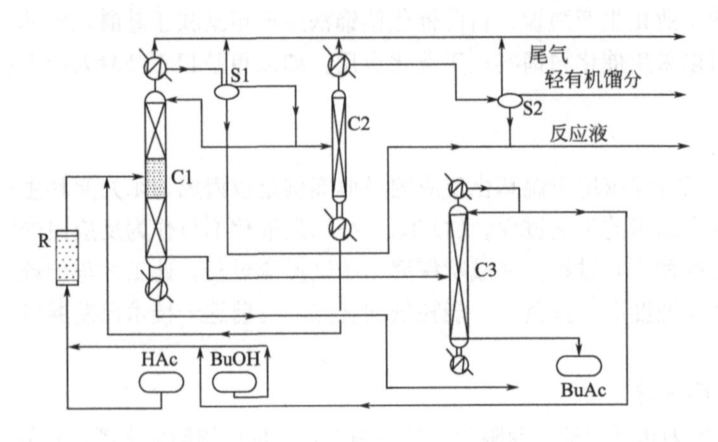

图 6-36 改进的乙酸丁酯合成工艺流程

6.7 低共熔溶剂技术

6.7.1 低共熔溶剂概述

随着绿色化学的发展，绿色溶剂越来越受到关注。离子液体（Ionic Liquid，IL）作为一类绿色溶剂，因其特殊的物理化学性质而备受关注。然而，IL 在使用过程中也不可避免地存在一些局限，如具有一定的毒性、生物降解性差、成本高等。为了克服这些不足，低共熔溶剂（Deep Eutectic Solvent，DES）应运而生。

2003 年，Abbot 等首次提出氯化胆碱（Choline Chloride，ChCl）和尿素经简单混合搅拌后可通过氢键作用在低温下生成透明均一的液体，并将其命名为低共熔溶剂。DES 通常是由一定化学计量比的氢键受体（Hydrogen Bond Acceptor，HBA）和氢键供体（Hydrogen Bond Donor，HBD）通过分子间氢键形成的低共熔混合物，且该混合物的熔点明显低于其各个组成部分。一般选取季铵盐或季鏻盐为氢键受体，有机酸或醇等为氢键供体，常见的氢键受体和供体如图 6-37、图 6-38 所示。氯化胆碱常作为氢键受体用于制备 DES，是一种价格低廉、生物可降解且无毒的季铵盐，可从生物质中提取得到。氯化胆碱与相对绿色安全的氢键供体，如尿素、羧酸（乳酸、苯甲酸等）、多元醇（甘油、糖类物质）相结合，可在适宜条件下迅速形成 DES。尽管许多 DES 通过氯化胆碱和离子化合物制备，许多特征、性能与离子液体类似，但低共熔溶剂并不完全由离子构成，也可通过非离子化合物制备。

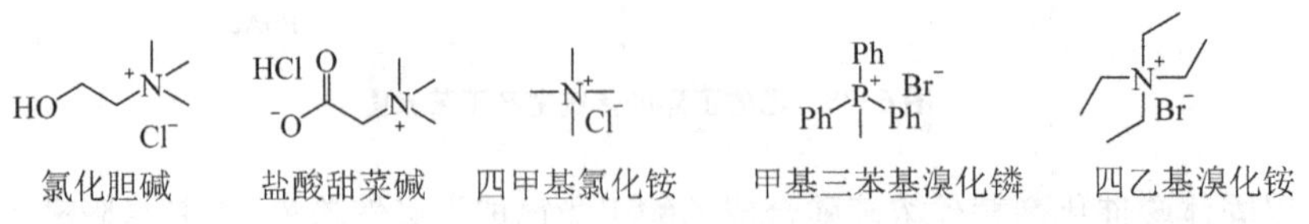

氯化胆碱　盐酸甜菜碱　四甲基氯化铵　甲基三苯基溴化鏻　四乙基溴化铵

图 6-37 常见的形成低共熔溶剂的氢键受体

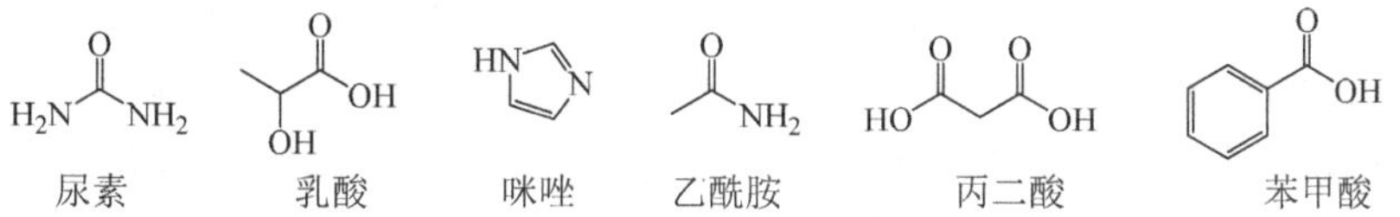

尿素　乳酸　咪唑　乙酰胺　丙二酸　苯甲酸

图 6-38　常见的形成低共熔溶剂的氢键供体

DES 的组成可用通用公式 $Cat^+X_z^-Y$ 表示，其中 Cat^+为铵盐、鏻盐、硫鎓离子等，X^-为卤素等路易斯碱阴离子，Y 为氢键供体，主要为路易斯酸或布朗斯特酸。与 X^-的氢键作用会抑制固体的析出，从而导致混合物的熔点低于各组分。如表 6-4 所示，根据 DES 组成部分的不同可将其分为四种基本类型：第一类 DES 由季铵盐和金属盐组成；第二类 DES 由季铵盐和水合金属盐组成；第三类 DES 由季铵盐和氢键供体组成；第四类 DES 由金属盐（水合物）和氢键供体组成。

表 6-4　低共熔溶剂组成分类

类型	组成	通用公式	举例
Ⅰ	季铵盐+金属盐	$Cat^+X_z^-MCl_x$ M = Zn，Sn，Fe，Al，Ga，In	$ChCl+ZnCl_2$
Ⅱ	季铵盐+水合金属盐	$Cat^+X_z^-MCl_x\cdot yH_2O$ M=Cr，Co，Cu，Ni，Fe	$ChCl+CrCl_3\cdot 6H_2O$
Ⅲ	季铵盐+氢键供体	$Cat^+X_z^-RZ$ Z=$CONH_2$，COOH，OH	ChCl+尿素
Ⅳ	金属盐（水合物）+氢键供体	$2MCl_x+RZ=MCl_{x-1}^+\cdot RZ+MCl_{x+1}^-$ M=Al，Zn；Z=$CONH_2$，OH	$ZnCl_2$+尿素

低共熔溶剂是离子液体的一种类似物，作为传统离子液体的通用替代物，它不但拥有传统离子液体的优点，而且克服了它们的许多局限性，也被称为低共熔离子液体。低共熔溶剂的物理化学性质（密度、黏度、折射率、电导率、表面张力等）与离子液体相似，如低共熔溶剂具有传统离子液体的不易挥发、不易燃烧、溶解能力强和易储存等优点。与传统离子液体相比，低共熔溶剂还具有许多其他优点，如：①价格低廉；②在水中稳定；③合成方法简单，将混合物在一定温度下简单混合搅拌，即可形成均一透明的溶液，原子利用率达 100%，避免了传统离子液体制备工艺中的纯化过程；④大部分可生物降解、生物相容、无毒性，符合绿色溶剂的标准。因此，低共熔溶剂是一种可替代传统溶剂和离子液体的新型绿色溶剂，引起了学术界及工业界的高度重视，在分离过程、化学反应、功能材料合成及电化学等领域显示出了良好的应用前景。

6.7.2　低共熔溶剂的应用

（1）低共熔溶剂在萃取分离中的应用

DES 作为一种环境友好的溶剂，以其独特的物理化学性质，在目标化合物的提取和分离中受到越来越多的关注。目前，DES 和基于 DES 的功能材料已被成功地用于分离和提取各种分析物，包括污染物、生物活性化合物、药物、生物分子和重金属等。

DES 凭借对生物聚合物的良好溶解性和可调控的物理化学性质成为木质素分离提取的优

良溶剂体系。低共熔溶剂主要通过保留碳水化合物、溶解木质素的方式从生物质中分离出木质素，并经过抗溶剂沉淀得到高纯度、高产率、结构完整的低共熔溶剂木质素。此外，低共熔溶剂还可以将碳水化合物溶解脱除，使木质素以不溶成分分离，但此类低共熔溶剂较少。

DES 也可作为萃取剂用于煤基液体组分的萃取分离，包括酚类化合物、含硫化合物、含氮化合物、芳烃和脂肪烃等，对煤化工产品的高值化利用具有重要意义。氢键、π-π、范德华力等分子间相互作用的差异是实现离子液体或低共熔溶剂进行煤基液体典型组分分离的主要原因。煤基液体中的化合物含有特定的官能团，因此可依据目标分离物的特性，设计合适的离子液体或低共熔溶剂使其分离，然后通过精馏或反萃取得到目标分离物和萃取剂，目标分离物作为目标产品输出，萃取剂经过回收再生后循环使用。

此外，由于 DES 具有良好的生物相容性，在生物大分子的分离中引起了广泛关注。核酸、蛋白质等生物大分子是重要的生命物质，对这些生命物质的分离纯化在生命分析、临床诊断、疾病预防等方面具有重要意义。通过将低共熔溶剂引入双水相体系可形成新型的低共熔溶剂双水相体系，该体系在萃取分离生物大分子领域具有独特的优势，例如萃取时接近生物物质的生理环境，萃取后生物大分子依然保持生物活性，且具有萃取效率高、设备操作简单、容易放大、不存在有机溶剂残留等优点，具有极其广阔的应用前景。

DES 的电离性质和强氢键性质使其在色谱分析中作为萃取溶剂、流动相和固定相组分的改性剂以及相关材料的功能性单体都具有良好的适用性，同时 DES 在功能材料的合成方面也发挥着重要作用，例如二氧化硅材料，石墨烯、碳纳米管等碳基材料，金属有机框架材料等。此外，DES 的成分可以根据提取目标物质的特性进行针对性的配制，从而拥有很高的原料选择自由度及对提取目标物的针对性，因此在色谱分析中 DES 的使用极大地增加了提高萃取效率的可能性。

(2) 低共熔溶剂在绿色有机合成中的应用

目前，化学反应往往需要在传统的有机溶剂中进行，如甲苯、乙腈、乙醚、DMSO、DMF等，但传统有机溶剂具有一定的缺点，如毒性大、易挥发等。同时这些溶剂的大量使用也是造成化学污染的重要原因之一，因此，寻找对环境友好的反应介质和反应过程是目前有机合成急需解决的问题之一。

DES 不同于传统的有机溶剂以及离子液体，其具备自身的优势。首先，DES 的制备方法简单，原料来源广泛，经济性较好。其次，DES 可以回收。通过有机溶剂将体系中的产物进行萃取之后，采用旋转蒸发方法可以将体系中的水去除，而 DES 可以与水互溶，所以回收较为方便。此外，回收之后低共熔溶剂稳定性依然较好，不会对产率造成较大影响。DES 还具有酸碱性，可用作催化剂来促进有机合成的进行，能有效地降低原料和能源的消耗。因此在亲电取代反应、亲核反应、Diels-Alder 反应、碳碳键偶联反应（Heck 或 Suzuki）、还原反应和多组分反应中，它们常被用作催化剂或环境友好的溶剂。

(3) 低共熔溶剂在电化学中的应用

DES 的电化学性质优良，具有较宽的电化学窗口，可重复利用，因此在电化学中应用广泛。DES 可作为电解质应用于电化学沉积领域，目前已经在 DES 中制备得到了大多数能在水溶液中制得的金属及合金。其中，关于锌和镍及其合金的研究较多。以 DES 作为电解质能在阴极上得到表面平整致密、金属含量可控、抗腐蚀性能优异的合金镀层，为电镀开辟了一条新的路径。

DES 在电池和电催化反应领域也显示出巨大的发展潜力。由于 DES 能导电，所以能作为电解质用于锂离子电池、铝电池、锌电池、太阳能电池、超级电容器等。而且 DES 的高调控性更有利于设计 DES 半凝胶或凝胶用于高效固态和半固态电池。此外，DES 对固体物质的高溶解性使得 DES 成为合成电极材料和太阳能电池半导体材料的优良溶剂，且所得材料具有某些特殊的结构和性质，对电催化反应显示出较高的电流效率。同时 DES 还能增加其与界面之间的相互作用力、吸附底物并活化底物、降低电催化能垒、增加电子的传输速率，进而提高电催化的效率和选择性。另外，DES 对电极材料中的某些成分具有特殊的相互作用力，使得 DES 能作为一种绿色可持续循环使用的萃取剂高效地提取电极材料中的某些重要物质。因此，DES 是在电池和电催化领域比传统绿色溶剂（水、超临界 CO_2、离子液体）更具潜力的一种新型的绿色溶剂。

（4）低共熔溶剂在生物催化中的应用

生物催化中的理想溶剂必须满足许多要求，如高的底物溶解度、酶活性和稳定性，同时对反应平衡有积极的影响。水是生物催化中最常用的溶剂，但水的极性较高，且反应物往往具有疏水性，从而导致底物在反应介质中的溶解度较低，影响反应进程。而在非水介质中进行生物催化往往具有工业上的重要优势，例如对反应平衡的积极影响和对依赖水的副反应的抑制作用。因此 DES 作为一种新型溶剂在生物催化中具有广阔的应用前景。

许多酶催化和化学-酶催化的合成反应都能在 DES 中进行，DES 可用于实现在传统反应介质中无法进行的生物催化合成路线。在反应过程中，DES 的组分可以同时用作底物和溶剂，使生产工艺具有较高的底物转化率和原子效率。与传统离子液体和有机溶剂相比，DES 在脂肪酶催化反应中显示出了更优异的性能。并且在酶催化的环氧化合物水解反应中，DES 作为助溶剂起到了促进作用，加快了反应速率。

6.8 绿色催化化学技术

绿色化学研究重点围绕化学反应、原料、催化剂、溶剂和产品的绿色化进行化学化工活动。其中，催化在实现绿色化学目标中起关键作用，要实现环境友好的绿色化工，研究开发新的催化剂及催化方法成为当前关注的重要课题。绿色催化是催化化学技术研究发展的前沿：①发展绿色催化材料和制备方法；②发展绿色催化反应过程，研究相关机理；③发展绿色催化方法。绿色催化是替代传统多步化学计量反应的有机合成过程，是大幅度降低精细化学品合成中污染物排放和提高过程经济性的手段之一，核心是高效催化剂的设计与构建。

精细化学品中间体含多种官能团，如对氨基苯甲醛中间体，一般由对硝基苯甲醛选择加氢获得。针对这类底物，如何选择性将某些基团加氢还原、保留其他基团不变是精细化学品合成中的核心问题，其关键技术在于开发具有化学选择性的催化剂。

6.8.1 绿色催化剂在有机合成中的应用

（1）非均相催化技术

非均相催化（Heterogeneous Catalysis）过程中，催化剂是固体物质，固体催化剂的表面存在能吸附反应物分子的活跃中心，称为活化中心。反应物在催化剂表面的活性中心形成不稳定的中间化合物，从而降低了反应的活化能，使反应能迅速进行。催化剂表面积越大，其催化活性越高。因此催化剂通常被做成细颗粒状或将其负载在多孔载体上。许多工业生产中使用了这种非均相催化剂，如石油裂化、合成氨等。该理论称为“活化中心理论”。催化剂可以同样程度地加快正、逆反应的速率，不能使化学平衡移动，不能改变反应物的转化率。非均相催化技术现已广泛应用于有机合成反应，涵盖面大，无论是催化剂种类、反应类型还是催化手段都已经多种多样，大量应用于实验室研究和工业化生产。

非均相催化氢化反应是应用最多的一类精细有机合成反应。选择加氢反应一般指当反应底物存在两个或两个以上可还原性基团，或反应体系存在多个不饱和底物时，选择性地将某一不饱和基团或不饱和底物加氢，而其他不饱和基团或底物保持不变的反应。选择加氢在大宗化学品和精细化学品的生产中都存在，例如大量乙烯气体中少量乙炔的选择加氢制乙烯，阻止进一步加氢到乙烷；又如3-硝基苯乙烯的选择加氢制3-氨基苯乙烯等。

多相催化剂易于分离循环使用，在工业上具有广泛的应用。将多相催化剂应用于选择加氢反应，研究方法有：①将金属络合物锚定于金属氧化物或树脂上，该类催化剂虽然具有高选择性，但在加氢反应中配体或金属与载体之间的作用力弱，容易流失到溶液中，降低活性；②传统负载型纳米催化剂在选择加氢反应中易发生过度加氢，化学选择性不高，往往需要加入第二种金属（如Sn、Pb、Bi等）或有机化合物（如硫醇、胺等）进行修饰以提高催化剂的化学选择性（图6-39）。但由于催化剂表面部分金属原子被覆盖，导致催化剂活性降低。因此如何获得高化学选择性，同时不损失催化剂活性，仍是一个挑战性课题。

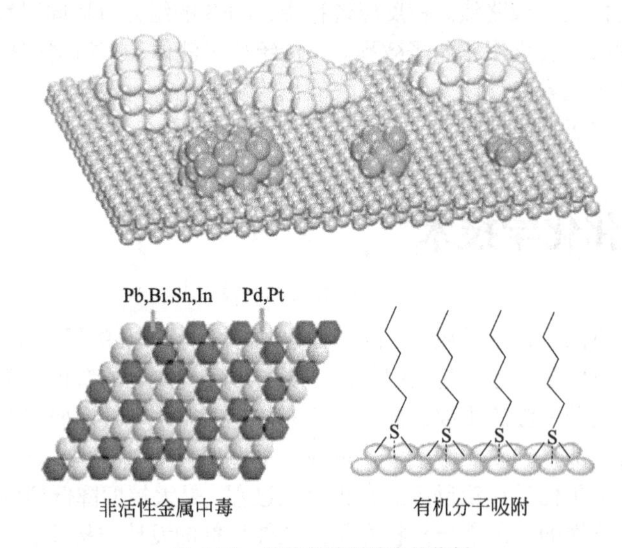

图6-39　传统负载型纳米催化剂

（2）均相催化技术

均相催化（Homogeneous Catalysis）中，催化剂与反应物分子或离子通常结合形成不稳定的中间物即活化络合物。这一过程的活化能通常比较低，因此反应速率快，然后中间物又与另一反应物迅速作用（活化能也较低）生成最终产物，并再生催化剂。与负载型纳米催化剂相比，均相金属络合物催化剂是均一活性物种，反应物在均相催化体系中表现出高选择性。相比之下，均相催化剂一般由金属和配体构成，由于配体的位阻效应和电子效应，在许多均相反应中表现出高的选择性，但存在催化剂分离难、均相催化剂残留污染产物等问题。

随着绿色化学的发展，均相催化得到长足的进步，无论是传统化工还是精细有机合成均已离不开均相催化技术。

（3）不对称催化技术

伴随新试剂的应用和化学反应新方法的发现，发展对环境友好、高效的合成方法是21世纪对有机合成化学的要求。手性是自然界的基本属性之一，不但在宏观世界物质中存在，在微观世界也存在，很多物质分子具有像“左手和右手”一样的两种形态。生物体也对很多不同形态的分子有着不同的响应，从而具有不同的生物活性和药理作用。其中一个突出的例子是外消旋沙利度胺在欧洲的使用孕育出了许多“海豹儿”，后续研究发现 *S* 构型可以引起胎儿畸形，而 *R* 构型则具有很好的孕妇呕吐镇静作用。由此可见，制备单一构型的化合物，在新药开发领域具有重要意义。

不对称催化（Asymmetric Catalysis）化学是一个快速发展的研究领域。有机催化、酶催化以及金属催化是现代不对称反应中产生立体多样性的三种有效途径。其中，利用金属络合物催化不对称氢化反应和不对称环氧化反应的研究成果获得了 2001 年度的诺贝尔化学奖，其成果现已应用于精细化学品的工业生产。不对称有机催化是使用手性有机分子作催化剂，用于单一对映异构体的制备。早在 1912 年，Bredig 和 Fiske 使用金鸡纳生物碱作为小分子催化剂催化不对称醇化反应，尽管得到的立体选择性较低，但是该反应奠定了手性催化的基础。小分子作为催化剂诱导各种不对称反应得到了广泛的关注。自 2000 年 List 和 MacMillan 分别报道了手性胺催化不对称反应，随即开启了有机催化的复兴时代。目前各种各样的有机催化剂、反应模式及其关联的反应类型被陆续开发出来，为不对称合成提供了崭新的平台。酶催化因为其内在的高选择性在不对称催化中显示了巨大的优势，现已大量工业化；并结合现在的基因和蛋白修饰技术，为获得光学纯的化学品提供了一种强大的工具。在第 7 章的具体案例中将多次提及酶催化合成技术。

6.8.2 绿色催化化学技术展望

催化化学的根本准则是“绿色环保”和“尽可能最高效”。诺贝尔奖得主 Ei-ichi Negishi 教授指出，成功的催化合成化学必须满足：①高产；②高效；③优秀的选择性；④经济合理；⑤安全。有机催化利用了仿生的概念，大自然在生物合成方面除了用到有机分子弱键作用这一催化体系，也大量应用了金属催化体系。这些金属往往属于轻金属，而不是有毒的重金属，如铁基血红素、叶绿素等。正所谓灵感源于自然，大自然是最好的老师。因此，“好的和可用的”金属元素也需要纳入有机催化和生物催化之中，用来设计环境友好的高效催化剂，从而在未来具有巨大的发展潜力。

催化作用的基础来自分子间的相互作用力（Molecular Interaction）。通过研究底物分子与酶和蛋白质的相互影响，能更好地理解催化剂的催化作用。到目前为止，这些作用包括金属络合与成键作用、离子相互作用、氢键、疏水相互作用、π-π堆积、共价相互作用等。可以肯定的是，还有许多未知的相互作用等着去发现，基于这些相互作用，可以设计出更加高效的催化体系。

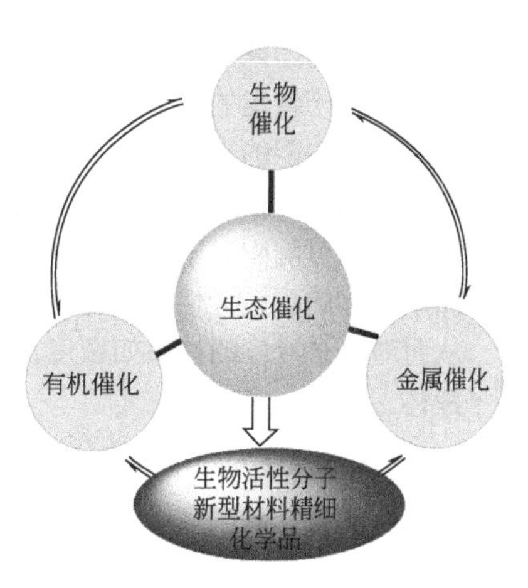

图 6-40　生物、金属和有机催化结合的生态催化化学

生态催化（Eco-catalysis）试图打破金属催化、有机催化和生物催化的界限，回归到绿色、高效和环保的最终目的（图 6-40）。到目前为止，合成化学中的催化作用已经成为化学工业的重要组成部分，能否创造一个可实际操作的生态催化体系仍然是一个巨大的挑战。通过高效催化的生态友好生产（简称生态催化），有望创造

出造福人类的生态友好系统。为此，化工生产可以实现“环境友好型生产”，这样既可以实现经济增长，又可以达到保护环境的目的。

6.9 离子液体应用于催化精细有机合成技术

6.9.1 离子液体的概念与发展

离子液体（Ionic Liquid）是一类由有机阳离子和有机或无机阴离子组成的液体化合物，通常被定义为由体积较大的有机阳离子和体积较小的有机或者无机阴离子组成的液体电解质。其阴阳离子之间的作用力由于距离变大而变弱，因此区别于传统的熔融盐体系，离子液体的熔点大都低于 100℃。科学家把熔点低于室温及接近室温的离子液体定义为室温离子液体（Room Temperature Ionic Liquid，RTIL）。相对于传统溶剂，离子液体具有很低的蒸气压、优异的溶解性、良好的热稳定性和重复使用性等优点。离子液体的阴阳离子都具有可修饰性，通过引入酸性功能基团可制得酸性功能化离子液体，使其在有机反应中表现出高效的催化性能，可在一定程度上替代现在常用的具有腐蚀性的酸催化剂，并应用于各种有机反应中，如酯交换反应、缩合反应、水解反应、酯化反应和烷基化反应等。

1914 年，Walden 等制备出第一个离子液体：容易爆炸的乙基硝酸胺（图 6-41）。1948 年，Wier 和 Hurley 将氯化铝与 *N*-烷基吡啶两种固体混合、升温加热，制成一种无色透明的液体，意外发现了第一代离子液体，即氯铝酸盐离子液体，但其对水和空气不稳定，并且具有较强的腐蚀性。为了改善电池中电解质的性质，氯铝酸盐离子液体得到关注并开始进行应用研究。1982 年，Wilkes 等首次报道了 1-烷基-3-甲基咪唑作为阳离子、四氯铝酸根作为阴离子的离子液体，并将其用于航天电池的电解液，然而该离子液体对水与空气依然不稳定，且具有腐蚀性，应用范围受限。直至 1992 年，Wilkes 制备出第一个耐水、耐空气的离子液体——二烷基咪唑类四氟硼酸盐，这类离子液体具有安全、无毒、稳定性高等优点，被用作各类有机反应的溶剂，标志着第二代离子液体的诞生。之后，离子液体的研究快速发展，许多有机阳离子和无机阴离子组成的离子液体先后被制备出来，极大地拓宽了离子液体在化学合成、材料及工业分离等方面的应用。20 世纪 90 年代开始，绿色化学概念的兴起引发了离子液体的研究热潮，在离子液体上修饰各种官能团来满足一些特定的要求，形成第三代离子液体——功能化离子液体，即氟硼酸盐。依据某一特定的要求，设计并制备具有某些特定功能的离子液体，如具有酸性、碱性、配体和手性等功能的离子液体，按照其性质和用途分为三类：①第一类离子液体基于其低挥发性、热力学稳定性和液态温度范围宽等特殊的物理性质，通常被用作反应溶剂；②第二类离子液体是通过调节阴阳离子的组成而得到的具有特殊物理化学性质的溶剂；③第三类离子液体是基于离子液体的可设计性，在实际的研究及生产中可以通过选择不同的阴阳离子以及合理的设计，从而对离子液体的性质如密度、黏度、折射率等进行调节，得到的能满足特定实验要求的离子液体。

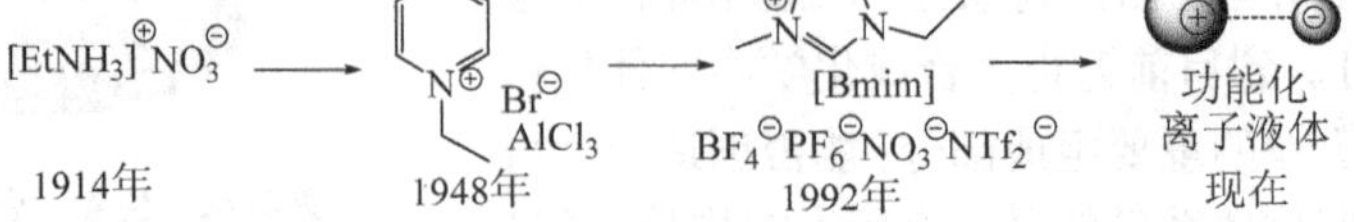

图 6-41 离子液体的结构及其历史发展

6.9.2 离子液体的性质与分类

离子液体与熔融盐类似，完全由阴阳离子组成，但与熔融盐的不同之处在于其熔点较低（NaCl 的熔点为 803℃，1-丙基-3-甲基咪唑氯盐的熔点为 60℃），在室温下通常以液态形式存在。离子液体的低熔点与其结构组成和离子的堆积状态有关。增大离子的尺寸、各向异性和内部的流动性都会降低其熔点，组成离子液体的阳离子烷基链的对称性和长度也会对其熔点产生影响，较短的烷基链和较高的分子对称性通常会提高其熔点。例如二甲基咪唑氯盐的熔点为 124.5℃，而丁基取代的离子液体熔点为 65℃，这正是由烷基链的增长和对称性的降低导致的。室温下离子液体是一种黏度非常高的溶剂，其黏度是普通分子溶剂的数十倍至数百倍。离子液体的高黏度对于化工生产和化工过程强化非常不利，因为在高黏度的介质中物质的传输变慢，需要更高强度的搅拌以使内部的物质相互扩散和溶解。一些常见的离子液体的黏度值：[Bmim] BF_4 为 154 cP（$1cP=10^{-3}Pa\cdot s$），[Bmim] PF_6 为 430 cP，[Bmim] NTf_2 为 52 cP。双三氟甲基磺酰亚氨基的离子液体的黏度通常比相对应的六氟磷酸基离子液体的黏度低 1 个数量级。增加离子液体阳离子上相连接的烷基链的长度会对其黏度产生不同程度的影响。此外，与分子溶剂相比，离子液体呈现一些独特的性质，并伴有一些特殊的功能，具体表现在：

① 离子液体的蒸气压低，不挥发；

② 热力学稳定性高，不可燃；

③ 电化学稳定性高，具有较宽的电压窗口；

④ 溶解性好，极性调节范围和设计灵活度较大；

⑤ 可重复利用。

离子液体按其化学特征大致分为两类：质子型离子液体和非质子型离子液体。也有按照离子液体特殊的结构特征，将离子液体划分为带有手性中心（手性离子液体）、具有磁性原子或基团（磁性离子液体）、具有二价离子（二价离子液体）、含有聚合物或聚合离子（聚离子液体）、含有氟碳部分（氟离子液体）以及带有配位（溶剂化离子液体）的离子液体。此外，在离子液体的阴阳离子上引入特定的基团还可以形成氨基酸基离子液体和芳基烷基离子液体等。

6.9.3 离子液体在有机合成中的应用

离子液体的阴阳离子本身可以作为反应的 Lewis 酸催化剂、活化剂或者共催化剂应用于有机合成反应。在催化合成中，离子液体作为绿色反应溶剂，可以更好地溶解底物和过渡金属催化剂，使其既可以与底物充分反应，也可以起到稳定金属催化剂的效果，并且可以在不影响收率的情况下循环利用数次。近年来，在离子液体的阴阳离子上修饰催化活性中心即功能化离子液体是一个重要的研究方向。例如在咪唑类离子液体的阴离子上修饰一个含硒的基团，形成的硒功能化离子液体是一种非常好的苯胺氧化羰基化反应试剂。具有酸性阴离子（HSO_4^- 或 $H_2PO_4^-$）的离子液体是一种非常好的酯化反应催化剂和可循环利用的反应介质，带有磺酰基的离子液体与强酸（TsOH 或 TfOH）混合时生成对应的 Brønsted 酸，功能化的离子液体可以将烯烃聚合为高分子量的支链烯烃衍生物且具有高的产率和高的选择性。烷基咪唑、咪唑和其他类氨化合物与酸质子化反应后得到的质子型离子液体，因具有酸性、优良的导电性和低黏度特点受到科学家的关注。

Brønsted 碱性离子液体也是一种稳定的、结构可调的反应催化剂和溶剂。[Bmim]OH 是一种碱性非常强的离子液体，应用于催化 Michael 加成反应。近年来关于不对称离子液体的研究也开始发展，利用手性离子液体催化潜手性的环己酮与硝基苯乙烯的 Michael 加成反应，取得了较高的催化效率和转化率（图 6-42）。此外这种手性离子液体还可以回收并继续用于催化反应，因此是一种绿色、安全的不对称催化剂。

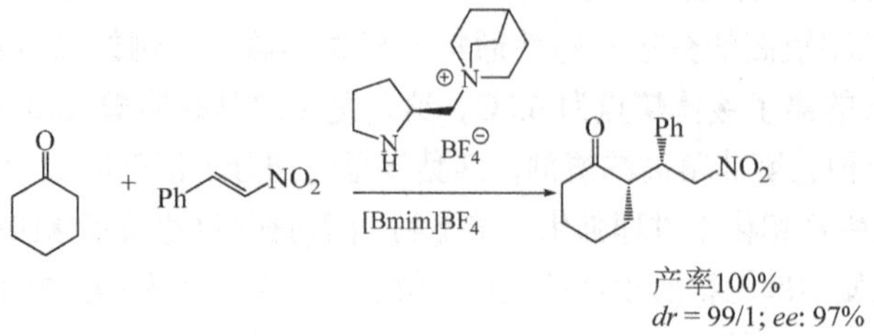

产率100%
dr = 99/1; ee: 97%

图 6-42　离子液体催化环己酮与硝基苯乙烯加成反应

偶联反应中使用传统有机溶剂时，催化剂中过渡金属 Pd 很难稳定存在，对反应的产率有很大影响。在以水/离子液体为溶剂的条件下，无负载的 $PdCl_2$ 有效催化了 Suzuki-Miyaura 和 Heck 反应，并能够得到较好的收率。同时，催化体系无须做进一步处理就可以重复使用 3～5 次（图 6-43）。偶联反应中，离子液体不仅稳定了催化剂中的过渡金属，提高了反应活性，而且由于代替了传统偶联反应中的配体，减少了制备配体的复杂过程和含磷配体对环境的污染。由于离子液体有效地避免了传统有机溶剂在使用过程中造成的污染以及对设备的腐蚀等问题，成为一种新型的绿色化学合成介质，正在被广泛应用于微乳液体系、电化学和有机催化合成等领域。随着研究者们对离子液体结构、性质及功能研究的不断深入，离子液体的应用潜能将会被更快地开发。随着离子液体相关应用的不断发展，相信工业化应用将会成为研究重点。

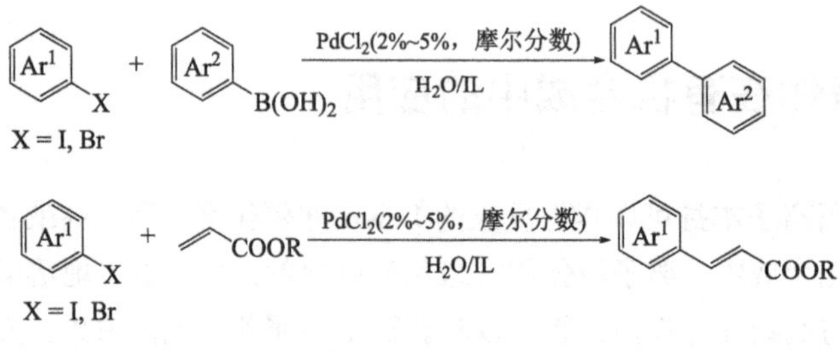

图 6-43　离子液体可循环体系中无负载 $PdCl_2$ 催化

生物质资源如纤维素、半纤维素、木质素转变成燃料或者化工产品能够使人类减少对石油资源的依赖。纤维素是一种具有多晶结构的材料，在大部分有机溶剂中不能被溶解，很大程度上限制了其再利用及再加工。传统的溶解纤维素的方法一般是加入强酸或强碱，成本高、污染大。借助于离子液体的不挥发性、可设计性等优点，纤维素可以在咪唑类离子液体中溶解，研究发现离子液体溶解纤维素的能力与其阴离子接受氢键的能力有关，阴离子碱性越强，其对纤维素的溶解度越大。含氯的离子液体如[Bmim]Cl 可以溶解 10%的纤维素，而[Bmim]BF_4和

[Bmim]PF_6对纤维素几乎不起作用。近年来，将生物质转化为5-羟甲基糠醛的研究备受关注，5-羟甲基糠醛是重要的平台分子，可以转化成燃料和其他重要的精细化学品。金属氯化物作为催化剂，在离子液体［Emim］Cl中将碳水化合物转变成5-羟甲基糠醛（图6-44），其中果糖和葡萄糖转化为5-羟甲基糠醛的最高产率分别为83%和70%。而在离子液体［Bmim］Cl中，采用氯化铬盐作为催化剂在微波条件下将葡萄糖转变为5-羟甲基糠醛的产率达到91%。

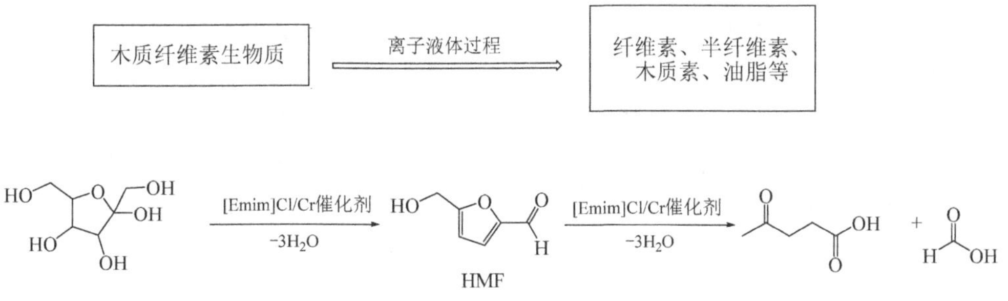

木质纤维素生物质 ——离子液体过程——> 纤维素、半纤维素、木质素、油脂等

[Emim]Cl/Cr催化剂, $-3H_2O$ → HMF → [Emim]Cl/Cr催化剂, $-3H_2O$

图6-44　离子液体中催化糖的转化

6.10　人工智能技术

6.10.1　人工智能技术的概念与特点

人工智能（Artificial Intelligence，AI）也称智械、机器智能，指由人制造出来的机器所表现出来的智能。通常人工智能是指通过普通计算机程序来呈现人类智能的技术。人工智能在一般教材中的定义领域是“智能主体（Intelligent Agent）的研究与设计”，智能主体指一个可以观察周遭环境并做出行动以达到目标的系统。以机器学习为代表的人工智能在当代的科学研究中正在发挥越来越重要的作用。不同于传统的计算机程序，机器学习人工智能可以通过对大量数据的反复分析和自身模型的优化，即“学习”过程，在大量的数据中寻找客观事物的相互联系，形成具有更好预测和决策能力的新模型，做出合理的判断。化学研究的特点恰恰是机器学习人工智能的强项。化学研究经常要面对十分复杂的物质体系和实验过程，从而很难通过化学物理原理进行精准的分析和判断。人工智能可以挖掘化学实验中产生的海量实验数据的相关性，帮助化学家做出合理的分析预测，大大加速化学研发过程。

6.10.2　人工智能技术在精细有机合成中的尝试

到目前为止，有机合成仍然是一门劳动密集型的实验学科，虽然用于化学合成的机器人系统越来越流行，但是由于缺乏通用的化学编程语言以及处理直接访问自然语言文献的能力，机器人化学家制作的程序可能无法在其他任何类型的软件上运行，在一定程度上阻碍了化学数字化的发展。

2018 年，Cronin 教授团队开发了一种有机合成机器人，该机器人能够比手动操作更快地执行化学反应和分析，并在进行少量实验后预测试剂组合的可能反应，从而有效地指导有机合成的探究工作。该机器人通过使用机器学习进行决策，并通过输入二进制编码来使用核磁共振和红外光谱实时评估反应。在分析略高于数据集 10%的结果后，机器学习系统能够预测约 1000 种反应组合的反应性，其准确度大于 80%。如图 6-45 所示，该化学处理机器人由在线光谱学检测系统、实时数据分析系统和反馈系统等组成。机器人被配置为并行执行 6 个实验，每天最多可以执行 36 个实验。为了评估反应的结果，该机器人通过配备的实时传感器——流动台式核磁共振（NMR）系统、质谱仪和衰减全反射红外光谱系统记录反应混合物的一些数据，然后，它能够使用一种算法将反应混合物自动分类为有反应或无反应，并以二进制形式报告为零或一。该算法能够将物料的理论光谱与由机器人平台使用 NMR 和红外光谱仪记录的光谱进行比较，将差异记录为反应过程（图 6-46）。该机器人通过对由化学家手动分类的 72 种有反应性和无反应性混合物进行分析训练，其准确度可以达到 86%，这可以为研究人员节省不少时间，同时避免许多重复性的操作。

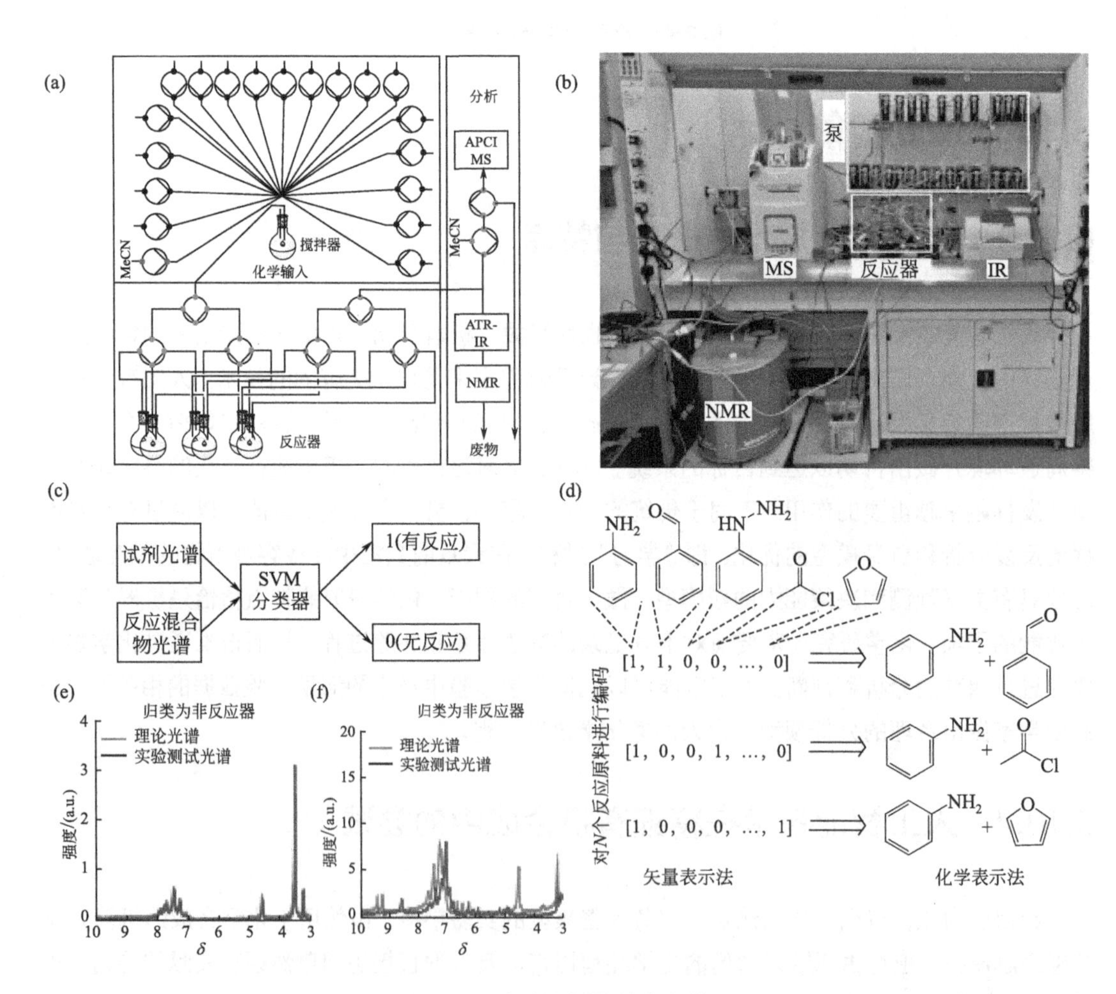

图 6-45 自动反应检测与机器学习

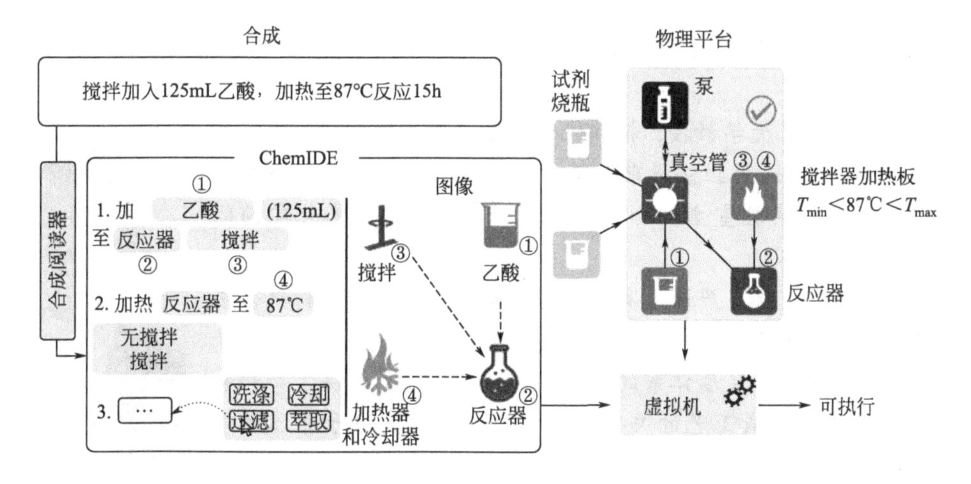

图 6-46 系统工作流程

2020 年，Cronin 教授与其他科学家合作在该领域又取得了开拓性的成果，该团队开发了一种化学描述语言（XDL），这是一种用于描述化学和材料合成的新的开源语言，原则上可以从任何化学机器人中读取。由于大多数合成化学家都没有编程经验，因此该团队构建了一个易于使用的界面，称之为 ChemIDE，可以与任何机器人化学系统集成，并允许将 XDL 指令转换为化学物质。通过该系统，可以实现“文献进，产物出”，即该系统通过分析所给的文献找出反应路线，并将其转换为化学程序编码，从而驱动化学机器人在实验室进行目标产物的合成。

目前，该系统已被证明可用于合成止痛药利多卡因、Dess-Martin 试剂和氟化剂 AlkylFluor 等 12 种不同的分子。相信在不久的将来，这些机器人化学家能够从数百年的科学论文中提取信息，从而建立一个庞大的数据库，使得精细有机合成工作更为便捷和高效。

思考题

6-1 什么是微化工技术？微反应器主要由什么组成？

6-2 微反应器有什么独特的优势？

6-3 目前，微反应器面临的最大难题是什么？有什么解决之道？

6-4 什么是超声波？超声波在精细有机合成中有什么应用？

6-5 在微反应器中引入超声有什么意义？

6-6 电化学合成的原理是什么？与传统化学相比有什么区别？

6-7 低共熔溶剂的应用原理是什么？在哪些方面应用较为广泛？

6-8 绿色催化化学技术的核心是什么？成功的催化合成化学必须满足哪些条件？

6-9 离子液体由什么组成？与传统溶剂相比有什么优点？

6-10 人工智能对化学实验有什么帮助？

科学小知识：当代科学家与创新的轨迹

田禾，华东理工大学教授，精细化工专家，中国科学院院士、发展中国家科学院院士。现担任华东理工大学结构可控先进功能材料及其制备教育部重点实验室主任和教育部材料生物学与动态化学前沿科学中心首席科学家。

田禾教授学风正派，严谨求实，长期从事有机功能分子材料合成及其光化学与应用研究。从产品工程的基础研究入手，提出染料分子设计新概念，发展了多尺度体系的精细荧光表征方法，解决了染料和颜料产品清洁高效合成工艺的关键难题，探索了荧光分子机器的表征、发光分子工程与调控、有机智能材料构筑和有机太阳电池敏化染料的创新。在电子化学品方面，开发出系列全新结构的高性能光盘染料，解决了低成本合成生产技术难题，突破了光盘染料的技术壁垒。在功能染料的基础与应用研究方面，围绕“共轭π体系染料结构与荧光功能精细调控”，在研究二氢二苯并吩嗪类分子独特的发光现象时提出了振动诱导发光（Vibration Induced Emission，VIE）的有机共轭分子发光的创新机制与理论。

振动诱导发光

有机发光材料已经广泛应用于生物检测、传感和光电器件等各个领域，显示了在健康、环境、能源和电子材料领域的巨大潜力。在有机共轭结构和荧光机理方面，具有大的Stokes位移（位移最大荧光发射波长与最大吸收波长之差）和双发射的发色团是发展高性能多色发射材料的基础。基于此，科学家先后发展了多个有影响力的分子体系并提出了其发光概念，比如激基分子/激基复合物体系（Excimer/Exciplex）、荧光共振能量转移体系（FRET）、扭曲分子内电荷转移体系（TICT）和激发态分子内质子转移体系（ESIPT）等。上述体系的建立一般源于偶然发现的一种特异荧光现象，研究其分子结构的激发态动力学和构效关系，最终成就了有趣的发光体系并广泛应用于不同的场景。*N*,*N*′-二取代二氢二苯并[*a*,*c*]吩嗪类化合物具有独特的光物理学性质，即双荧光发射、大的Stokes位移以及环境响应性。其结构为独有的马鞍形结构，分子处于分散态时，其激发态呈平面共轭构象，发射红色荧光；而当分子受周边微环境限制“振动”（僵化）时，激发态呈类“马鞍形”构象，荧光显著蓝移。VIE揭示了分子结构振动与分子激发态的控制，田禾院士团队将分子结构进行合成化学修饰改造，成功地将分子发光由蓝色调控至红色，几乎涵盖了整个可见光波段。基于结构与性质的相关性，田禾院士团队成功利用VIE设计和发展了一系列生物荧光探针、生物成像、疾病检测和治疗工具。譬如，将VIE引入糖介导高致病病原微生物进行特异性的识别和精准探测，通过“生物识别诱导构象限制”实现了流感病毒糖异构化识别与检测。另外，针对淀粉纤维的荧光检测为阿尔茨海默病的检测和治疗提供了一种方法。

第 7 章

精细化工安全环保与绿色发展案例

7.1 引言

1828 年，德国化学家 Friedrich Wöhler 合成了尿素，从而开启了有机化学。1857 年，英国的 William Henry Perkin 在法国皇室的商业资助下，开始生产人工染料苯胺紫（三芳基甲烷结构的碱性染料），引领了法国和英国五彩缤纷的时尚女装，成就了染料工业，也可以说是精细化工的开端。1897 年，德国的 Felix Hoffmann 在拜耳公司（Bayer）合成了乙酰水杨酸（阿司匹林），作为广为人知的止痛药而造福人类，标志着现代制药工业开始崛起。19 世纪至 20 世纪 60 年代，现代化学工业经历了百年发展已经成为了一门最有用的科学，可以说是工业革命的助力、农业发展的支柱、战胜疾病的武器和改善生活的法宝，精细化工产品走入了每一个普通家庭。另外一方面，现代工业也是把双刃剑，化学品的大量生产和广泛使用产生毒物和污染，威胁人们的健康。1962 年美国的 Rachel Carson 写了一部《寂静的春天》，描述了农药 DDT（4,4′-二氯二苯三氯乙烷，有机氯类杀虫剂）具有持久低毒性，进入食物链并蓄积而导致鸟类灭绝，并提出了化学农药污染的危害。该书获得畅销并引发了全世界对环境保护事业的关注。人们开始对生态环境保护的科学性、前瞻性、长远性进行思考和规划，反思洛杉矶光化学烟雾、英国伦敦烟雾、比利时列日市光化学烟雾、日本“水俣病”等严重污染事件，将生命健康与环境恶化联系起来。

纵观 20 世纪 60～90 年代的 30 多年间，化学污染治理得到重视并取得了不少的成绩。合成方法和工艺的改进大大减少了污染物的生成；新分析监测手段可以灵敏地测定环境中的污染物，鉴定并分离有毒化合物，澄清其作用机理；物理化学方法处理废弃物在治理污染、减少废弃物排放等方面也取得大量的进展。但是，这 30 年解决污染问题的诸多办法基本上以治理为主，效果有限且成本高。因此，真正在技术上、经济上减小由生产和使用化学品所造成的对环境和人类健康的负作用，需要新的思路、理念、政策、规划、程序和设施。1990 年美国国会通过了《污染预防法案》，提出了“预防污染”新概念，与中国的哲学思想“防患于未然”和传统中医理念“治未病”不谋而合。该法案涵盖了污染预防体系的不同层次：废弃物的清除、废弃物的处理回收、减少污染源和杜绝污染源。90 年代的环保思潮进一步推动了化学界预防污染和保护环境的工作，新的概念和化学热点如清洁化学、环境友好化学、原子经济性、绿色化学和氧化还原经济性等如雨后春笋，层出不穷。1996 年，美国环保局（EPA）设立了“总统绿色化学挑战奖（Presidential Green Chemistry Challenge，PGCC）”。这是美国国家级的荣誉和化学化工领域内唯一的总统奖，表彰在绿色化学研究和开发中有重大突破和成就的个人或单位，在精细化工领域也具有较深远的影响。此项奖励的范围是重要革新性的化学方法，可以用于工业中以控制化学污染源，减少或消除有害物质（原料、试剂、溶剂、产品和副产品等）的使用和产生，实现污染预防与控制。

总统绿色化学挑战奖每年共设 5 项，包括 3 个重点奖项：

① 绿色合成路线奖（Greener Synthetic Pathways）：新的、更安全的、对环境更友好的合成路线。例如：催化/生物催化，模拟自然过程如光化学、仿生合成，使用无害的、可再生的原材料等。

② 绿色反应条件奖（Greener Reaction Conditions）：新的化学反应条件，降低对人类健康和环境的危害，减少废弃物的产生和排放。

③ 设计绿色化学品奖（Designing Greener Chemicals）：合成比现有产品毒性更低或更安全的化学品，防止意外事故的发生。

另设学术奖（Academia）：奖励教育科研单位的学者所取得的成就；小型企业奖（Small Business）：奖励年销售额少于 4 千万美元的单位在绿色化学技术方面的成就。该奖的评奖标准强调，所有上述范围内的发明、创造、提出的技术和方法能较容易地转移到工业中去，大规模地适用于生产，解决现实的环境问题。

本章内容将选择性地介绍 1996～2020 年中的部分获奖项目与研究成果，获奖项目的技术研究思路对环境保护工作者和化学工作者设计环境友好精细化学品有非常重要的借鉴作用。

7.2 医药相关获奖案例分析

7.2.1 布洛芬

布洛芬（Ibuprofen）是一种常用的非处方类非甾体抗炎镇痛药，具备良好的抗炎、止痛、解热作用，并且对人体产生的副作用比较小，所以布洛芬在临床上广泛用来治疗头痛、神经痛、类风湿性关节炎、骨关节炎和强直性脊柱炎等疾病。

1997 年绿色合成路线奖授予 Boots 公司和 Hoechst-Celanese 公司，奖励其开发了一种止痛药布洛芬的高效合成工艺（BHC）。BHC 从生产过程中回收和再利用产生的副产品，减少了大量含盐废水。巴斯夫公司（BASF）所属世界最大的布洛芬生产厂采用了该工艺。

（1）卤代烃羰基化法

卤代烃羰基化法是先合成 1-对异丁基苯基-1-氯乙烷作为原料，再与一氧化碳在碱性条件（或者酸性条件）下经过催化后，发生羰基化，最后生成布洛芬成品。反应方程式见图 7-1。该合成法很早就有报道，合成过程中使用的催化剂大多为钴或者镍络合物，溶剂为醇类。该合成方法的优点是羰基化反应转化率比较高。缺点是：第一，在碱性条件下反应的产物大多数为布洛芬的盐，需要添加一步酸化工序才能够最终得到目标产物布洛芬。第二，卤代烃羰基化会生成 4-异丁基苯基丙酮酸的双羰基化的副产品。第三，具备优良选择性的反应参数操作范围窄。

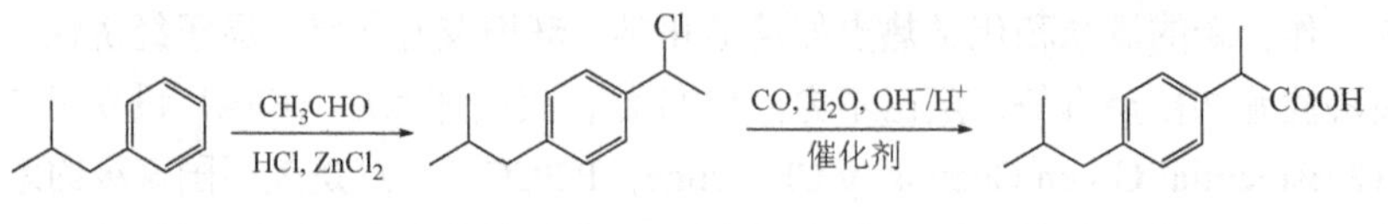

CH_3CHO / HCl, $ZnCl_2$ → Cl → $CO, H_2O, OH^-/H^+$ / 催化剂 → COOH

图 7-1 卤代烃羰基化法

（2）烯烃羰基化法

烯烃羰基化法是用芳基取代烯烃与 CO、H_2O 或者醇在钯催化和酸性条件下反应生成布洛芬。其合成路线见图 7-2。该方法使用的钯催化剂活性强，可以在无氧条件下加入特定的配体与钯生成络合物催化剂。该方法的优点是原料利用率高，反应速率快，但是需要避免异构体 3-(4-异丁基苯基) 丙酸的生成。

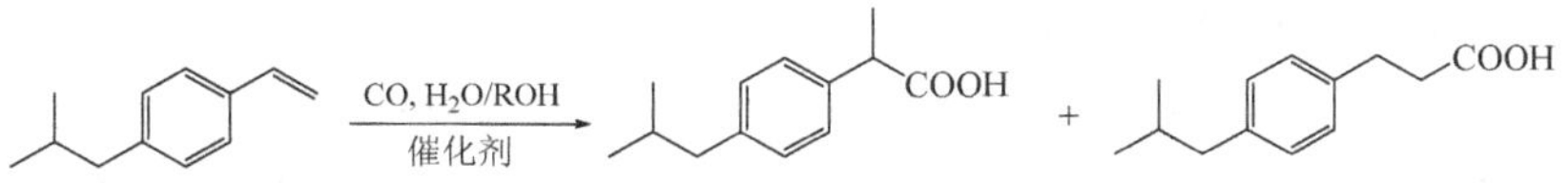

图 7-2 烯烃羰基化法

(3) 转位重排法

早期生产布洛芬最常用的方式是芳基 1,2-转位重排法，如图 7-3 所示，利用异丁基苯作为原料，无水 $AlCl_3$ 为催化剂，与 2-氯代丙酰氯发生傅克酰化反应。然后利用稀释过的硫酸作为催化剂，和新戊二醇发生缩酮化反应，接着在 Lewis 酸、$ZnCl_2$ 作用下催化芳基的 1,2-转位重排，再依次进行水解反应、酸化反应等，最终得到布洛芬产品。该工艺生产布洛芬的优点为：第一，降低了生产成本，不需超低温的冷冻盐水；便于操作，重排过程用到的催化剂价格便宜，易于得到，安全无毒，可以普遍生产。第二，老工艺一般以石油醚作为反应溶剂，含有微量的芳烃杂质，杂质容易参与酰化反应生成副产物，1,2-转位重排法可以克服该问题。第三，二氯乙烷作为溶剂时，会带来高毒性，成品中也会有溶剂残留，1,2-转位重排法可以解决这一问题。第四，该方法主要有四步反应，并且每一步的产率较高，相对安全。

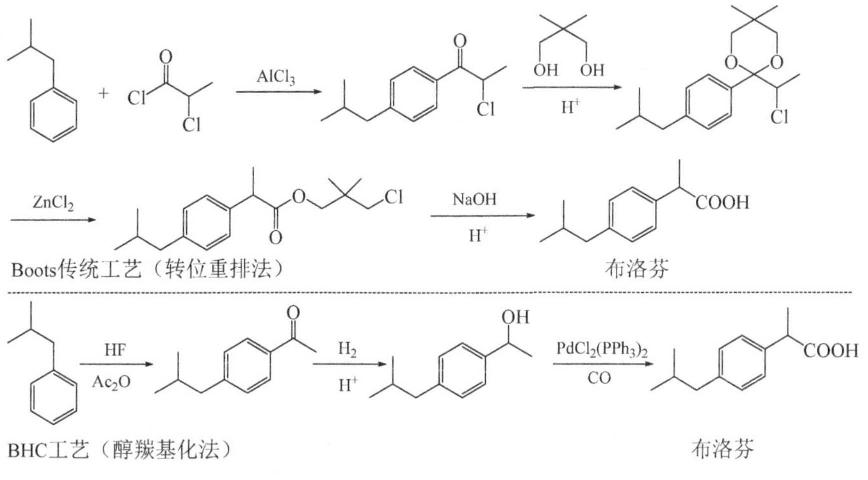

图 7-3 转位重排法与 BHC 工艺

(4) 1-(4-异丁基苯基) 乙醇的羰化反应法

Hoechst-Celanese 公司和 Boots 公司合作开发了 BHC 法合成布洛芬。BHC 法的关键步骤是利用 1-(4-异丁基苯基) 乙醇的羰基化反应。其合成反应路线见图 7-3。该合成工艺的优点是：利用原子经济性反应，生产路线简便，只需三步就可以得到目标产物布洛芬，原料的有效利用率很高，并且此反应不需要使用大量的溶剂，进而减少了废物废料的产出，保护了环境，减少了污染。

BHC 工艺是迄今布洛芬生产中最为先进的技术，是典型的环境友好清洁生产工艺。BHC 工艺自商业化以来，被视为精细合成工艺技术卓越创新的行业典范，1993 年以“化学工程技术的杰出成就”而获得 Kirkpatrick 成就奖。BHC 工艺仅涉及三个催化步骤，原子利用率约为 80%（实际上包括回收的副产品乙酸原子利用率可达 99%）。而传统 Boots 工艺原子利用率不到 40%。无水氟化氢作为催化剂和溶剂是反应高选择性和废物减少的关键，无水氟化氢的回收利用率大于 99.9%，过程不需溶剂，简化了产品工艺，并将排放量降至最低。这是一种从源头预防污染，达到废物最少化的模式，非常符合美国环保局（EPA）颁布的废物预防管理指南。BHC 工艺为重磅级药物合成中出现的普遍问题提供了一个完美的解决方案，即如何在传统化学反应中使用辅助化学原料进行化学转化，来避免使用大量溶剂和产生废物，使其成为一种废物产生量最小化、环境友好的技术。

7.2.2 舍曲林

2002 年绿色合成路线奖授予辉瑞公司（Pfizer），他们的创新贡献在于显著改进了舍曲林（Sertraline）的生产工艺。舍曲林是抗抑郁药物 Zoloft 的活性成分（图 7-4）。新工艺使总收率翻倍，原材料使用量减少了 20%～60%，消除或避免了大约 180 万磅危险材料的使用或产生，减少了能源和水的使用，提高了安全性。

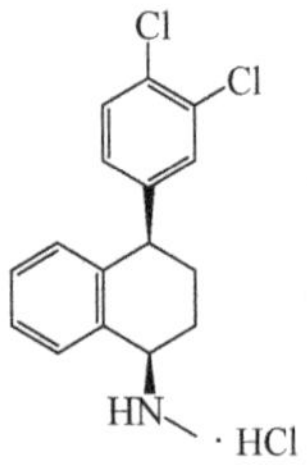

图 7-4 舍曲林结构

SSRI（Selective Serotonin Reuptake Inhibitor，选择性 5-羟色胺再摄取抑制剂）在 20 世纪 80 年代被开发并试用于临床，常用的有氟西汀、帕罗西汀、舍曲林、氟伏沙明、西酞普兰和艾司西酞普兰。该类药物选择性抑制突触前膜对 5-羟色胺的回收，对去甲肾上腺素影响很小，几乎不影响多巴胺的回收。舍曲林由辉瑞公司在 20 世纪 90 年代开发，于 1990 年 11 月在英国上市，作用机理是通过对突触前膜 5-羟色胺再摄取的抑制来达到抗抑郁效果。该药可增加多巴胺释放，较少引起帕金森综合征、催乳素增多、疲惫和体重增加等副作用，在国际上已广泛用于治疗抑郁症及强迫症。舍曲林与国内目前治疗强迫症的药物氯丙咪嗪相比，能克服其抑制神经递质回收的专一性较差、副反应较多、耐受性差等缺点。目前，国内外用于治疗抑郁症的 SSRI 中由于舍曲林具有长效、对肝细胞毒性低、体内清除快等特点，成为治疗抑郁症的理想药物，是重要药物 Zoloft 的活性成分。

关于盐酸舍曲林的合成，主要难点是结构中有两个手性碳，按手性中心构建方法的不同，现有的文献路线主要有以下三类方法：①常规合成-手性拆分法，先通过化学合成得到外消旋体舍曲林盐酸盐，再通过拆分方法得到想要的构型；②手性原料合成法，以手性原料出发合成舍曲林；③不对称催化合成法，可直接得到顺式的（1*S*, 4*S*）-舍曲林盐酸盐，无须经过各种化学拆分。

（1）常规合成-手性拆分法

常规合成-手性拆分法是研究比较多的一种方法，舍曲林最初是通过扁桃酸拆分外消旋的 1-甲基氨基-4-（3,4-二氯苯基）四氢萘制备的（非对映体盐的形成）。根据辉瑞公司报道的合成路线（图 7-5），首先进行 Friedel-Crafts 反应，然后与琥珀酸二乙酯进行 Stobbe 缩合反应，在乙酸中用氢溴酸盐脱羧，进行双键还原（氢化），再进行 Friedel-Crafts 环化，得到外消旋四氢萘酮。通过进一步的胺化和加氢还原来合成外消旋盐酸舍曲林，然后进行异构体以及旋光性的拆分。用甲胺处理后还原氢化，Welch 等利用硼氢化钠还原得到相应胺的 1∶1 顺式/反式混合物；Quallich 等以 Pd/C 作为催化剂，利用氢气作为氢源将产物的顺反比提高至 7/3。通过形成盐酸盐分离出顺式异构体，最后经过（D）-扁桃酸在乙醇溶剂中进行手性拆分，重结晶，分离过滤得到目标化合物。之后，化学家们基于这条路线对舍曲林的合成方法和路线进行了优化改进，开发了许多合成路线和其他更有效的合成方法，让合成路线更加便捷、高效、低污染、低成本。譬如，2004 年，辉瑞公司运用绿色化学原理，进一步改进了舍曲林的生产工艺，通过选择合适的溶剂，避免了催化剂 $TiCl_4$ 的使用，同时使用 $Pd/CaCO_3$ 加氢催化体系，得到消旋体混合物，直接经扁桃酸化学拆分，可得产物。此路线前两步反应无须分离纯化，简化了操作步骤，提高了反应收率。原合成工艺中，二氯苯基四氢萘酮（Dichlorophenylfetralone）和甲胺在四氢呋喃或甲苯溶剂中转化为亚胺，此工序要用 $TiCl_4$ 作脱水剂，推动反应平衡向生成亚胺的方向进行；分离出来的中间产物亚胺通过使用 Pd/C 催化剂，加氢反应生成胺异构体。其中顺式和反式产品的比例为 6∶1，反应在四氢呋喃溶剂中进行。最终，将反应生成的胺异构体混合物进行结晶，用溶有手性扁桃酸的乙醇溶液拆分出（*S,S*）-顺式异构体。其间，舍曲林扁桃酸盐在乙酸乙酯溶剂中转化为盐酸盐。辉瑞公司新工艺中的前三道工序均无须分离出中间产品，选用对环境影响小的乙醇作为唯一溶剂，极大节约了溶剂费用并省去了相应的蒸馏和回收工作。未反应的甲胺还可以经蒸馏进行回收。由于亚胺在乙醇中的溶解度很小，可以从反应混合物中沉淀出来，因此在第一道工序中无须使用 $TiCl_4$。另外，如果用 $Pd/CaCO_3$ 代替 Pd/C 催化剂，可以提高顺式胺异构体的选择性，使顺式和反式产品的比例达到 20∶1，总收率将提高 1 倍，达到 37%。

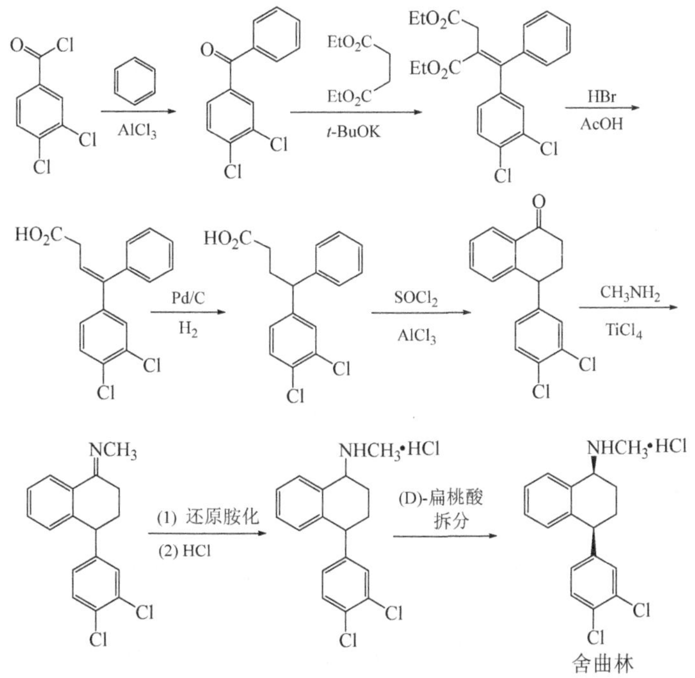

图 7-5 常规合成-手性拆分法

这一工艺避免了220000磅50%氢氧化钠、330000磅35%盐酸、970000磅固体二氧化钛的产生或消耗。通过消除浪费、减少溶剂，最大限度地提高了关键中间体的产量。辉瑞公司实施了绿色化学技术的工艺革新，取得了良好的环保效益，包括改善安全性和材料处理流程，减少能源和水的使用，并使产品总产量翻了一番，在创新工艺合成药物成分中起到了关键作用。

（2）手性原料合成法：由D-苯基甘氨酸（D-Phenylglycine）制备

以D-苯基甘氨酸为起始原料，经过氢化铝锂还原成醇，Swern氧化将醇羟基变成醛基后，与Wittig试剂反应得到不饱和酯化产物。利用Mg还原不饱和双键后，再经氢化铝锂还原得到醇，接着经铬酸盐氧化、格氏反应和傅克反应后成环。经过色谱分离，脱掉苄基后用Boc保护氨基，再单甲基化，最后脱Boc保护基团得到舍曲林，总收率为17.2%，如图7-6所示。该路线合成舍曲林也仅仅见于实验室的研究报道。从路线可知，步骤烦琐，试剂昂贵，难以工业化生产。

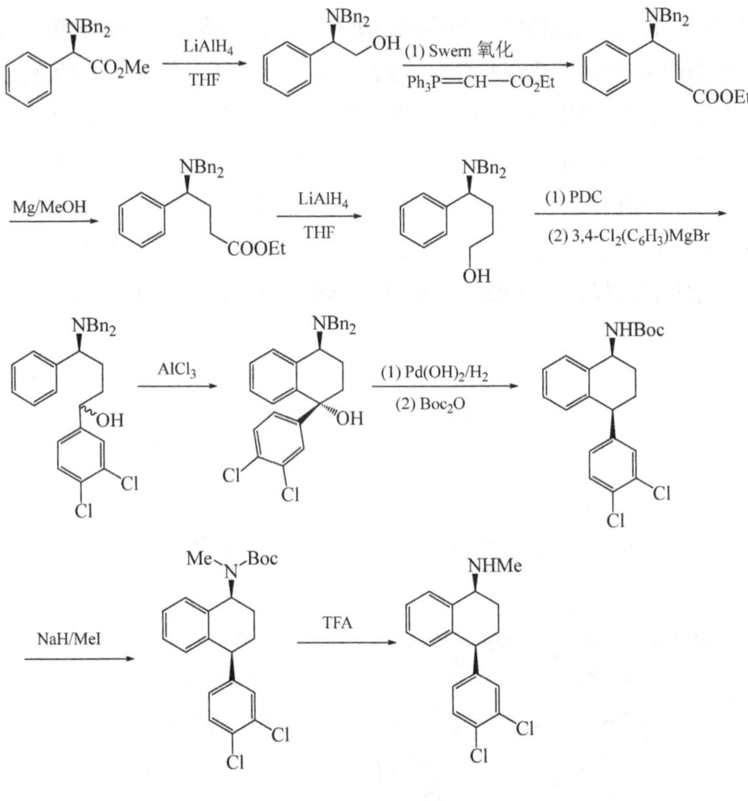

图7-6　由D-苯基甘氨酸制备舍曲林

（3）不对称催化合成法：由1-萘酚的衍生物和TBDPSCl制备

不对称催化合成法具有手性放大的优势，在手性药物合成中的地位举足轻重。Lautens和Rovis在1999年报道了一条合成路线，如图7-7所示。手性的二氢萘酚与TBDPSCl反应，保护羟基形成硅醚，接着溴代，再发生芳基化反应，使邻二氯苯环与萘环发生偶联反应，再经TBAF脱去TBDPS基团，加氢还原双键，并在DBU中经叠氮化、钯碳催化加氢还原得手性产物，*N*-甲酯化，最后还原得到舍曲林。反应立体选择性好，无须转化和拆分，而且收率也较高。但是其反应步骤太多，有些步骤反应条件苛刻，而且原料和某些试剂也不易得。

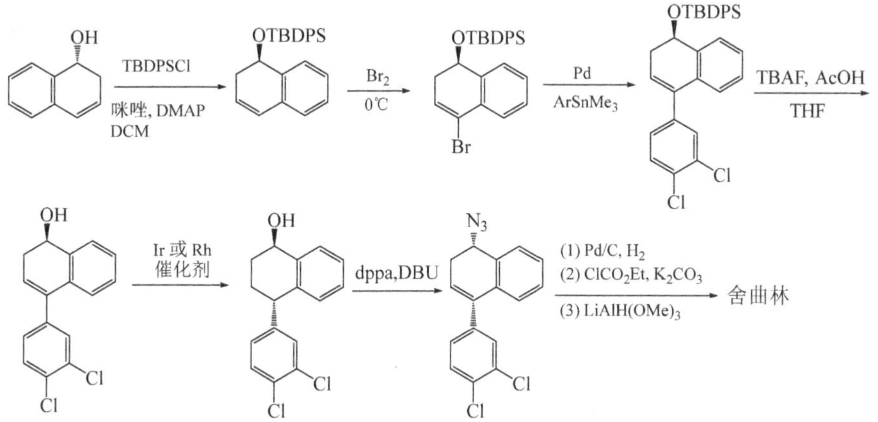

图 7-7　由 1-萘酚的衍生物和 TBDPSCl 制备舍曲林

7.2.3　阿瑞吡坦

2005 年绿色合成路线奖其中之一授予了 Merck 公司的一种高效合成药物 Emend 中活性成分（Aprepitant，阿瑞吡坦）的新方法。新工艺需要更少的能源、原材料和水，通过新的方法，Merck 公司每生产 1000 磅的药物可以减少大约 41000 加仑的废物。

Emend 是一种治疗化疗引起的恶心和呕吐的药物，阿瑞吡坦是其活性成分，性状为白色或微白色晶体，不溶于水，微溶于乙腈，可溶于乙醇，分子量为 534.43。从结构上看（图 7-8），阿瑞吡坦具有 2 个杂环和 3 个手性中心，其中 2 个位于吗啉环上，另一个位于 3,5-二三氟甲基苯的苄基位上。因为其结构含有 3 个手性中心，所以存在 8 种立体异构体，可分为 4 组，其构型分别为 *RRS* 和 *SSR*、*RSS* 和 *SRR*、*SRS* 和 *RSR*，*RRR* 和 *SSS*。每组中的 2 个异构体互为对映异构体，组与组之间的异构体互为非对映异构体，因此是一个具有挑战性的合成目标。Merck 公司的第一代商业合成工艺需要六步。该路线的原材料和环境成本以及运营安全问题迫使 Merck 公司开发和实施一条全新的合成路线。Merck 新合成方法使用 4 个大小和复杂度相当的片段，以 3 个高原子经济性的步骤得到目标分子。第一代合成工艺需要一种昂贵的手性酸确保原料的光学纯度，新的合成过程中以催化不对称反应中合成的手性醇作为原料，在随后的两次转化过程中借助晶体诱导不对称转化保持或建立分子的手性中心，新工艺的收率提高 2 倍，建立了最终产物的高选择性的新立体中心。Merck 的新路线消除了第一代合成工艺存在的危害，包括氰化钠、二甲基二茂钛和氨气的使用；合成时间短，反应条件温和，大大降低了能源消耗；最重要的是，新合成工艺只需要 20%的原材料和水。Merck 公司的新工艺利用绿色化学的原理，在最大限度地减少对环境的影响的同时，大大降低了生产成本。在 Emend 药物生产之初就实施新的路线使得生产成本大大降低，同时也非常清楚地表明了绿色化学的解决方案可以与经济有效的解决方案相一致。

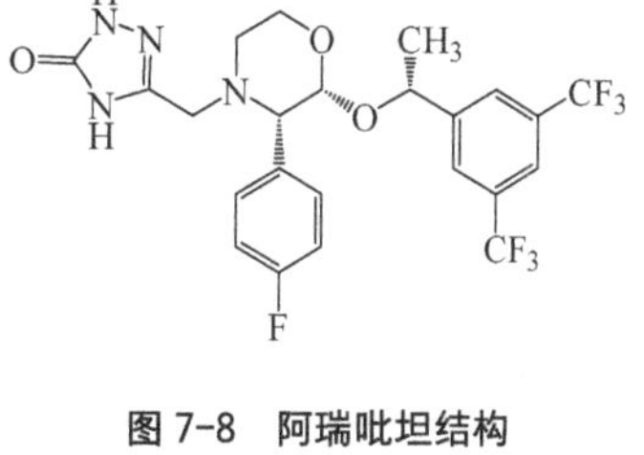

图 7-8　阿瑞吡坦结构

通过结构和逆合成分析，阿瑞吡坦可分为三个部分（见图 7-9）。分析可知，(2*R*, 3*S*) -2- [(1*R*) -1- [3,5-二(三氟甲基)苯基]乙氧基]-3- (4-氟苯基)吗啉是最重要的中间体。

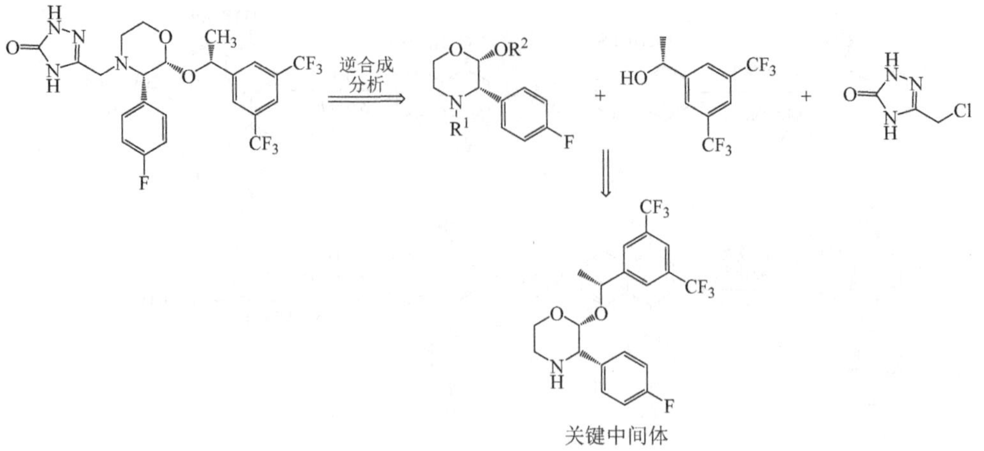

关键中间体

图 7-9　阿瑞吡坦逆合成分析

现阶段阿瑞吡坦中间体通常用五种不同的起始原料来合成:

① 1995 年，Merck 公司的 Conrad P. Dorn 等以对氟苯乙酸为原料，在三甲基乙酰氯活化下与 (*S*)-4-苄基-2-噁唑烷酮的锂盐反应。接着在六甲基二硅基氨基钾 (KHMDS) 作用下和 2,4,6-三异丙基苯磺酰叠氮反应。然后在氢氧化锂作用下脱去 (*S*) -4-苄基-2-噁唑烷酮，氢化得到手性氨基酸。与苯甲醛反应后再还原，然后与 1,2-二溴乙烷环合得到吗啉中间体。用三（仲丁基）硼氢化锂还原，与 3,5-二（三氟甲基）苯甲酰氯反应，再和 Petasis 试剂（Cp_2TiMe_2，二甲基二茂钛）反应实现酯的亚甲基化。经 5%Rh/Al_2O_3 常压催化氢化，Pd/C 常压催化氢化得到关键中间体。合成工艺见图 7-10。

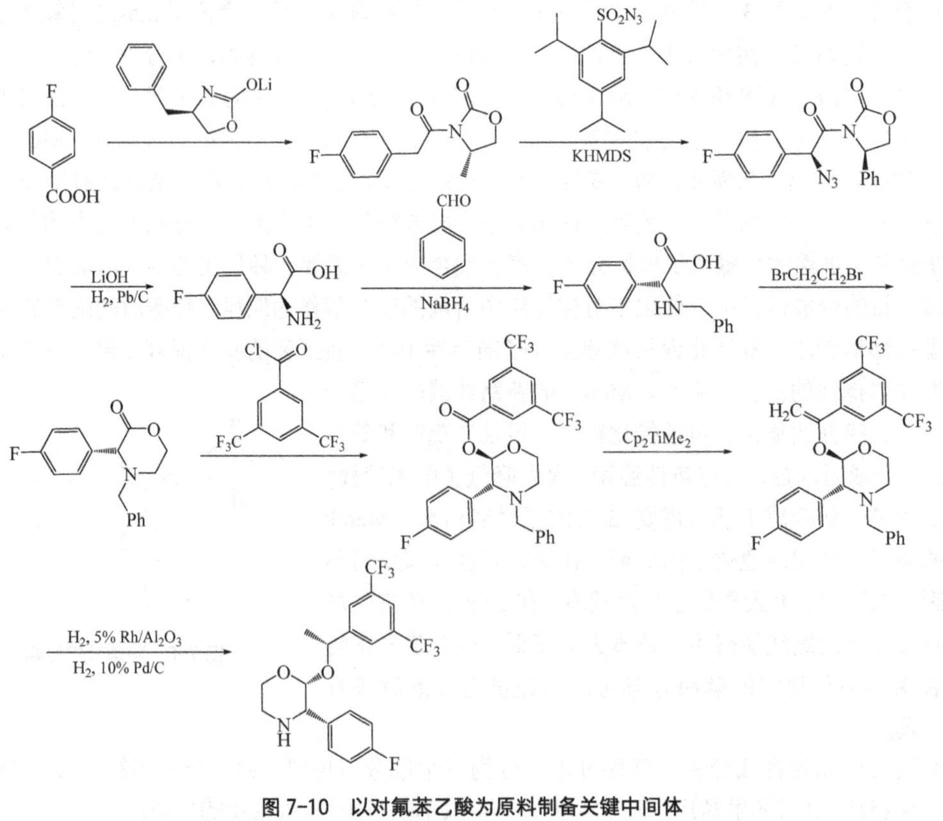

图 7-10　以对氟苯乙酸为原料制备关键中间体

② 2002 年，Merck 公司的 Matthew M. Zhao 等报道了以（*R*）- *α*-甲基苄胺为原料，和草酰氯乙酯进行缩合反应、水解反应合成相应的酸，经过硼氢化钠还原成手性醇。然后与 1-(4-氟苯)-2,2-二羟基乙酮环化，重结晶得到手性吗啉中间体，脱保护后，与二（三氟甲基）苯基乙醇醚化，然后消旋化，在手性醚键的诱导下实现选择性还原完成手性构型翻转，得到关键中间体。再构建三氮唑环，得到目标产物。一共 13 步反应，文献报道总收率大约为 39%。合成工艺见图 7-11。

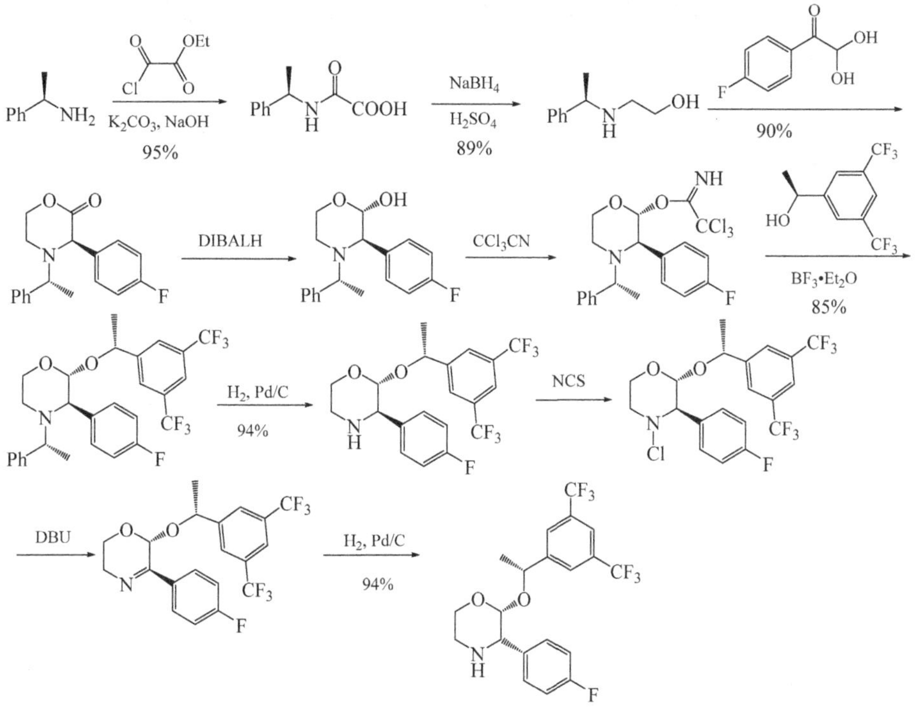

图 7-11　以（*R*）- *α*-甲基苄胺为原料制备关键中间体

③ 2003 年，Merck 公司的 Karel M. J. Brands 等以苄基乙醇胺为原料，对合成工艺进行了适当的改进（图 7-12）。苄基乙醇胺和乙醛酸一水合物反应关环，再与三氟乙酸酐反应成酯，三氟乙酸酯作为一个良好的离去基与二（三氟甲基）苯基乙醇在三氟化硼乙醚的作用下反应。所得化合物在二甲基辛醇钾的作用下将构型翻转得到所需的构型。再经格氏反应得到关键中间体，进而得到目标产物，总收率为 38%左右，反应条件相对温和、易控制。

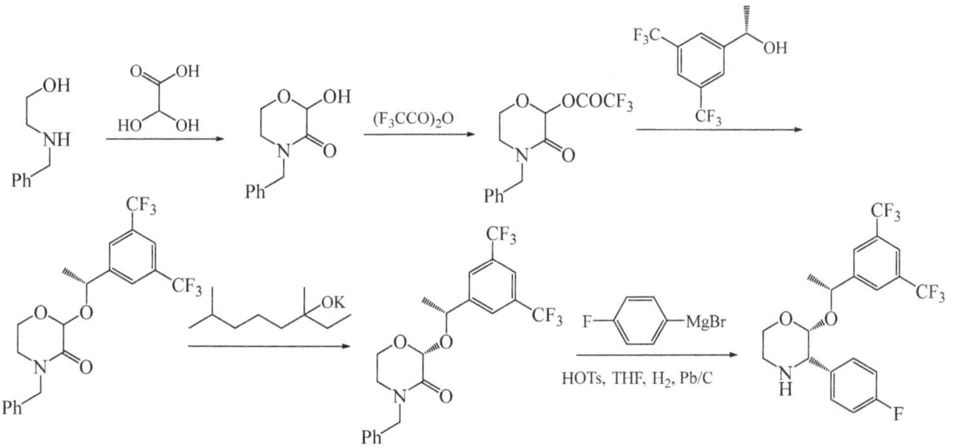

图 7-12　以苄基乙醇胺为原料制备关键中间体

④ Merck 公司的 Philip J. Pye 等以 3,5-二（三氟甲基）苯乙烯为原料合成了关键中间体。主要步骤是通过 Sharpless 不对称双羟基化、氨基化得到手性氨基醇。氨基醇和乙二醛、4-氟苯基硼酸反应后，在甲基环己烷/乙酸乙酯溶液中诱导结晶得到光学纯的吗啉中间体，这是关键步骤。在磷酸的 THF 溶液里，在氯化氢作用下再经诱导结晶实现构型反转。然后在三叔丁基膦/偶氮二甲酸二异丙酯作用下分子内成醚，再和碘化苄经季铵化反应，并在碱性条件下发生 Hofmann 消除反应。经 5%Rh/Al_2O_3 常压催化氢化，用 Pd/C 常压催化氢化得到关键中间体。合成工艺见图 7-13。

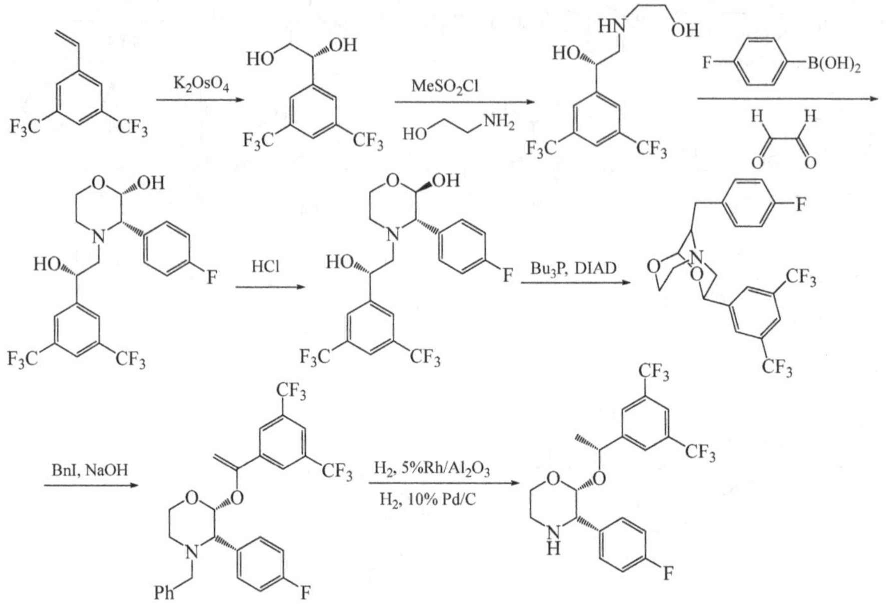

图 7-13　以 3,5-二（三氟甲基）苯乙烯为原料制备关键中间体

⑤ 除了 Merck 公司外，印度制药公司 Dr. Reddy's Laboratories 的 Rakeshwar Bandichhor 等以对氟苯甲醛为原料（图 7-14），与 *N*-苄基乙醇胺和氰化钠在亚硫酸氢钠作用下，通过 Strecker 反应得到氰基胺醇。氰基胺醇在碱性条件下水解，然后环合得到吗啉中间体。用 Red-Al 还原得反式醇（一对对映异构体）。醇和消旋的 1-溴-1-［3,5-二（三氟甲基）苯基］乙烷反应，再经脱保护得到中间体。然后在异丙醇中结晶得到一对非对映异构体，用 L-(–)-樟脑-10-磺酸拆分，得到单一手性化合物。再利用方法②进行构型反转得到关键中间体。

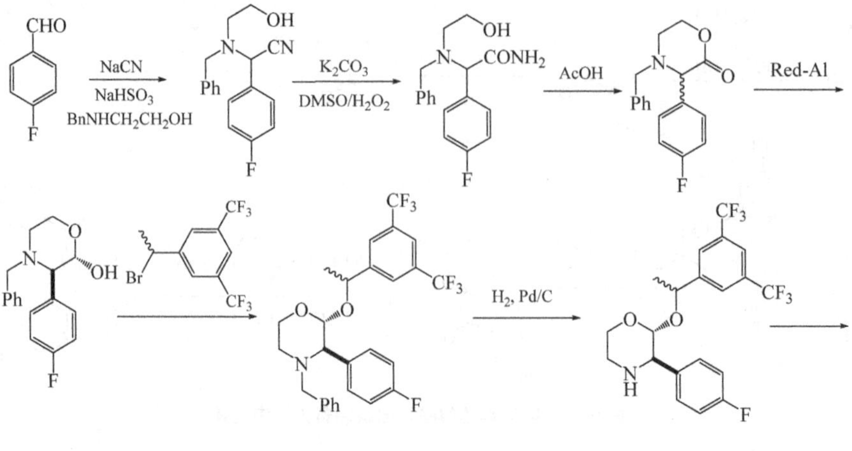

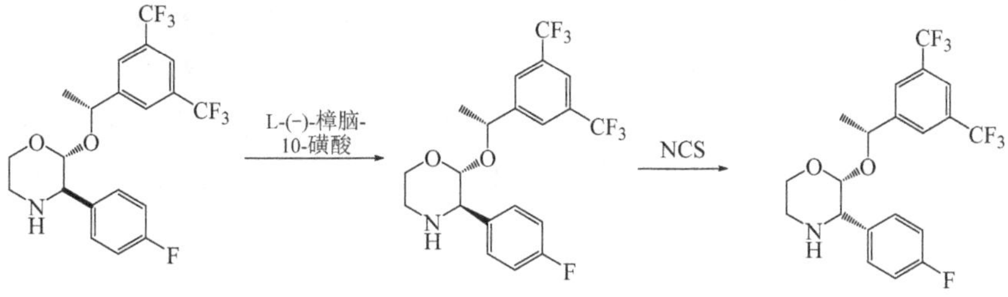

图 7-14 以对氟苯甲醛为原料制备关键中间体

7.2.4 辛伐他汀

2012 年绿色合成路线奖授予 Codexis, Inc.公司和加州大学洛杉矶分校（University of California，Los Angeles）的唐奕（Y. Tang）教授，他们开发了一种高效生物催化制造辛伐他汀（Simvastatin）的工艺。

辛伐他汀是一种降低胆固醇和血脂的药物。辛伐他汀是土曲霉天然产物洛伐他汀的半合成衍生物，也是真菌类天然产物。辛伐他汀在洛伐他汀侧链的 C2 位置含有一个额外的甲基，因此其生产方法主要是利用洛伐他汀进行半合成，包括间接甲基化和直接甲基化。辛伐他汀的结构式如图 7-15 所示。

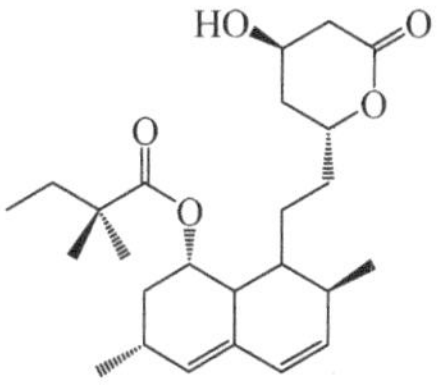

图 7-15 辛伐他汀的结构式

① 间接甲基化法。该方法是以洛伐他汀为原料，经保护、甲基化、脱保护等步骤合成辛伐他汀，反应流程如图 7-16 所示，该合成路线中需要用到危险性较大的有机试剂，且反应需要在低温条件下进行，此外还存在反应步骤多、时间长、底物转化率低、副产物多、产物分离纯化较为困难等缺点，因此该方法逐渐被直接甲基化法所取代。

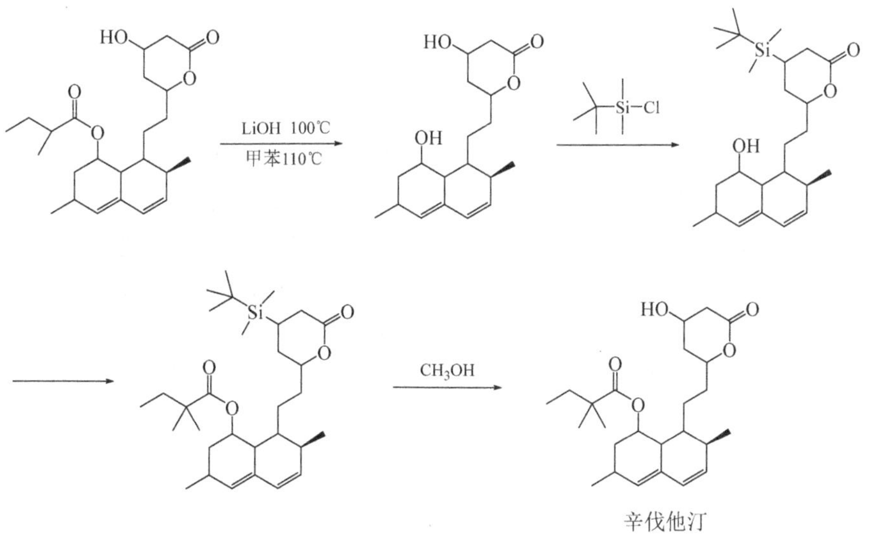

图 7-16 辛伐他汀间接甲基化合成路线

② 直接甲基化法。其合成路线如图 7-17 所示。因为洛伐他汀和辛伐他汀在结构上仅相差一个甲基，后续分离纯化较困难，因此采用此方法合成辛伐他汀需要严格控制反应体系中洛伐他汀的残留，以便后续进行辛伐他汀的分离与纯化。该生产方法专一性好，反应收率高，产物质量稳定，技术路线也比较成熟，因此大部分厂家使用这种方法来生产辛伐他汀。

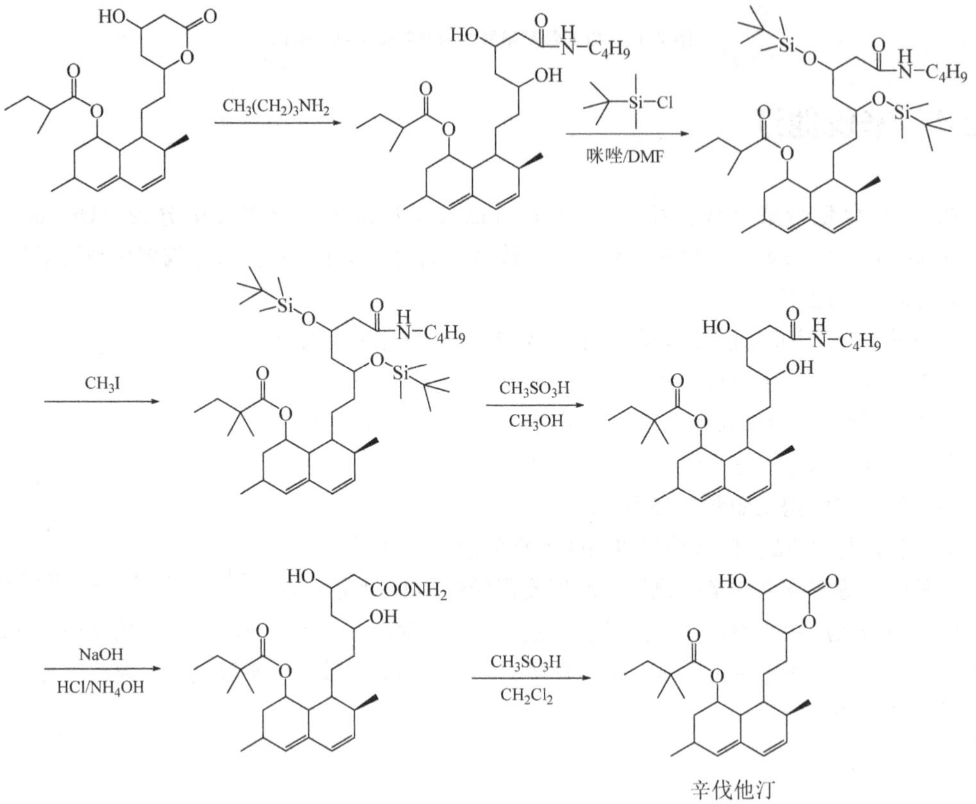

辛伐他汀

图 7-17　辛伐他汀直接甲基化合成路线

尽管研究人员对这一化学合成法进行了大量的优化，但总收率仍不到 70%，并且由于保护/脱保护的原因，需要大量的有毒有害试剂。唐奕教授团队构思并确定了一种基于酰基转移酶 LovD 的生物催化转化合成辛伐他汀工艺（图 7-18）。该工艺包括一种区域选择性酰基化的生物催化剂和一种实用的酰基化供体。生物催化剂 LovD 是一种酰基转移酶，能选择性地将 2-甲基丁酰侧链转移到 Monacolin J 钠盐或铵盐的 C8 醇羟基上。酰基供体——二甲丁酰-*S*-甲基巯基丙酸二甲酯（DMB-SMMP）对于 LovD 催化的反应非常有效，十分安全，而且只需用廉价的前体就可以一步制备。Codexis 公司从加州大学洛杉矶分校获得了该工艺的授权，随后对酶和化学工艺进行了优化，以便商业化生产。Codexis 进行了 9 次体外改进优化，建立了 216 个库并筛选了 61779 个变体，开发出活性、工艺稳定性和产品抑制耐受性更好的 LovD 变体。酶的效率提高 1000 倍并提高了底物负载率，最大限度地减少了酰基供体和溶剂的用量，提取和分离产物的溶剂量也降至最低。新工艺中，洛伐他汀被水解并转化为水溶性铵盐，然后由大肠杆菌的 LovD 酰基转移酶的基因演化变异体，利用 DMB-SMMP 作为酰基供体，制得不溶于水的辛伐他汀铵盐。辛伐他汀合成过程的唯一副产物是3-巯基丙酸甲酯，该产物可以循环利用。辛伐他汀铵盐的最终收率为97%以上，实用性强，成本低廉。新工艺避免了几种危险化学品的使用，包括叔丁基二甲基氯硅烷、碘甲烷和正丁基锂等。

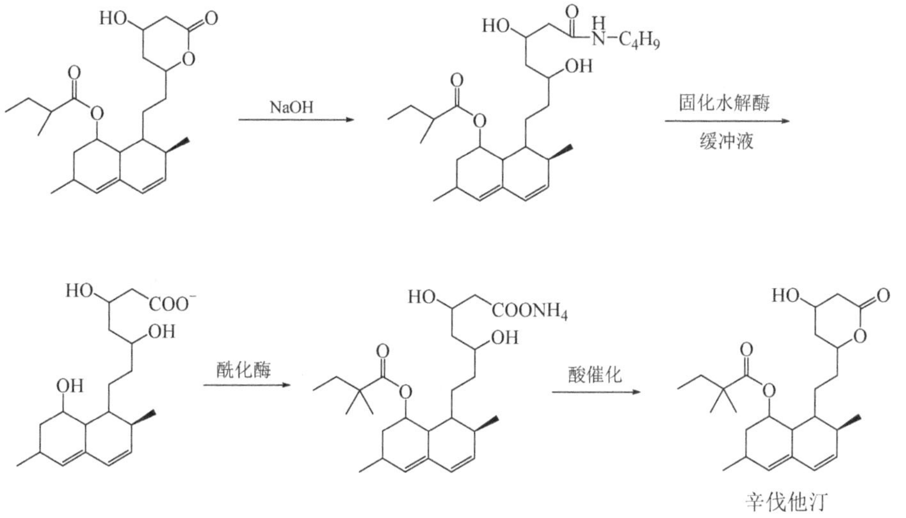

NaOH

固化水解酶

缓冲液

酰化酶

酸催化

辛伐他汀

图 7-18 辛伐他汀的生物催化转化工艺

7.2.5 乐特莫韦

2017 年绿色合成路线奖授予默克公司的抗病毒药物 Letermovir（乐特莫韦），一个药物规模合成的环保工艺案例。

默克公司的乐特莫韦是用化合物“MK-8228”开发的，用于预防和治疗巨细胞病毒（CMV）感染，以及成人异基因造血干细胞移植中巨细胞病毒阳性者的治疗。乐特莫韦属于一类新的非核苷类 CMV 抑制剂（3,4-二氢喹唑啉），通过靶向病毒终止酶（Terminase）复合物抑制病毒的复制。它于 2017 年 11 月 8 日被美国食品药品监督管理局（FDA）批准上市，化学名称为（*S*）-［8-氟-2-［4-（3-甲氧基苯基）哌嗪-1-基］-3-（2-甲氧基-5-三氟甲基苯基）-3,4-二氢喹唑啉-4-基］乙酸，分子式为 $C_{29}H_{28}F_4N_4O_4$，分子量为 572.55，化学结构式如图 7-19 所示。

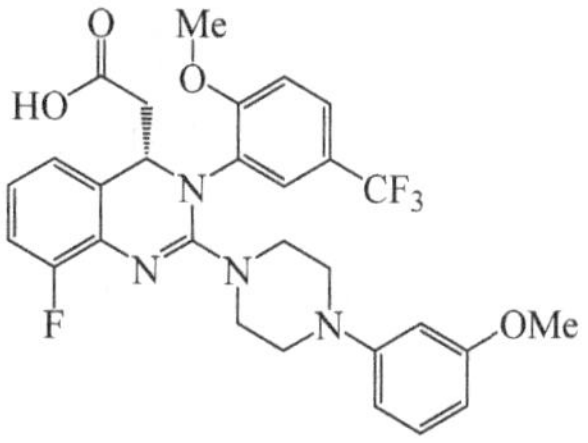

图 7-19 乐特莫韦的化学结构式

该药物的早期化学合成过程中有一步手性拆分，以获得所需的立体异构体。先前的合成路线为：2-溴-6-氟苯胺与丙烯酸甲酯经 Heck 偶联后，与三苯基膦反应，再与 2-甲氧基-5-（三氟甲基）苯基异氰酸酯缩合、与 1-（3-甲氧基苯基）哌嗪环合烃化、水解以及液相色谱分离制得乐特莫韦（图 7-20）。

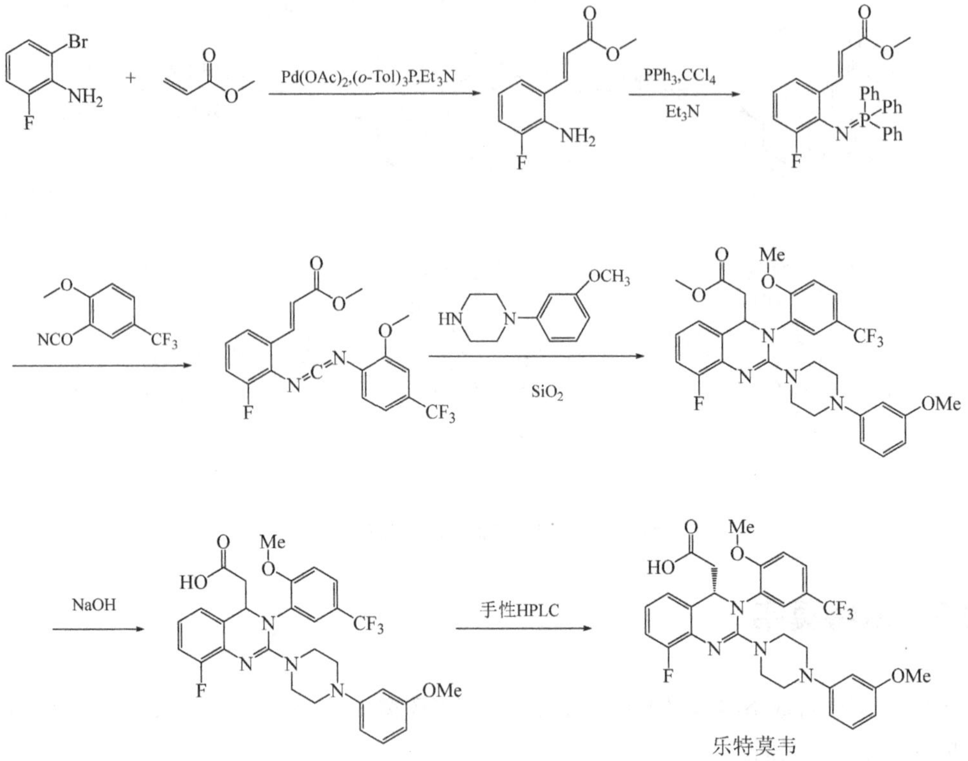

图 7-20　乐特莫韦早期合成路线

默克公司仔细研究了其合成工艺，发现有几个待改进的方面：总收率较低（10%），溶剂种类多（9 种），以及在 C—H 活化的 Heck 反应中钯催化剂负载量高，没有回收溶剂或试剂的过程等。早期改进的重点聚焦于提高具有单不对称结构的喹唑啉的合成效率，提出了 6 种新颖的不对称反应来引入立体中心，以减少使用保护基团。高通量反应发现工具有助于快速研究这 6 种不对称转化与数百种潜在的催化剂和反应条件。通过使用高通量技术对上述 6 种不对称转化进行数千种反应条件筛选和反应时间分析，并在亚毫克级别进行反应，高通量筛选降低了溶剂用量。4 种成功的路线中有 3 种需要使用过渡金属催化剂（如 Pd、Ru、Rh）以及昂贵的手性配体。因此，默克公司将重点放在了一种新颖的 Aza-Michael 加成反应上，其目标是以不对称的方式开发一种经济、稳定、完全可循环利用的有机催化剂。新型的氢键催化剂很容易被回收再利用，这种新合成方法将 PMI 指数降低了 73%，原材料成本降低了 93%，总体产量提高了 60%以上。如图 7-21 所示，默克公司估计，这种经过优化的过程，可使乐特莫韦生产过程中少产生 1.5 万吨废弃物。生命周期评估显示，新工艺预计能减少 89%的碳生成量和 90%的水用量。

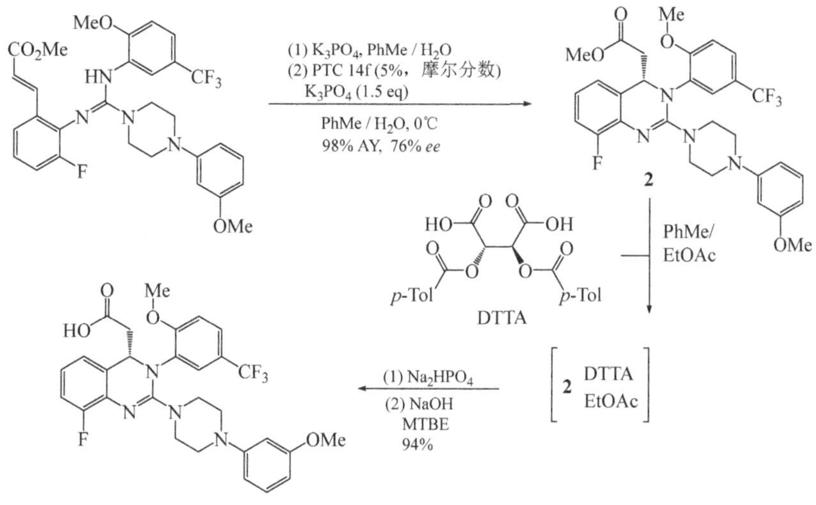

图 7-21　乐特莫韦新的合成工艺

7.2.6　头孢洛扎

2019 年绿色合成路线奖授予了默克公司，奖励他们在发展抗生素头孢洛扎（Zerbaxa™）的绿色可持续生产工艺的贡献。

头孢洛扎（Ceftolozane）是由先导物 FK518 结构修饰衍生而来的氨噻肟型季铵盐化合物，是一种新型静脉给药的“第五代”头孢菌素类抗生素，呈白色或类白色粉末，难溶于水，易溶于 pH=6 的缓冲液，结构如图 7-22 所示。其耐受性良好，抗菌谱较广，对革兰氏阳性菌和革兰氏阴性菌都具有较强的活性，在体内外试验中对铜绿假单胞菌以及多重耐药铜绿假单胞菌均显示出强效的抗菌活性，实验证明其对尿路感染、腹腔内感染、呼吸机相关性细菌性肺炎有效。头孢洛扎常与β-内酰胺酶抑制剂他唑巴坦联用，有防止头孢洛扎分解的作用。联用的头孢洛扎/他唑巴坦商品名为“Zerbaxa”，于 2014 年 12 月获得了 FDA 的批准上市，可以治疗复杂尿路感染与复杂腹腔内感染。

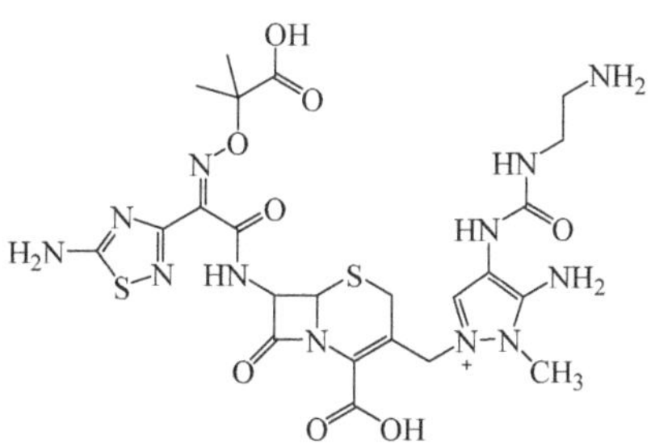

图 7-22　头孢洛扎的结构式

在此之前头孢洛扎的合成方法主要有三种，如图 7-23 所示。首先将二苯甲基保护的母核结构作为起始原料之一，7-位侧链噻二唑化合物用 Boc 保护氨基后，再用三氯氧磷将羧基活化为酰氯，之后与上述的母核进行缩合反应得到中间体化合物，然后与侧链吡唑化合物进行反应，最后经过脱保护反应制得头孢洛扎三氟乙酸盐，但是脱保护反应的摩尔收率很低，只有约 5%，头孢洛扎三氟乙酸盐再经过色谱分离制得头孢洛扎硫酸盐。

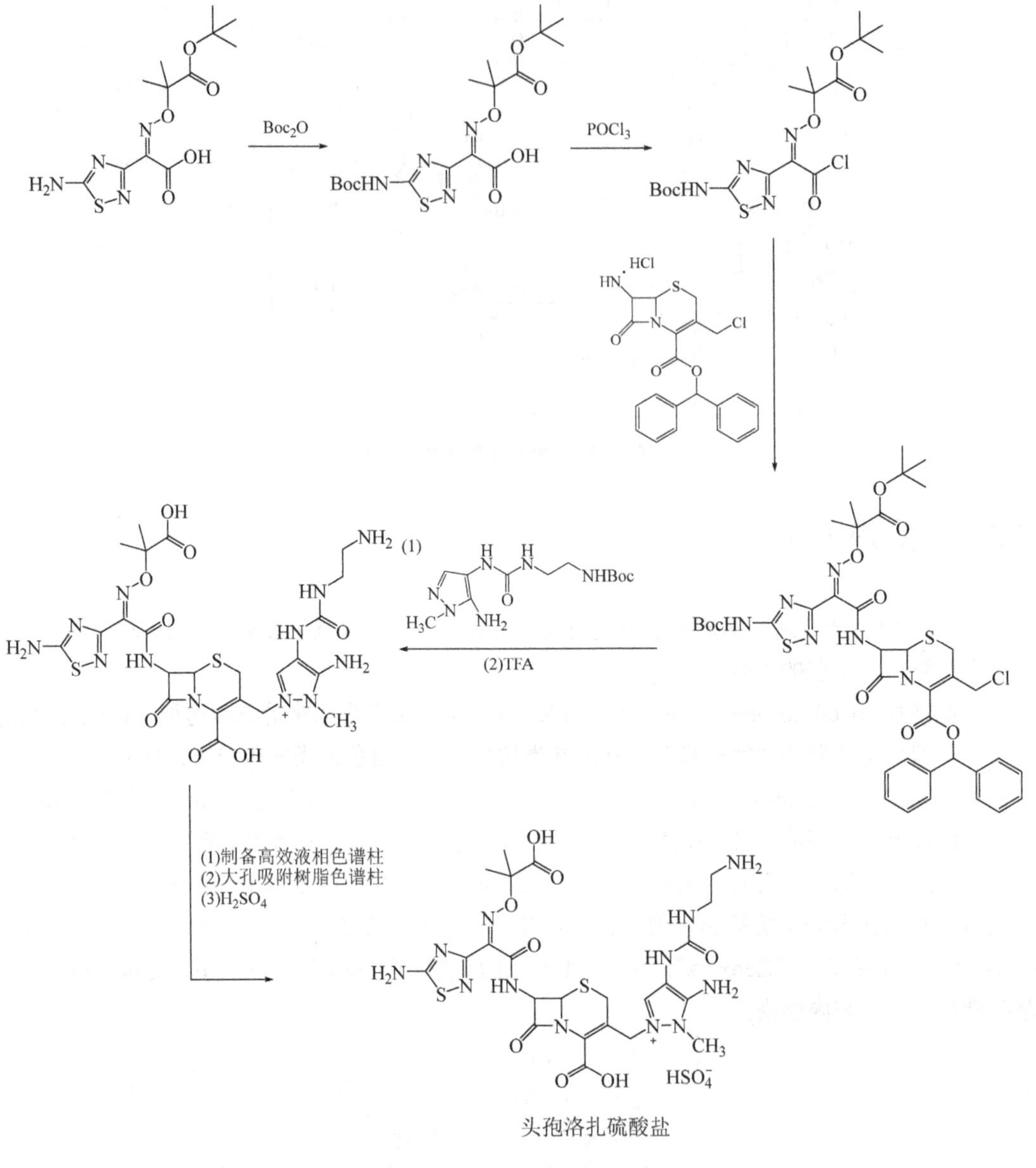

图 7-23　头孢洛扎硫酸盐的合成方法（1）

如图 7-24 所示，以母核与 7-位侧链噻二唑化合物缩合反应后的化合物为起始原料，与侧链吡唑化合物进行反应，侧链吡唑化合物上的氨基先用三苯甲基进行保护。最后进行脱保护反应，得到的头孢洛扎三氟乙酸盐经过色谱分离得到头孢洛扎硫酸盐。

如图 7-25 所示，以水杨醛亚胺头孢菌素衍生物为起始原料，用三苯甲基保护侧链的吡唑化合物进行反应得到水杨醛亚胺吡唑中间体化合物。之后 7-位侧链噻二唑化合物活化成甲磺酸酐化合物与上述中间体化合物进行缩合反应，使用三氟乙酸/苯甲醚体系进行脱保护反应，得到头孢洛扎三氟乙酸盐，最后将其色谱分离为头孢洛扎硫酸盐。

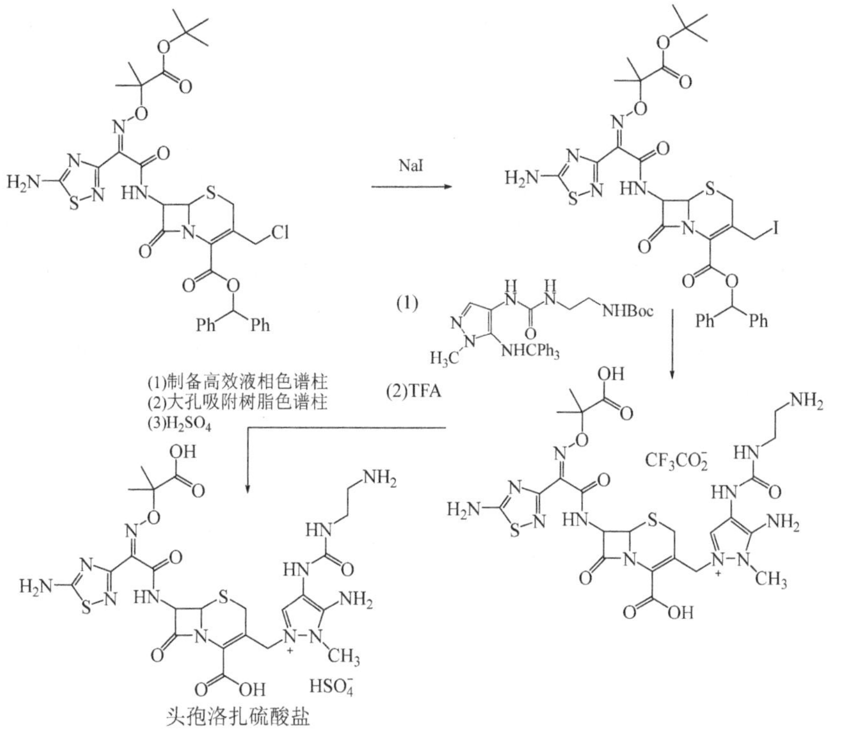

图 7-24　头孢洛扎硫酸盐的合成方法（2）

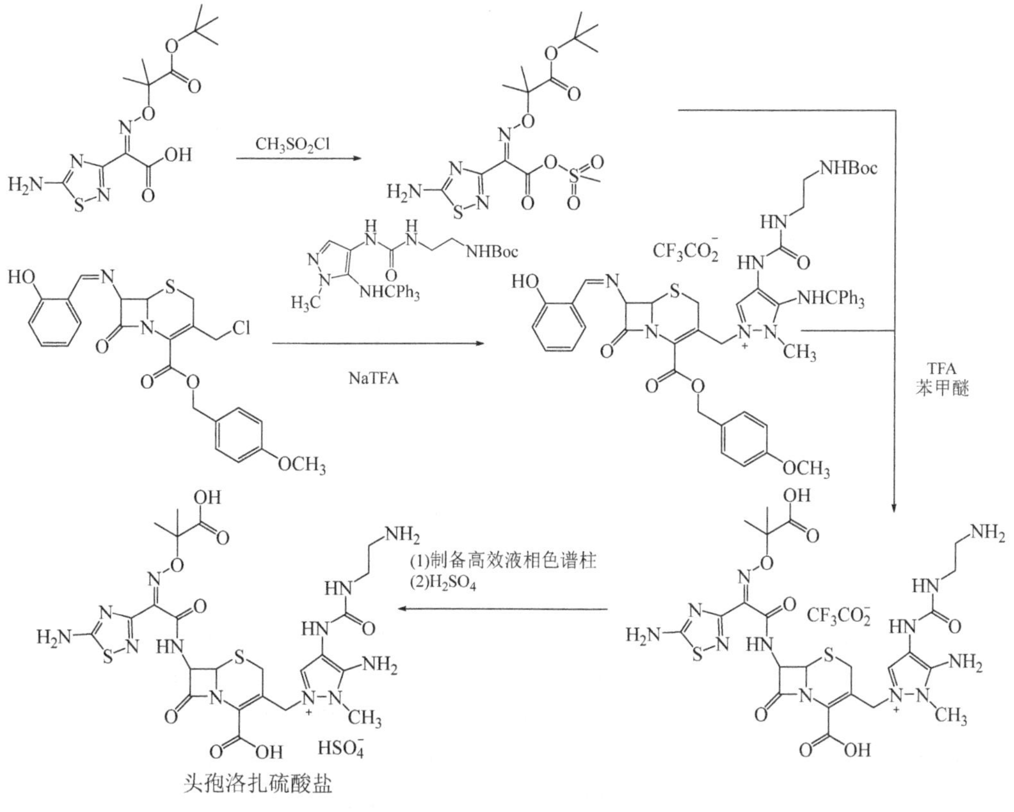

图 7-25　头孢洛扎硫酸盐的合成方法（3）

三种制备头孢洛扎硫酸盐的方法总收率均较低，而且纯化步骤均使用了色谱，限制了工业化规模生产，另外还存在使用危险化学品、工艺质量指数过高、生产周期过长的缺点。默克公司在合成化学和工艺开发方面进行创新，设计了真正可持续的第二代头孢洛扎硫酸盐生产路线（图 7-26）。新工艺的关键是基于结晶原理的净化工艺，它改变了色谱法是唯一能够纯化*β*-内酰胺抗生素方法的传统观点。这种基于结晶原理的净化工艺，带来了革命性的创新，使生产工艺质量指数降低了 75%，原材料成本降低了 50%，总产量提高了 50%以上。默克公司估计，新工艺每年可节省约 370 万加仑的水，相当于 21000 人 1 年的饮水量。此外，生产周期评估数据显示，预计新工艺的碳和能源使用量分别减少 50%和 38%，降低了对环境的影响。该工艺的专利已于 2018 年在美国和欧盟成功实施和批准，目前，Zerbaxa™ 药物的主要活性成分头孢洛扎硫酸盐实现了商业化生产。

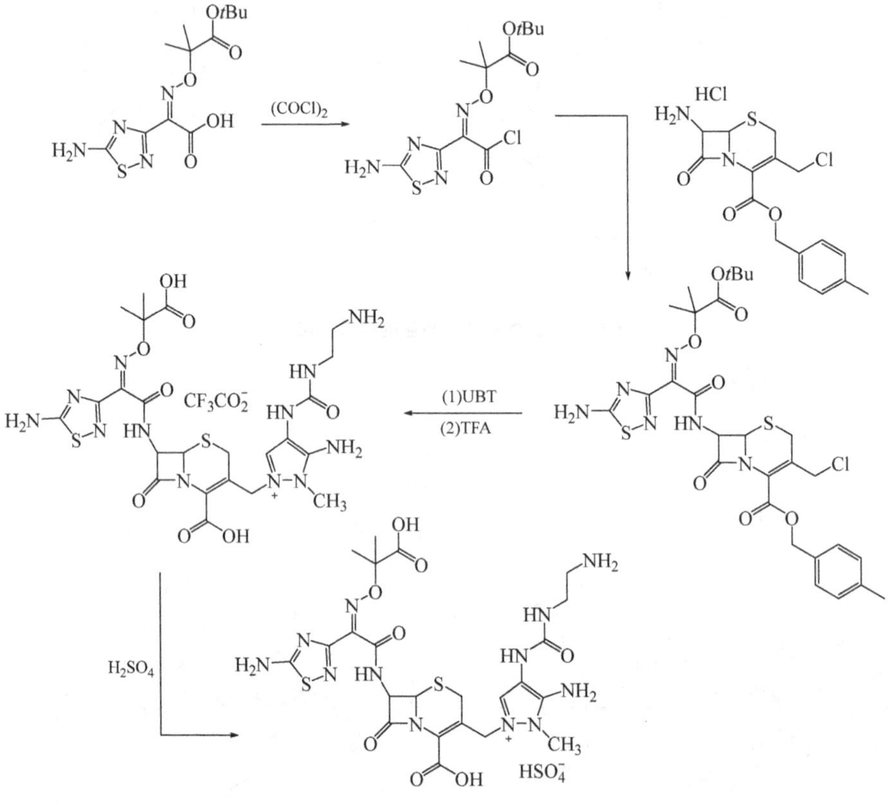

图 7-26 新的头孢洛扎硫酸盐合成工艺

总之，发展绿色和可持续制药工艺的核心是设计高效的合成路线。逆向合成分析和前瞻性规划是实现最佳合成战略的基础，同时需要满足更广泛的可持续发展目标。绿色化学和化学工程学阐明了资源效率、防止浪费和使用危险性小的化学品的重要性。通常情况下，由于没有一致性的标准，很难客观定义和评估合成工艺创新对实现可持续性目标的影响。传统合成工艺往往依赖于易得便宜的化学原料，而忽略了对环境的影响，而且环境的影响并不容易被觉察。因此，制药对环境、健康和安全的总体负面影响可能被严重低估。现在，业界提出了以 100 美元

/mol 的要求作为计算绿色化学指标的起点，因此制药工艺需要全面地计算制药生产废物造成的影响。默克公司提出了一个蓝图，指导制药工艺的路线设计：a.高原子经济设计；b.新转化路线/新强化技术的使用；c.路线的优先排序和选择；d.优化可持续性。该指导架构强调了利用廉价易得的原材料进行原子经济性设计，并且证明了新化学反应转化和化工强化技术的重大影响。

7.3 植保相关获奖案例分析

7.3.1 草甘膦

1996 年绿色合成路线奖授予孟山都公司（Monsanto Company）的二乙醇胺的催化脱氢工艺合成亚氨基二乙酸钠（DSIDA，草甘膦的关键中间体）。该工艺无氨、无氰化物且不使用甲醛，消除了传统路线的大部分危险废物，操作安全，总收率高，工艺步骤少。

关于金属催化氨基醇转化为氨基酸盐的合成方法的研究始于 1945 年，然而工业化应用却一直未能成功。直到孟山都开发出一系列催化剂，使这种化学方法在商业上可行并得到应用。最初的催化剂含镉、铬、镍等，毒性高、活性低、选择性和稳定性差。孟山都公司对金属铜催化剂的改进，提供了一种活性高、易回收、选择性高和稳定性好的催化剂，已在大规模使用中得到验证。这种催化技术还可以用于生产其他氨基酸，如甘氨酸。此外，它是一种将伯醇转化为羧酸盐的通用方法，适用于许多其他农用化学品、特种化学品和医药产品的制备。

下面介绍一些在此之前合成亚氨基二乙酸的方法。

（1）氯乙酸法

氯乙酸与氨水、氢氧化钙反应后，用盐酸酸化，生成亚氨基二乙酸盐酸盐，然后经过静置结晶（–5℃以下）、抽滤、酸洗，将其溶于热水，加入氢氧化钠溶液调节，生成亚氨基二乙酸，再结晶、分离、干燥，得到产品为白色晶体。反应式见图 7-27。

$$ClCH_2COOH + NH_3 \cdot H_2O + Ca(OH)_2 \longrightarrow NH(CH_2COO)_2Ca + HCl + H_2O$$

$$NH(CH_2COO)_2Ca + HCl \longrightarrow NH(CH_2COOH)_2 \cdot HCl + CaCl_2$$

$$NH(CH_2COOH)_2 \cdot HCl + NaOH \longrightarrow NH(CH_2COOH)_2 + NaCl + H_2O$$

图 7-27 氯乙酸法制备亚氨基二乙酸

氯乙酸法工艺成熟，但流程长、产品纯度低、成本高、“三废”严重，且只能生产水剂，路线趋于淘汰。尽管这样，国内目前仍有 10 多家企业采用该路线生产，用作生产 10%草甘膦水剂的中间体。

（2）氯乙酸-甘氨酸法

氯乙酸与氢氧化钠反应生成氯乙酸钠，甘氨酸与碳酸钠反应生成甘氨酸钠，甘氨酸钠与氯乙酸钠反应生成亚氨基二乙酸盐（反应式见图 7-28），酸化后析出结晶，干燥得到产物。该方法的缺点是生产过程废水产生量过大，生产成本较高，已逐渐被淘汰。

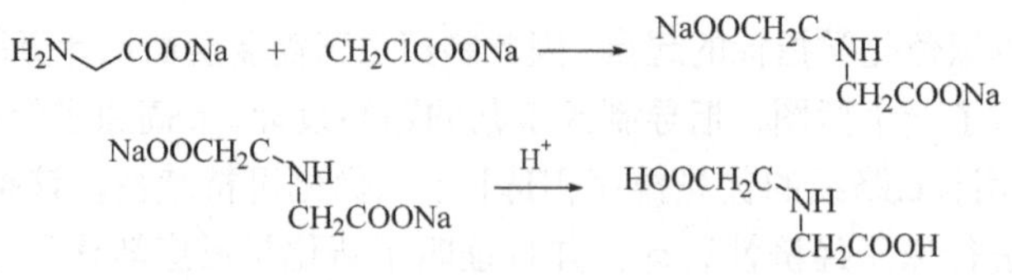

$$H_2N\sim COONa + CH_2ClCOONa \longrightarrow NaOOCH_2C-NH-CH_2COONa$$

$$NaOOCH_2C-NH-CH_2COONa \xrightarrow{H^+} HOOCH_2C-NH-CH_2COOH$$

图 7-28 氯乙酸-甘氨酸法制备亚氨基二乙酸

(3) 氢氰酸法

氢氰酸与甲醛、六亚甲基四胺的酸性水溶液在管式反应器中连续反应生成亚氨基二乙腈后，加入氢氧化钠使之水解成亚氨基二乙酸钠，再用浓硫酸酸化，并调节 pH 值，结晶分离，洗涤、干燥，即可得到亚氨基二乙酸成品。另外，母液经冷却、结晶、离心分离出副产品十水硫酸钠后，可用于生产另一副产品氨基三乙酸或者作为锅炉燃料，也可部分返回十水硫酸钠结晶器。反应式见图 7-29。

$$(CH_2)_6N_4 + HCN + HCHO \longrightarrow NH(CH_2CN)_2 + H_2O$$
$$NH(CH_2CN)_2 + H_2O + NaOH \longrightarrow NH(CH_2COONa)_2 + NH_3$$
$$NH(CH_2COONa)_2 + H_2SO_4 \longrightarrow NH(CH_2COOH)_2 + Na_2SO_4$$

图 7-29 氢氰酸法制备亚氨基二乙酸

该方法可直接利用大型丙烯腈装置副产的高纯度氢氰酸，技术成熟，可以规模装置高效运行，产品质量、成本均具有竞争力。该方法产率低，副产物量大，生产成本高，同时含氰废水处理也比较麻烦，需进一步改进。

(4) 二乙醇胺法

二乙醇胺在催化剂存在下，高压脱氢氧化制得亚氨基二乙酸。反应式见图 7-30。

$$HN(CH_2CH_2OH)_2 + H_2O \longrightarrow HN(CH_2COOH)_2 + H_2$$

图 7-30 二乙醇胺法制备亚氨基二乙酸

该方法是国外 20 世纪 90 年代开发的新技术，理论上生产成本低，仅为氢氰酸法的 2/3，并且纯度高达 99%，具有很好的工业化实施价值。但催化剂活性低或重复使用效果差，是一个需要克服的难题。

(5) 氨基三乙酸法

以氯乙酸为原料制得氨基三乙酸，高温条件下利用浓硫酸脱去乙羧基得到亚氨基二乙酸，或采用 Pd/C 为催化剂，催化氨基三乙酸生成亚氨基二乙酸。反应式见图 7-31。

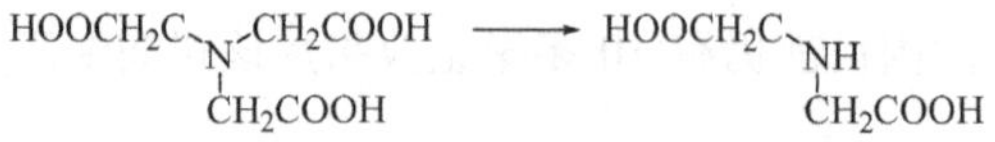

$$HOOCH_2C-N(CH_2COOH)-CH_2COOH \longrightarrow HOOCH_2C-NH-CH_2COOH$$

图 7-31 氨基三乙酸法制备亚氨基二乙酸

本方法原理可行，而且原料来源广泛，但是合成氨基三乙酸过程较为烦琐，导致生产成本过高，目前不适用于工业生产，但仍有研究价值。

(6) 羟基乙腈法

以羟基乙腈为原料合成亚氨基二乙酸有两条路线:

① 氨基乙酸与氢氧化钠反应生成氨基乙酸钠，氨基乙酸钠与羟基乙腈反应后，加入氢氧化钠，高温（95℃）反应，再加入盐酸酸化后得产物。反应式见图 7-32。

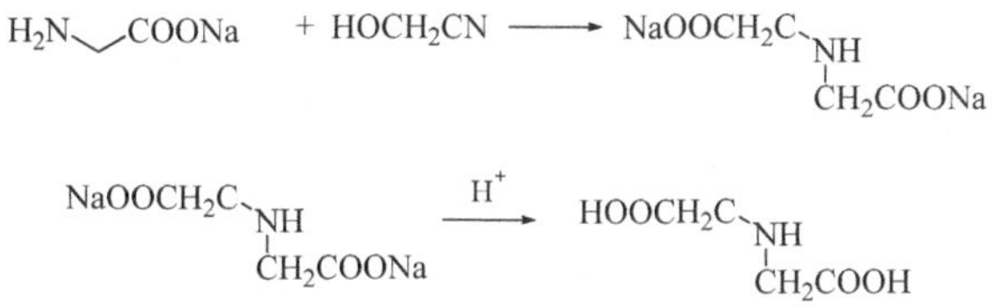

$$H_2NCH_2COONa + HOCH_2CN \longrightarrow NaOOCH_2C\text{-}NH\text{-}CH_2COONa$$

$$NaOOCH_2C\text{-}NH\text{-}CH_2COONa \xrightarrow{H^+} HOOCH_2C\text{-}NH\text{-}CH_2COOH$$

图 7-32 氨基乙酸与羟基乙腈制备亚氨基二乙酸

② 以羟基乙酸以及氨气为原料，经过水解和酸化过程，生成亚氨基二乙酸。此过程环境友好，能耗低，但收率低，还有待研究开发。反应式见图 7-33。

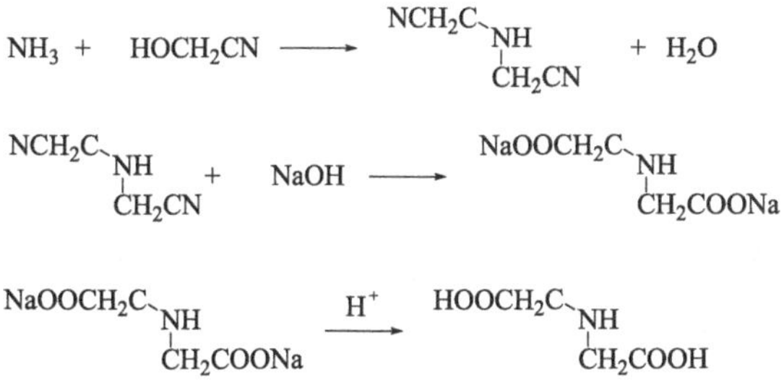

$$NH_3 + HOCH_2CN \longrightarrow NCH_2C\text{-}NH\text{-}CH_2CN + H_2O$$

$$NCH_2C\text{-}NH\text{-}CH_2CN + NaOH \longrightarrow NaOOCH_2C\text{-}NH\text{-}CH_2COONa$$

$$NaOOCH_2C\text{-}NH\text{-}CH_2COONa \xrightarrow{H^+} HOOCH_2C\text{-}NH\text{-}CH_2COOH$$

图 7-33 氨气与羟基乙腈制备亚氨基二乙酸

亚氨基二乙酸的应用:

(1) 合成除草剂草甘膦

亚氨基二乙酸与甲醛、三氯化磷缩合生成中间体双甘膦，最后氧化得到草甘膦，这是亚氨基二乙酸最主要的用途。随着世界农业经济及技术的增长和发展，这种内吸、高效、广谱、低毒的除草剂的全球需求量正以每年 5%的速度增长，而我国对草甘膦需求的增加速度超过世界平均水平，大大增加了对亚氨基二乙酸的需求。

(2) 用作螯合剂

作为螯合剂，亚氨基二乙酸可用于化学镀金和三价铬电镀液、印刷电路板预涂焊剂、硬表面清洗剂等的配制。此外，将亚氨基二乙酸或其水溶性盐与其他螯合剂配合或制成各种螯合型离子交换树脂，可螯合水中钙、镁离子，广泛用于化工、原子能、电子、医疗、制药等领域的工艺水和废水处理。

(3) 制备氨基三乙酸

亚氨基二乙酸也可与碘乙酸缩合制备氨基三乙酸。氨基三乙酸同样是一种应用非常广泛的精细化工产品，可以作络合剂，与多种金属形成络合物，用于分析和测试，并分离稀有金属，也可从稀有金属中提取个别金属；可以在聚氨酯泡沫塑料生产中，作为发泡催化剂，在聚乙烯生产中用作聚合催化剂；可以在聚丙烯生产中用作稳定剂；可以在原子能水蒸气发生器系统中用作去垢剂来去除壁间污垢。此外，还可在电镀中加快沉淀速度，提高彩色照相机显影剂的稳定性，代替三聚磷酸盐作洗涤助剂等。

（4）其他应用

作为无色配位体用于合成新型偶氮铬络合染料，与季铵盐结合合成两性铬络合品红染料，与对烯基琥珀酰亚胺反应合成一种燃油清洁剂，与三氯化磷、甲醛反应得到的双甘膦可作为水泥缓凝剂，和对苯二甲酸配合可用于生产具有良好气体阻隔性的聚酯树脂，此外还可合成洗涤用品漂白活化剂、化学分析试剂、顺铂类抗癌药物、吡嗪和2-氨基吡嗪等。在精细化工领域，如在电镀行业中，亚氨基二乙酸可用于化学镀金和三价铬电镀液的配制，可加快沉淀速度，还可使所镀金属表层牢固而光亮。将亚氨基二乙酸引入聚合体系当中，可制得阳离子交换树脂，二乙烯基苯共聚物经氯甲基化后，与亚氨基二乙酸反应生成苯乙烯，这种螯合树脂因为有亚氨基二乙酸作为螯合配体，可以吸附金属离子，用于回收以及精制有价值的金属。例如：以亚氨基二乙酸为功能基的树脂用于吸附稀土元素钇和铵，吸附量大，操作简便。用酸性或者碱性溶液处理该高分子材料后，可重复使用。

以亚氨基二乙酸为母体进行修饰得到的衍生物具备更多的活性配位点，可以提高络合物的稳定性，进而提高其利用率和使用范围，以亚氨基二乙酸为原料合成的酚类衍生物，在金属离子比色分析中能提供助色基团。

在生产草甘膦过程中产生的中间体双甘膦还可用作水泥的缓凝剂。显影剂中添加亚氨基二乙酸能防止沉淀的产生，使显影剂具有优越的储存稳定性。亚氨基二乙酸与烯基琥珀酰胺反应可以生产燃油清洁剂。

经多年研究，孟山都公司开发了另一种铜催化的二乙醇胺脱氢工艺，反应在氢氧化钠水溶液中进行，压力约 $10kgf/cm^2$（$1kgf/cm^2$=98.0665kPa），温度 160℃，收率可达 95%。催化剂可以循环使用 9 次以上，最后过滤除去，产品不需纯化，可直接用于生产草甘膦（图 7-34）。新合成路线的起始物挥发性低、毒性小，工艺操作本质上更安全，因为脱氢反应是吸热的，反应不会出现失控的危险，不产生废弃物，是一项优秀的绿色化学成果。

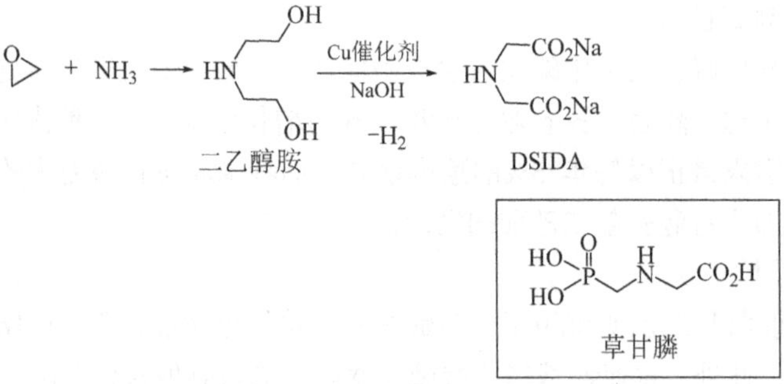

O + NH_3 → HN(OH)(OH) —Cu催化剂, NaOH, $-H_2$→ HN(CO_2Na)(CO_2Na)
二乙醇胺　DSIDA
HO, HO, O, P, H, N, CO_2H
草甘膦

图 7-34　孟山都公司合成亚氨基二乙酸钠工艺

7.3.2 虫酰肼

1998 年设计绿色化学品奖授予罗门哈斯公司（Rohm and Haas，现为 Dow 化学公司的植保部门）。其贡献在于开发了一种防治草坪及多种作物害虫的新型杀虫剂（CONFIRM，虫酰肼制剂，Tebufenozide）。虫酰肼是非甾族的昆虫激素类杀虫成分，活性高，选择性强，对所有鳞翅目幼虫均有效，对抗性害虫棉铃虫、菜青虫、小菜蛾、甜菜夜蛾等有特效。并有极强的杀卵活性，对非靶标生物更安全。虫酰肼对眼睛和皮肤无刺激性，对高等动物无致畸、致癌、致突变作用，对哺乳动物、鸟类均十分安全，因此也没有重大的意外泄漏危害。美国环保局认定CONFIRM为一种低风险的杀虫剂。

虫酰肼代号为RH-5992，化学名称为*N*-叔丁基-*N'*-(4-乙基苯甲酰基)-3,5-二甲基苯甲酰肼（图7-35），微溶于有机溶剂，在通常条件下稳定。与传统意义上的杀虫剂不同的是，虫酰肼不是杀死害虫而是限制害虫生长，不仅低毒，而且对其他生物无害，提供了一种更安全、有效的草坪和各种农艺作物昆虫控制技术。

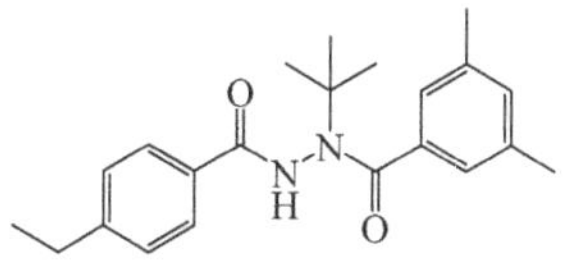

图7-35 虫酰肼结构

虫酰肼的合成工艺分两步（图7-36）。首先合成酰胺肼部分，一般来说有两条路线：由乙苯和三氯乙酰氯经过傅克反应制得2,2,2-三氯-（4-乙基苯）乙酮，再与叔丁基肼盐酸盐反应。或者通过对乙基苯甲酰氯与叔丁基肼盐酸盐直接反应，然后和3,5-二甲基苯甲酰氯反应得到虫酰肼，合成相对简便，收率高。

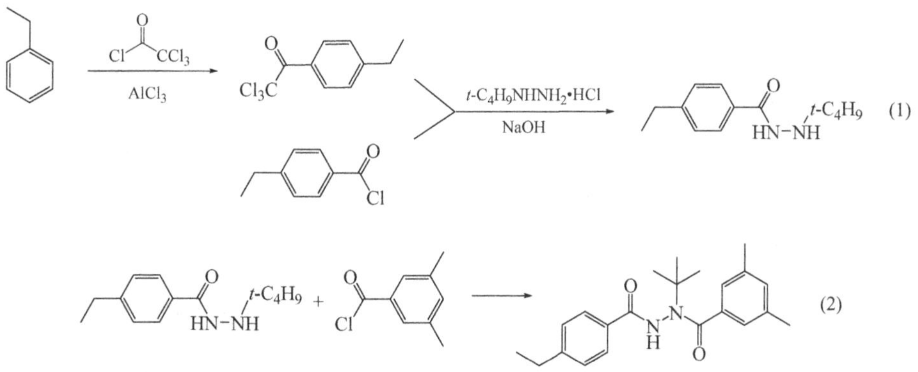

图7-36 虫酰肼工艺合成路线

7.3.3 乙基多杀菌素

2008年设计绿色化学品奖授予陶氏益农公司（Dow AgroSciences），其创新贡献在于通过绿色化学方法合成了一种新型杀虫剂乙基多杀菌素（Spinetoram），可有效杀灭一些果树的害虫。

多杀菌素是20世纪90年代初期由陶氏益农公司开发的一种大环内酯类杀虫抗生素，因其具有较高的杀虫选择性和环境兼容性，于1999年荣获美国总统绿色化学挑战奖。提高这种新型发酵杀虫剂的活性并扩大其杀虫谱一直都是陶氏益农公司的目标，因此研究人员通过对已发现的多杀菌素组分进行多种化学改造研究，并应用人工神经网络（Artificial Neural Networks，ANN）计算机程序对多杀菌素的定量结构和活性关系进行推断，发现了乙基多杀菌素，其活性提高了10倍，能更有效地控制果树害虫。

多杀菌素是从土壤放线菌刺糖多孢菌的发酵液中直接提取分离出来的，而乙基多杀菌素是对由刺糖多孢菌发酵产生的代谢产物进行化学结构改造而得到的，属于多杀菌素的衍生物。乙基多杀菌素外观为灰白色固体，带有一种类似轻微陈腐泥土的气味，在水中pH值为6.46、溶解度很低，易溶于常见的有机溶剂，如甲醇、乙醇、丙酮、乙酸乙酯、二氯甲烷等。从结构上看，属于大环内酯类化合物，包含1个由21个碳组成的独特四环结构，并连接两个不同的糖。乙基多杀菌素的结构式如图7-37所示。

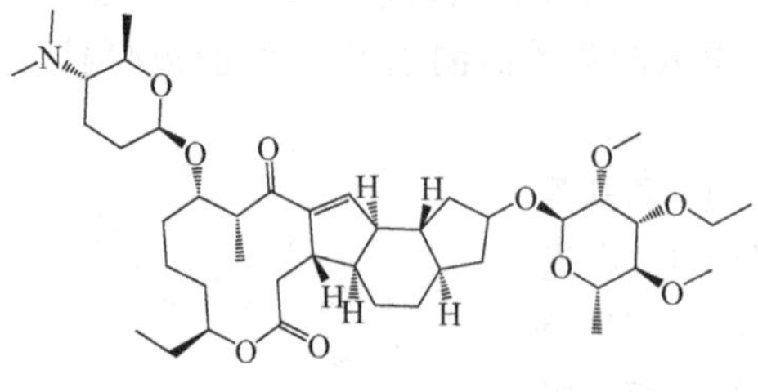

图 7-37　乙基多杀菌素的结构式

多杀菌素类杀虫剂的降解性能良好，其主要通过光降解和微生物降解为 C、H、O、N 等自然成分。多杀菌素降解的半衰期与光强弱有关，在土壤中光降解的半衰期为 9～10d，在叶面光降解的半衰期为 1.6～16d，而在水中光降解的半衰期不到 1d。在无光照条件下，通过有氧土壤代谢方式降解的半衰期为 9～17d，多杀菌素在水中是比较稳定的，几乎不水解，无光时半衰期至少为 200d。多杀菌素的土壤传质系数 K_d 为中等（5～323），且在水中溶解度很低，在环境中能很快降解。由此可见，多杀菌素的沥滤性能非常低，合理使用不会污染地下水。

从杀虫谱上看，乙基多杀菌素的杀虫谱比多杀菌素更广，不仅对鳞翅目、双翅目和缨翅目等农业、水果害虫有效，而且对乔木果树及坚果等作物的害虫高效。另外乙基多杀菌素对多种蔬菜和棉花害虫的活性比多杀菌素要高，如毒杀苹果蠹蛾的活性是多杀菌素的 4.3 倍且持续时间更长，毒杀烟草夜蛾幼虫的活性是多杀菌素的 6 倍多。

同时，陶氏益农公司在制备乙基多杀菌素的过程中，催化剂、大多数试剂和溶剂都被回收利用。目前，乙基多杀菌素的生物学和化学特性已被广泛研究。与现有的杀虫剂相比，乙基多杀菌素可为人类健康和环境带来重大且直接的好处。目前有两种有机磷酸酯类杀虫剂（谷硫磷和磷铵）被广泛用于梨果（如苹果和梨）、核果（如樱桃和桃子）和坚果（如核桃和胡桃）。在哺乳动物的急性口服毒性上，谷硫磷是乙基多杀菌素的 1000 倍，磷铵农药是乙基多杀菌素的 44 倍。乙基多杀菌素的低毒性降低了在整个供应链（制造、运输、应用）中暴露的风险。与目前的许多杀虫剂相比，乙基多杀菌素对环境的影响小，因为它的使用率和对非目标物种的毒性均很低。乙基多杀菌素的功效远高于许多竞争性杀虫剂，比如谷硫磷和磷酸酯的有效使用量是乙基多杀菌素的 10～34 倍。与其他传统杀虫剂相比，乙基多杀菌素在环境中的持久性也较低。陶氏益农公司预计，乙基多杀菌素在使用的前五年中，将减少美国用于梨果、核果和树果的约 180 万磅有机磷杀虫剂。在 2007 年，EPA 批准了乙基多杀菌素产品 Radiant™和 Delegate™的农药注册，并开始进行商业销售。

7.3.4　灵斯科除草剂

2018 年的设计绿色化学品奖授予 Dow DuPont 公司的 Corteva Agroscience 部门，奖励他们开发的新型除草剂——灵斯科（Rinskor™，图 7-38）在提高水稻产量并降低环境污染上的贡献。

当前，大约 250 种植物被称为杂草，可引起庄稼减产（高达 80%），其影响比害虫和疾病加起来还要大。因此，田间杂草管理对提高农作物产量相当重要。随着时间的推移，杂草会对除草剂产生抗性或对施药控制手段变得不那么敏感。引入不同作用机制或新作用模式的除草剂，以减轻杂草的抗性十分重要。1940 年，发展了生长素类除草剂（Aryloxyacetates，2,4-D 和 MCPA），是除草剂领域的一大突破。Rinskor™ 代表了芳基吡啶类化学家族的最新成员，一种独特的新型合成植物生长素类除草剂。Rinskor™ 是继锐活（Arylex™ Active，图 7-38）之后该类除草剂的第二个新化合物。由于分子结构不同，Rinskor™ 和锐活的应用作物和除草活性也有所不同。

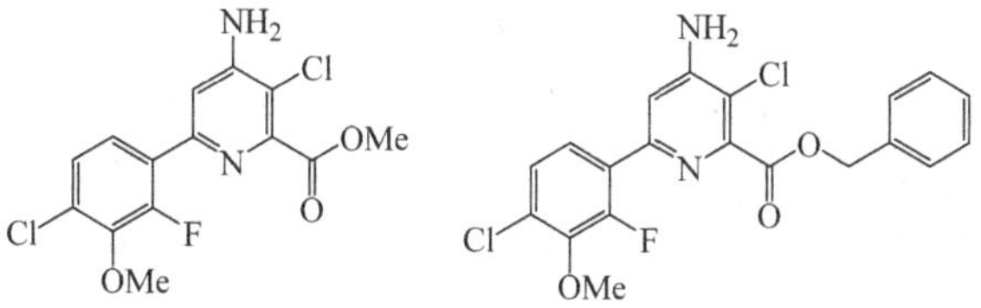

Arylex™ Active　　Rinskor™ Active

图 7-38　Arylex 原药和 Rinskor 原药的结构式

Rinskor™ 的主要特点有：

① 高效。作为杂草茎叶处理除草剂，可有效防除主要的禾本科杂草、阔叶杂草及莎草科杂草，以及对乙酰乳酸合成酶（ALS）抑制剂、乙酰辅酶 A 羧化酶（ACCase）抑制剂、对羟苯基丙酮酸双氧化酶（HPPD）抑制剂、敌稗、二氯喹啉酸、草甘膦、三嗪类除草剂产生抗性的杂草。

② 安全。该除草剂具有独特的选择性，可安全用于水稻及其他作物。

③ 使用剂量低。

④ 效果稳定。在不同条件及水层管理情况下具有稳定的除草特性。

⑤ 在土壤及作物中降解迅速。

⑥ 对环境友好，对其他生物安全。

Rinskor™ 是一种既可以通过叶片，也可以通过根部吸收的内吸性除草剂，可经木质部和韧皮部传导并积累在杂草的分生组织中发挥除草活性。该除草剂属于芳香基吡啶甲酸类除草剂，是生长调节剂类除草剂的最新品种。与其他生长调节剂类除草剂相比，芳香基吡啶甲酸类除草剂在用量、杀草谱、杂草中毒症状、环境毒理、作用机制方面都有新的特点，由于 Rinskor™ 的作用机理独特，可与其他除草剂交替用于水稻和其他作物。与常规的生长调节剂类除草剂不同，Rinskor™ 和其他芳香基吡啶甲酸类除草剂一样对于激素受体有着独特的作用方式。

此外，Rinskor™ 的制剂可以利用植物中提取的非碳氢可再生溶剂。Rinskor™ 可取代许多现有产品，每年减少的活性成分和烃类溶剂将超过 100 万磅。随着 Rinskor™ 的普及，这种减少将进一步增加。与目前市场上的除草剂相比，Rinskor™ 对人体的毒性更低（美国环境保护局的结论是，Rinskor™ 的毒性研究中没有发现任何不良毒性，因此没有建立用于风险评估的毒性终点和起点），也无不良的环境影响，在土壤、水和植物中的持久性较低，对其他生物如鸟类、昆虫、鱼或其他水生生物的毒性较低。Rinskor™ 的使用率非常低（每公顷 10～30g 有效成分），对施药者和其他非目标生物（动物和植物）的风险极小。

7.4　生产生活相关获奖案例分析

7.4.1　海洋船舶防垢剂

1996 年设计绿色化学品奖授予罗门哈斯公司（Rohm and Haas）。其贡献在于设计开发了一种新型环保的海洋船舶防垢剂（Sea-Nine）。

1995 年，由于船体上附着的微生物等污垢产生流体阻力，致使航运行业的燃油消耗增加，造成大约 30 亿美元的损失。很明显地，燃油增加会带来污染，因此船体需要使用防垢剂。传统防垢剂是有机锡类化合物如三丁基氧化锡（TBTO），虽然有效，但在环境中持续存在并产生毒性影响，包括急性毒性、贝类的生物积累毒性（降低其繁殖力和增加壳的厚度）。这些生态毒性限制了有机锡的使用。罗门哈斯公司开展了十几年的研究，寻找环境安全的防垢剂，能控制众多造成污垢的海洋生物，而对非目标生物（蚝、贝、虾等）无害。1975 年，Stephen F. Krzeminski 等人报道了异噻唑啉酮化合物具有很高的抗细菌、真菌及藻类活性，对某些水生生物也有活性，而且降解速度快，与土壤和底泥的亲和力强。在此基础上，罗门哈斯的研究组对 140 种异噻唑啉酮衍生物进行了筛选，研究了控制成垢海洋生物的活性与化学结构的关系，优选出 4,5-二氯-2-正辛基-4-异噻唑啉酮（DCOI）（图 7-39）。DCOI 虽然对某些鱼、虾、贝的急性毒性不低，但慢性毒性低，对繁殖无影响，在海水及底泥中能被微生物降解为毒性很小的开链化合物，因此，对生态环境危害很小，广泛的环境和性能测试表明其符合行业标准，是较理想的海洋防垢剂。在海水中的半衰期为 1d，在沉积物中的半衰期为 1h。锡的生物累积因子高达 10000 倍，而 Sea-Nine 防垢剂的生物累积量基本为零，其最大允许环境浓度（MAEC）为 6.3×10^{-8}μg/L，而 TBTO 的 MAEC 为 2μg/L。Sea-Nine 现由罗门哈斯开发上市，并在全世界船舶业广泛使用。

异噻唑啉酮类化合物的合成方法最早由 Goerdeler 和 Mittler 提出。之后美国的罗门哈斯公司对异噻唑啉酮类化合物的合成方法进行了全面的研究，最终形成了现在普遍使用的、非常经典的合成方法。

之前制备异噻唑啉酮类化合物的 5 种方法：

① 1963 年 Goerdeler 和 Mittler 发表的异噻唑啉酮的制备方法，是由*β*-硫酮酰胺在惰性有机溶剂中卤化制得。生成异噻唑啉酮的反应式如图 7-40。

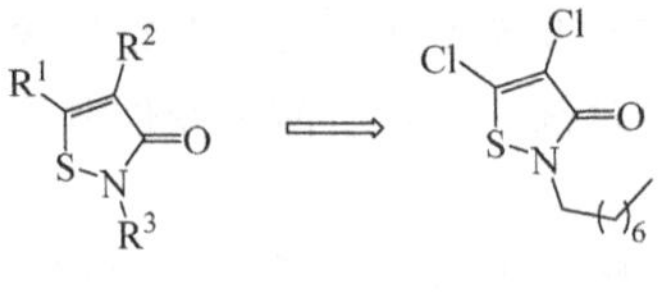

图 7-39　4,5-二氯-2-正辛基-4-异噻唑啉酮结构图示

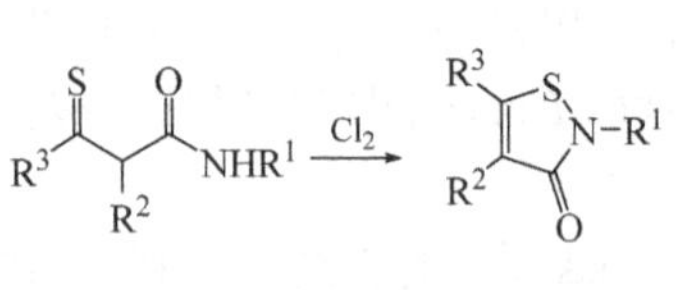

图 7-40　Goerdeler 和 Mittler 发表的异噻唑啉酮制备方法

② 1965 年 Grow 和 Leonard 提出，*β*-硫氰丙烯酰胺或硫代丙烯酰胺用酸处理（如硫酸）制备异噻唑啉酮。生成异噻唑啉酮的反应式如图 7-41。

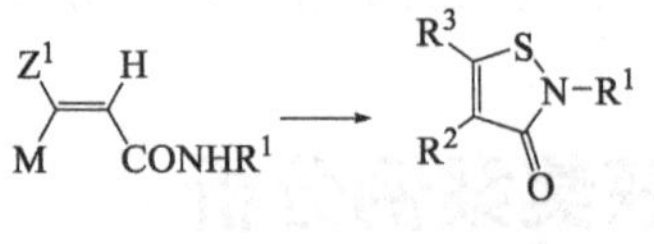

图 7-41　Grow 和 Leonard 提出的异噻唑啉酮制备方法

其中，M 为 SCN 或 $S_2O_{2\sim3}$。当 M 为 SCN 时，一般用金属盐（如硫酸铜）促使反应进行，而当 M 为硫代硫酸时，用碘来完成反应。上述反应的两种原料可以由丙烯酰胺和硫氰酸或硫代硫酸反应制得。

③ 20 世纪 70 年代罗门哈斯公司提出的制备方法是由 3-羟基异噻唑啉酮在有机溶剂中与卤化剂反应制得。反应式如图 7-42。

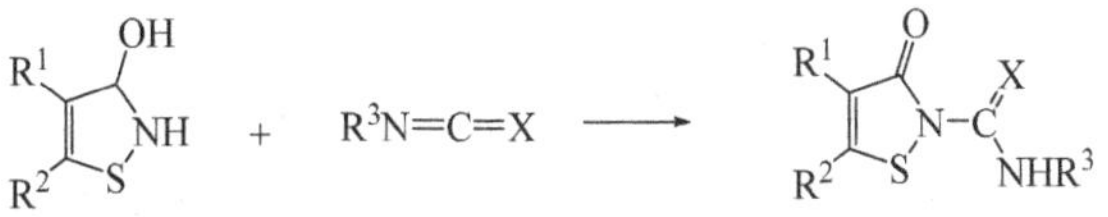

图 7-42　罗门哈斯公司研制的异噻唑啉酮制备方法

其中的 R^3 可为 C_1～C_{18} 的烷基、低烷基的磺酰、芳基磺酰、卤素等；X 为氧原子或者硫原子。

④ 1973 年，罗门哈斯公司又提出新的制备方法，由二硫代二酰胺在惰性溶剂中与卤化剂反应制得。反应式如图 7-43。

⑤ 1974 年罗门哈斯公司提出以巯基酰胺为原料制备异噻唑啉酮的方法，反应式如图 7-44。

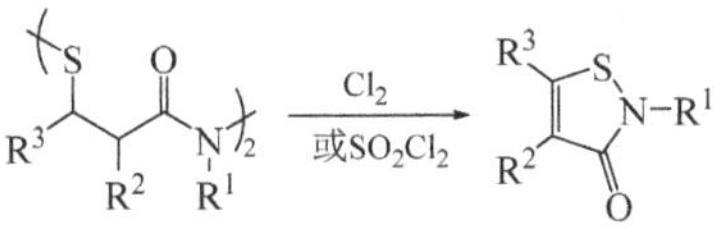

图 7-43　罗门哈斯公司提出的新的异噻唑啉酮制备方法

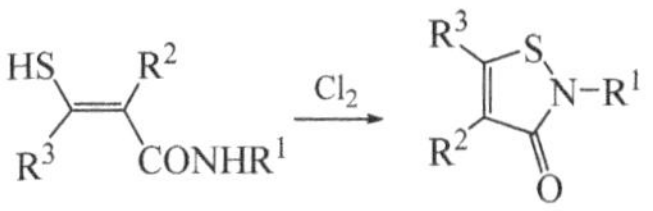

图 7-44　罗门哈斯公司提出以巯基酰胺为原料制备异噻唑啉酮的方法

以上几种方法中，罗门哈斯公司提出的以二硫代二酰胺以及以巯基酰胺为原料的制备方法为现在制备异噻唑啉酮最常用的方法，以后的方法都是在此基础上的改进。尽管上述生成异噻唑啉酮的方法各有优缺点，但要选择一种合理的合成路线所遵循的原则是一致的，那就是原料易得、价廉，收率高，操作方便，易于工业化生产，“三废”易处理等。

作为一种理想的新型杀菌剂，异噻唑啉酮类化合物与以往使用的杀菌剂相比有明显优越的环境特性，主要表现为在环境中能够快速降解和隔离，对海洋生物产生有限的生物利用率、最小的生物体内积累，在现有的环境浓度下对海洋生物毒性最小。异噻唑啉酮类生物杀菌剂在各种非生物和生物介质中的半衰期见表 7-1。水解条件下 2-甲基-4-异噻唑啉-3-酮（CMI）和 5-氯-2-甲基-4-异噻唑啉-3-酮（MI）是稳定的，其半衰期超过 720h，除 pH=9 时半衰期为 528h。DCOI 在 pH=7 时是稳定的，在碱性和酸性条件下有中等的降解速率，pH=7 时光降解速率大于水解速率。CMI、MI、DCOI 的光降解半衰期分别为 158h、266h、322h。

表 7-1　生物杀菌剂的非生物和生物降解的半衰期

环境介质	半衰期/h		
	CMI	MI	DCOI
水解			
pH 5	＞720	＞720	216
pH 7	＞720	＞720	＞720
pH 9	528	＞720	288
光解作用	158	266	322
有氧水生态系统	17	9	＜1
无氧水生态系统	5		＜1
有氧陆地生态系统			
25℃	5		20
6℃			26
无菌生态系统	＞1536	＞1536	＞5600

绿色防垢剂 DCOI 的首要环境特性就是能够快速降解，这样就能减少其在环境中的浓度。降解的主要途径归因于其生物活性，它能在天然海水中自然降解成低毒或者无毒的物质，不会污染环境。近十几年来海水养殖业主要以网箱和网笼养殖经济鱼类及扇贝为主。对于网箱和网笼的防生物附着涂料，要求无毒和柔韧性好。使用无毒防污涂料与不使用相比产值至少增加 10%，可产生巨大的经济效益。因此，异噻唑啉酮类产品在海洋防污领域具有巨大的应用市场和应用前景。

7.4.2 灭藻剂

1997 年设计绿色化学品奖授予 Albright & Wilson Americas（现为索尔维公司）开发的一种安全的杀菌剂和灭藻剂——四（羟甲基）硫酸磷［THPS，Tetrakis （hydroxymethyl）phosphonium Sulfate，图 7-45］，用于控制工业水系统中细菌和藻类的生长。THPS 对非目标生物的毒性较低，在低浓度下有效，并易于生物降解。

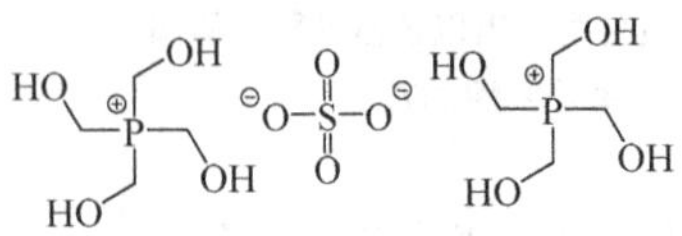

图 7-45 THPS 结构

THPS 结构中的磷碳键极性较强，致使与带正电荷的磷原子相邻的碳原子在极性作用下带负电荷，从而使官能团（—CH_2OH）具有较高的化学反应活性，可与苯酚、胺、多元酸等含活泼氧原子的化合物反应。

1912 年，William J. Pope 和 Charles S. Gibson 首次合成了 PH_4Br 和 PH_4I 以及一些混合季鏻盐的衍生物，这是季鏻盐化学的开端。1921 年，A. Hoffman 于实验室中首次成功合成了 THPS。THPS 的应用始于 1941 年，美国的 Conrad Schoeller 通过理论研究结合实际应用，发现它对部分织物有良好的阻燃作用。此项成果获得了美国专利，从此 THPS 作为工作服等棉纤维制品阻燃剂的前体而大规模生产。次年，研究发现季鏻盐可用作杀虫剂、消毒剂以及去污剂。1945 年，美国标准公司提出季鏻盐对润滑剂的稳定性有一定作用，在发动机润滑剂中添加 0.01%～1.0%的 R_4PX 可使燃料稳定性增强。80 年代，英国将该产品作为有效的杀菌剂应用于冷却水系统中，THPS 开始逐步得到人们的重视。后来人们研究发现，THPS 能够有效抑制硫酸盐还原菌生成硫化氢，并有效抑制硫酸盐还原菌引起的管道腐蚀，因此将其作为杀菌剂应用于油田注水系统中。目前，其应用领域不断拓宽，发展进入了一个辉煌的成熟期。由于其有高效、广谱、低发泡性、低毒等特点，被欧美国家誉为最环保的阻燃剂、水处理剂和杀菌剂。1997 年，凭借其良好的产品性能及大量的在环境安全方面的理想数据获得总统绿色化学挑战奖。

THPS 作为杀菌剂之前一直被用作织物阻燃剂。作为杀菌剂能够防止皮革、纺织品、纸张、照相底片的腐蚀，而且能够有效抑制工业冷却水系统、油田操作系统以及造纸过程中有害微生物的影响。

（1）THPS 在油田系统中的应用

在石油工业中，THPS 能够很好地解决微生物引起的各种问题。THPS 不仅能减少 H_2S 气体的产生，还能溶解 FeS 沉淀，减少管道堵塞，保持注水速率和出油产量，因而被广泛地应用于油田注水系统、水层恢复系统、储藏库以及管道保护。油田系统中硫酸盐还原菌会造成严重的危害，由它产生的 H_2S 不仅具有腐蚀性，还具有毒性，一方面会影响工作人员的健康和安全，另一方面腐蚀管道和容器，导致石油产品的意外泄漏，污染油田周围的空气和水域。THPS 对硫酸盐还原菌具有很好的抑制性能，可减少 H_2S 的产生及其对管道的腐蚀。

自 1994 年以来，位于北海丹麦区域的 Maersk 石油与天然气科学院所有的采油区以 THPS 作为杀菌剂，采用不同的处理方式取得了不同的效果。另外，THPS 能够改变 FeS 沉淀的物理形态及其中细菌的组成，从而增加 FeS 沉淀的溶解性。实验证明：用 1%的 THPS 和 0.1%的氯化铵溶液在 60℃厌氧条件下与 FeS 沉淀接触 5h，溶液中的 Fe^{2+}的质量浓度由 33mg/L 增加到 200mg/L。FeS 沉淀溶解机理是 THPS、铵离子和二价铁离子形成了可溶性化合物。

（2）THPS 在工业水处理中的应用

THPS 用作工业水系统杀菌剂具有如下优点：①THPS 具有高效广谱的杀菌效果，并能去除生物黏泥；②THPS 低毒，容易降解为无毒物质，使其成为冷却水排入生态敏感水域时的一种理想杀菌剂；③THPS 对于冷却水系统的各类水均相容，其稳定性较好；④与常见水处理剂，如聚丙烯酸（PAA）、氨基三亚甲基膦酸（ATMP）等具有良好的配伍性；⑤对硫酸盐还原菌、铁细菌均具有良好的杀菌效果，实验证实，当 THPS 质量浓度大于 60mg/L 时，对硫酸盐还原菌的杀菌率达到 100%；⑥与季铵盐 1227、MQA 相比，当 THPS 的质量分数大于 60%时，其冰点小于−20℃，因此可用于极其寒冷的地方；⑦THPS 最小有效剂量能够通过比较容易的在线分析方法测得。

（3）THPS 在其他方面的应用

在消防喷洒系统中存在生物、化学沉积物并且具有充足的氧气，传统上使用的氧化性杀菌剂，不仅不能很好地抑制微生物造成的腐蚀，在某种程度上还促进了腐蚀。由于 THPS 具有黏泥剥离性能，使用 THPS 能够帮助清洁消防喷洒系统内部表面的油污、尘粒及其他微生物，以及为其提供营养的物质，从而能够抑制细菌，达到控制细菌、黏泥、沉淀物及由此造成的腐蚀的目的。挪威海岸天然气生产基地使用 THPS 减少 H_2S 引起的腐蚀，以及 H_2S 对空气的污染。此外 THPS 是环境友好型杀菌剂，因此被批准代替毒性较高的杀菌剂用于环境敏感区域。

7.4.3 螯合剂

2001 年绿色合成路线奖授予拜耳公司（Bayer AG，现在技术被 Lanxess 收购）。创新贡献在于开发了一种可生物降解、无毒、无废物、环境友好的新螯合剂——D，L-天冬氨酸-*N*-（1,2-二羧乙基）四钠盐，也称为亚氨基二琥珀酸钠（IDS，图 7-46）。

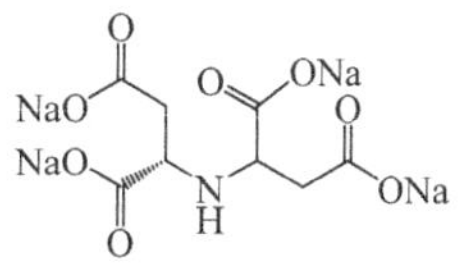

图 7-46 IDS 结构示意图

IDS（又称 IDHA）可以用于石油工业、纺织工业、化妆品、医药、土壤中重金属污染物的萃取、纸浆的漂白、水泥和石膏阻滞剂及洗涤剂等。与常规的几种螯合分散剂相比较，绿色螯合分散剂亚氨基二琥珀酸钠在螯合钙离子和铜离子时具有比较好的效果。将合成的亚氨基二琥珀酸钠应用于棉/亚麻织物的漂白工艺中，可以有效螯合金属离子，提高织物的毛效和强力。

根据起始物料的不同可以将亚氨基二琥珀酸的合成方法分为两种：①顺丁烯二酸酐-氨气法；②天冬氨酸-顺丁烯二酸酐法。

（1）顺丁烯二酸酐-氨气法

该机理（图 7-47）认为顺丁烯二酸酐先水解为顺丁烯二酸，然后与氨气反应生成天冬氨酸，天冬氨酸在碱性条件下再与顺丁烯二酸反应，得到产物亚氨基二琥珀酸。不过该方法需要在加压条件下进行，对设备的要求相对较高，并且反应中需要通入大量氨气，操作也较复杂。

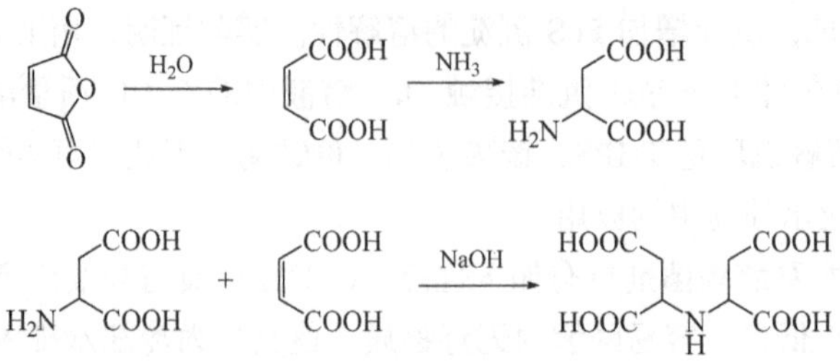

图 7-47　顺丁烯二酸酐-氨气法及机理

（2）天冬氨酸-顺丁烯二酸酐法

见图 7-48。

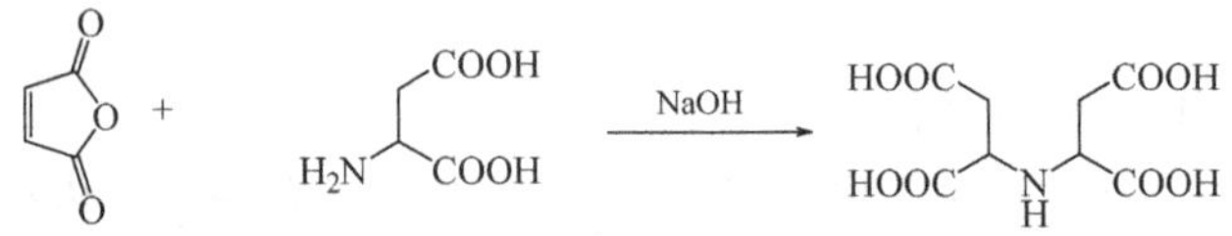

图 7-48　天冬氨酸-顺丁烯二酸酐法

螯合剂应用广泛，包括洗涤剂、农业营养素、家用和工业清洁剂等。然而大多数传统的螯合剂生物降解性差，水溶性优良，很容易被释放到环境中，并在江河湖泊的地表水和地下水中检测到。拜耳公司生产了一种易于生物降解和环境友好的螯合剂——亚氨基二琥珀酸钠，具有良好的螯合能力，特别是对铁（Ⅲ）、铜（Ⅱ）和钙的螯合能力。从毒理学和生态毒理学的角度来看，该制剂既容易生物降解又无害，对环境有改善效果。亚氨基二琥珀酸钠属于氨基羧酸类螯合剂，由顺丁烯二酸酐、水、氢氧化钠和氨生产，是全新的分子设计，由 100%无废物和环境友好的制造工艺生产。生产过程中使用的唯一溶剂是水，唯一形成的副产品是氨水，可以循环回收用于其他生产工艺。亚氨基二琥珀酸钠螯合剂可以作为洗衣机和洗碗机洗涤剂中的助洗剂和漂白剂，以改善其清洁性能。具体来说，亚氨基二琥珀酸钠螯合钙、软化水能提高表面活性剂的清洗功能。在照相胶片处理中，亚氨基二琥珀酸钠与金属离子形成络合物，有助于消除胶片表面的沉淀物。在农业中，螯合金属离子有助于防止和尽量减少作物矿物质缺乏。亚氨基二琥珀酸钠作为螯合剂在农业上应用，消除了环境持久性残留问题。总之，拜耳的亚氨基二琥珀酸钠螯合剂是可生物降解的、环境友好的螯合剂产品。

7.4.4　无异氰酸酯聚氨酯

2015 年设计绿色化学品奖授予 Hybrid Coating Technologies/Nanotech Industries（HCT）公司，其贡献在于生产了一种无异氰酸酯的混合型绿色聚氨酯（HNIPU），生产过程中的任何环节都不使用异氰酸酯。绿色聚氨酯的应用可减少对健康和环境的危害，同时提高装置的耐化学腐蚀性。与传统的聚氨酯涂料和泡沫相比，绿色聚氨酯的成本也具有竞争力。

聚氨酯，全名为聚氨基甲酸酯，是一种高分子化合物。聚氨酯有聚酯型和聚醚型两大类。它们可制成聚氨酯塑料（以泡沫塑料为主）、聚氨酯纤维、聚氨酯橡胶及弹性体。其最早是在20世纪30年代，由德国科学家研发而成，德国科学家将液态的异氰酸酯和液态聚醚或二醇聚酯缩聚生成一种新型材料，该材料的物理性能与当时的聚烯烃材料并不相同，科学家将其命名为聚氨酯。随着第二次世界大战结束，美国化工制造业蓬勃发展，并在20世纪50年代合成了聚氨酯软质泡沫塑料，这是当时化工行业具有里程碑意义的重要研究，为日后聚氨酯行业的发展提供了坚实的技术基础。异氰酸酯则是涂料和泡沫等传统聚氨酯产品中的重要成分，然而，随着环保要求的提高以及技术的发展，在生产和加工过程中也逐渐暴露出诸多问题：不少异氰酸酯原料挥发性大，毒性高，会导致皮肤和呼吸道问题，长期接触异氰酸酯会导致严重的哮喘甚至死亡，其对野生动物也有毒性，而且异氰酸酯燃烧会形成有毒的腐蚀性烟雾，包括氮氧化物和氰化氢。另外，在合成异氰酸酯时，工业上主要以多元胺和毒性大的光气为原料。同时，由于异氰酸酯极易与空气中的水分反应，影响聚氨酯的制备、异氰酸酯的运输和存储等过程，大大增加了成本及对环境的损害。

因此，为了解决传统聚氨酯对健康和环境的危害，HCT开发了一种混合型无异氰酸酯聚氨酯（HNIPU）。HNIPU由单/多环碳酸酯和环氧低聚物与含伯胺基团的脂肪胺或环脂肪族多胺的混合物反应生成，是一种具有不同结构的β-羟基氨基甲酸乙酯的交联聚合物，其大致的反应机理如图7-49所示。在合成过程中，反应可分为两步：第一步是胺对环碳酸酯的羰基基团发起亲核进攻，从而形成一个四面体状的中间体；第二步是中间体的去质子化过程，中间体被另一个胺分子进攻，使中间体的氢离子脱除，然后在氮原子强吸电子效应的影响下，C—O键断裂，同时，氢离子与生成的烷氧离子快速结合，最终生成两种氨基甲酸酯同分异构体。在这一反应中，环碳酸酯的开环点有两个，在不同的位点开环可得到不同的产物。两种产物分别是仲醇异构体和伯醇异构体，一般情况下，产物以仲醇异构体为主。环碳酸酯开环反应的位置与最终产物所占的比例取决于取代基R的诱导效应以及其体积。另外，两种异构体的比例还和溶剂与胺的种类有关系。

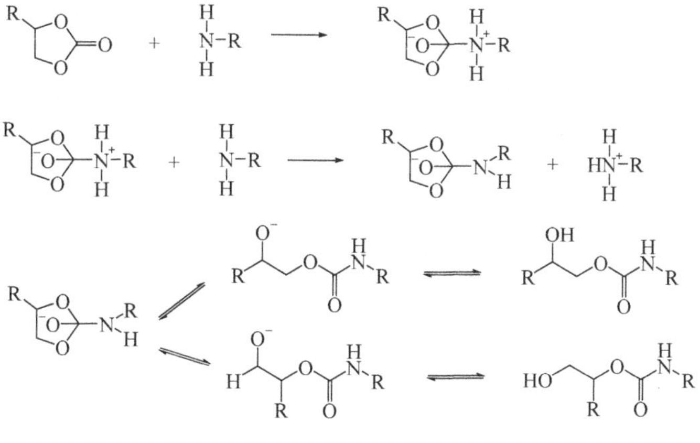

图7-49 环碳酸酯与伯胺反应机理

这一合成的关键原料是环碳酸酯和多元胺，其中环碳酸酯的合成方法包括环氧化合物-CO_2插入法和邻二醇法等。环氧化合物-CO_2插入法是目前应用最为广泛的方法。一般认为，该反应首先由四乙基溴化铵中的溴离子亲核进攻环氧基碳原子，然后负离子性质的氧原子对二氧化碳亲核进攻生成碳酸酯氧负离子，该氧负离子环化即生成环碳酸酯，经典反应机理如图 7-50 所示。反应转化率取决于 CO_2 压力、反应介质和催化反应体系。目前有多种催化剂可催化该反应进行，包括均相催化体系和多相催化体系，前者主要包括碱金属盐、铵盐、鎓盐和其他盐、金属离子配合物、离子液体等；后者主要包括金属氧化物、硅酸盐以及高分子负载型催化剂。

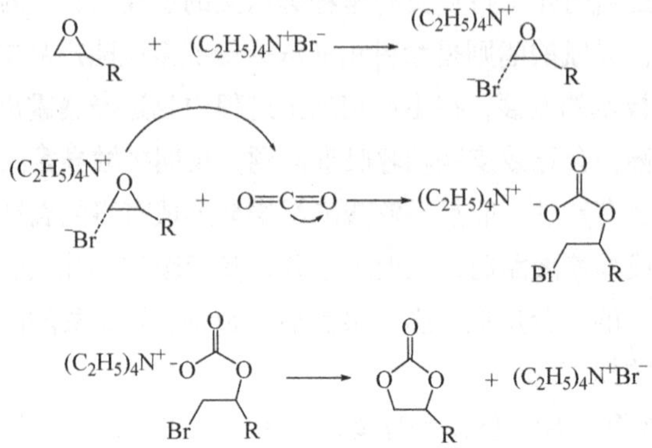

图 7-50　CO_2 与环氧化合物的环加成反应机理

另外一种是通过邻二醇和碳酸二烷基酯的酯交换反应制备五元环碳酸酯（图 7-51），但这一类反应通常需要较高的温度、高真空度等严苛条件，因此使用较少。

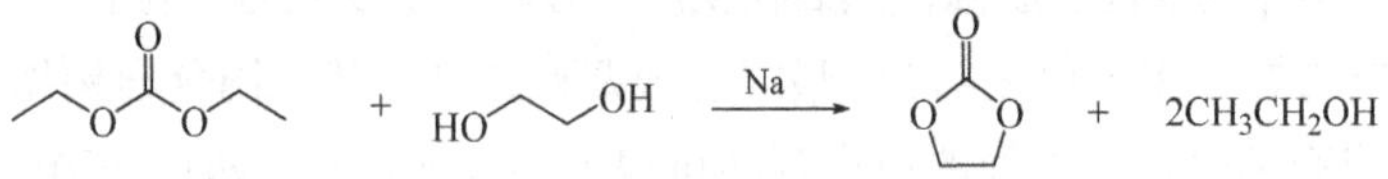

图 7-51　邻二醇法制备五元环碳酸酯反应流程

对于多元胺来说，常用的胺类化合物有脂肪族胺、脂环族胺、芳香族胺、多元胺类低聚物以及胺类预聚物等。多元胺活性与其结构和分子量相关，通常活性排序为脂肪族伯胺 > 仲胺 > 芳胺，芳香族胺活性不如脂肪族胺，仲氨基的反应速率是伯氨基的一半，环碳酸酯和芳胺反应速率小。芳胺 $ArNH_2$ 中的 Ar（芳香族核基）越小，与环碳酸酯的反应活性越强。常温下，苯胺 < 苄胺 < 环己胺 < 丁胺。大量的实验表明，实验中常用的几种脂肪族胺的活性排序是：己二胺 < 四乙烯五胺 < 二乙烯三胺 < 三乙烯四胺 < 乙二胺；几种脂肪族二胺的活性排序是：异佛尔酮二胺 < 丁二胺 < 乙二胺。

总之，HNIPU 是一种更安全的化学品，适用于聚氨酯和环氧树脂材料，如涂料和泡沫等。HNIPU 具有更好的力学和耐化学性能，用可再生资源取代了高达 50%的环氧基，与其他传统的聚氨酯和环氧产品相比，具有成本竞争力。HCT 目前在美国加利福尼亚州的产能为 10 万吨/年。使用 HNIPU 涂料的用户报告说，由于该产品的安全性能和优异的性能，可以节省 30%～60%的成本。

7.4.5　丁二醇发酵法制备工艺

2020 年绿色合成路线奖授予了 Genomatica 公司，以表彰他们利用糖发酵制备 1,3-丁二醇

（商品名 Brontide™）的工艺。

1,3-丁二醇，化学式 $C_4H_{10}O_2$，摩尔质量 90.122g/mol，为无色黏稠液体，略有苦味，吸湿性极强，相对湿度为 50%时可吸收相当于自身质量 12.5%的水，相对湿度为 80%时吸水量达到 38.5%。溶于水、丙酮、乙醇、邻苯二甲酸二丁酯、蓖麻油，几乎不溶于脂肪族烃、苯、甲苯、四氯化碳、乙醇胺类、矿物油、亚麻籽油。加热时能溶解尼龙，也能部分溶解虫胶和松脂。因沸点较高，常压下蒸馏易受空气氧化，宜减压蒸馏。1,3-丁二醇对高等动物的毒性很低，与甘油的毒性相当，大鼠半数致死量为 22.8～29.5g/kg，小鼠半数致死量为 23.4g/kg。1,3-丁二醇是一种外消旋化合物，分子式有两种构型：(*S*) -1,3-BDO 和（*R*）-1,3-BDO，如图 7-52 所示。

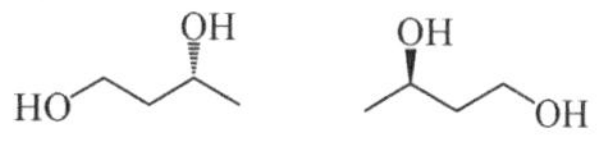

图 7-52　1,3-丁二醇的结构示意图

1,3-丁二醇具有二元醇的反应性，主要用于有机合成，诸如生产增塑剂、不饱和聚酯树脂、工业用脱水剂等，是聚酯树脂、醇酸树脂、增塑剂和聚氨酯涂料等的原料；也可用作纺织品、烟草和纸张的增湿剂和软化剂，同时还是一种医药中间体，用于生产β-内酰胺类抗生素，还是信息激素、香料和杀虫剂等合成的中间体原料。此外还可以作为保湿剂，用于化妆水、膏霜、乳液、凝胶和牙膏等。因 1,3-丁二醇具有抗菌作用，还被用作乳制品、肉制品的抗菌剂，其衍生物如图 7-53 所示。

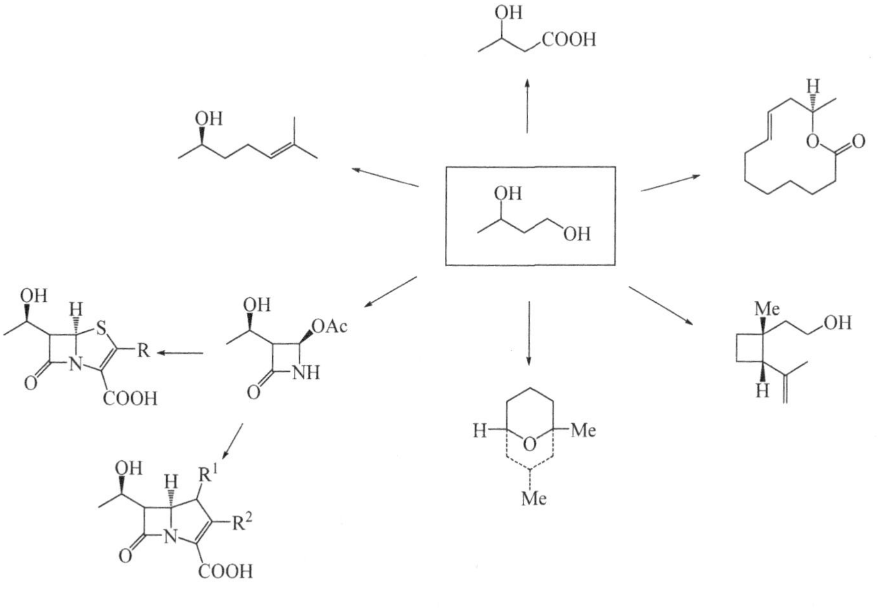

图 7-53　1,3-丁二醇的衍生物

全球对 1,3-丁二醇的需求大约为 20kt/a，其中约 5kt/a 用于化妆品原料等。与以乙醛为原料生产醋酸等下游产品在 2001～2010 年的市场需求形势相反，2011～2015 年，1,3-丁二醇的终端用户数量增长了 2.7%。近年来对医疗和日用消费品的质量要求和需求也日趋提高，对 1,3-丁二醇的需求也逐年增加。1,3-丁二醇用户以化妆品、油漆涂料、树脂行业为主，主要生产商有 Celanese 化学公司和大赛璐化学工业公司。

目前，利用化学方法工业化生产 1,3-丁二醇的工艺有两种：乙醛缩合加氢和丙烯与甲醛缩合水解。其中乙醛缩合加氢工艺因其转化率高、选择性好且具有生物活性成为当前的主流工艺

（图 7-54）。该工艺以乙醛为原料，首先在碱性溶液中经自身缩合生成 3-羟基丁醛，再加氢生成 1,3-丁二醇，粗产物经蒸馏提纯后获得产品。同时乙醛在碱性水溶液中自缩合生成 3-羟基丁醛，与乙醛可进一步缩合，发生副反应（3）。副反应（3）的产物 2,6-二甲基-1,3-二氧杂环-4-己醇采用蒸汽吹出，副产物 2,6-二甲基-1,3-二氧杂环-4-己醇分解为 3-羟基丁酸和丁醛，同时伴有副反应（4）。

$$2CH_3CHO \longrightarrow CH_3CHOHCH_2CHO \quad (1)$$

$$CH_3CHOHCH_2CHO + H_2 \longrightarrow CH_3CHOHCH_2CH_2OH \quad (2)$$

$$CH_3CHOHCH_2CHO + CH_3CHO \longrightarrow \text{(2,6-二甲基-1,3-二氧杂环-4-己醇: 环上 } H_3C\text{、OH，O、O，}CH_3) \quad (3)$$

$$\text{(2,6-二甲基-1,3-二氧杂环-4-己醇)} \xrightarrow{-H_2O} H_2C{=}CHCH_2CHO \quad (4)$$

图 7-54 乙醛缩合加氢制备 1,3-丁二醇

第二种则是丙烯与甲醛的缩合水解工艺（图 7-55），两者在酸性催化剂条件下发生反应。

$$HCHO + H_2C{=}CHCH_3 \longrightarrow CH_3CHOHCH_2CH_2OH \quad (1)$$

$$CH_3CH(OH)CH_2CH_2OH \xrightarrow[H^+]{-H_2O} \text{(4-甲基-1,3-二氧杂环己烷: 环上 O、O，}CH_3) \quad (2)$$

图 7-55 丙烯与甲醛缩合水解制备 1,3-丁二醇

图 7-55 中反应（1）、（2）属于典型的普林斯加成反应。丙烯与甲醛的普林斯加氢反应需要在极性溶剂和酸性催化剂条件下进行。常用溶剂有水、乙醇和乙酸等，其中乙酸作为溶剂较为理想。催化剂有 H_2SO_4、BF_3、$HClO_4$ 等，其中 $HClO_4$ 催化效果较为理想。由于 H_2SO_4 和 $HClO_4$ 具有强腐蚀性，实际生产中催化剂使用了 H^+型阳离子交换树脂。

丙烯与甲醛的普林斯反应产物组成较为复杂，主产物为 1,3-丁二醇，副产物有 4-甲基-1,3-二氧杂环己烷和缩甲醛等。以乙酸为溶剂时，副产物为 1,3-丁二醇乙酸酯类。采用 4-甲基-1,3-二氧杂环己烷水解的方法可以提高 1,3-丁二醇的收率，即按反应（2）的逆反应进行。工业化的具体工艺分为两步。第一步，丙烯和甲醛水溶液缩合为 4-甲基-1,3-二氧杂环己烷；第二步，4-甲基-1,3-二氧杂环己烷在甲醇环境中水解，甲醇的存在是为与水解下来的甲醛缩合成容易分离的甲缩醛。

但是，常规的化学合成法需要使用化石原料和重金属催化剂，反应步骤多，工艺废物量大。Genomatica 公司利用大肠杆菌，发展了一种以可再生糖生物发酵一步转化为 1,3-丁二醇的工艺。该工艺生产的 Brontide™ 获得了美国农业部 100%生物质基产品认证。生命周期评价分析表明，Brontide™ 的全球变暖潜力值（GWP）比传统的 1,3-丁二醇减少了 51%。此外，化学法生产的 1,3-丁二醇通常是 *R*,*S*-构型的混合物，而通过生物发酵制备的 Brontide™ 为单一的 *R*-构型，并且纯度更高。Genomatica 公司已把该合成工艺商业化，2019 年的产量超过了 1500t。据估算，如果全世界所有传统生产工艺都被 Genomatica 发酵工艺所取代，每年可以减少 10 万吨的温室

气体排放和 5 万～6 万吨乙醛的使用。

思考题

7-1 仔细阅读历届总统奖获奖案例，从中能受到什么启发?

7-2 精细化工未来技术革新的趋势是什么?

7-3 结合当下的“碳中和”和“碳达峰”，精细化工能做哪些贡献?

科学小知识：对苯二胺类防老剂新型过程强化技术开发及产业化

橡胶及其制品在长期贮存和使用过程中，由于受到热、氧、臭氧、变价金属离子、机械应力、光以及其他化学物质和霉菌等的影响，会逐渐发黏、变硬发脆或龟裂。这种力学性能和弹性随时间而降低的现象称为老化。为此，需在橡胶及其制品中加入防老剂，提高对各种破坏作用的抵抗能力，延缓或抑制老化过程，从而延长橡胶及其制品的贮存期和使用寿命。对苯二胺类防老剂为高效、低毒、耐溶剂的橡胶防老剂，对臭氧和屈挠老化有很好的防护效能；对氧、热等一般老化和铜、锰等有害金属也有良好的防护作用。因此，对苯二胺类防老剂作为合成橡胶稳定剂广泛应用于飞机、汽车及自行车的轮胎，电缆工业，防水工程等橡胶制品。

发展背景

中国橡胶助剂工业自 1952 年创立以来，经过 70 多年的发展，已在全球具有举足轻重的地位。1952 年，南京化工厂和沈阳新生化工厂分别建成防老剂和促进剂生产装置，成为中国橡胶助剂工业的开端。六七十年代，一批化工厂和研究院所、大专院校开始投入橡胶助剂新品的开发，防老剂、促进剂等主要产品的新品种如雨后春笋般频繁面世。1964 年，化工部指定南京化工厂开发当时最先进的对苯二胺类防老剂 4010NA。1965 年釜式加氢工艺小试成功。1977 年，防老剂 4010NA 的开发被列入国家科技攻关项目，经抚顺石油化工研究所与南京化工厂的联合攻关，建成 200 吨/年的中试装置，成为我国橡胶助剂发展史上的第一个高技术成果。“七五”期间，化工部组织 50 多家橡胶助剂企业和轮胎企业进行了联合攻关，此间先后完成了 21 大类 68 个新品种橡胶助剂的开发，防老剂、促进剂、加工型橡胶助剂和部分特种功能性橡胶助剂的研发工作。进入 21 世纪，橡胶助剂行业开始大力推进清洁生产，发展绿色工艺成为橡胶助剂发展的主旋律。2001 年圣奥化学科技有限公司开发出对苯二胺类防老剂关键中间体 4-氨基二苯胺（RT-培司）全封闭生产新工艺，不仅消除了“三废”排放，而且减少了原材料消耗，使防老剂 4020 的生产成本大幅度下降，大大提升了我国橡胶助剂在国际上的整体竞争力，成为世界上最大的对苯二胺类防老剂生产国。圣奥化学科技有限公司承担 RT-培司清洁工艺开发项目，产量扩展到 5.5 万吨/年，成为目前全球 RT-培司最大的生产企业。RT-培司中间体的合成技术与国外最先进的合成技术相比几乎没有差距，甚至略胜一筹，生产工艺属于绿色清洁工艺，没有环境污染，符合日益严格的环保要求。

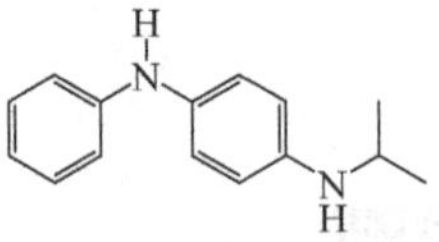

橡胶防老剂4010NA 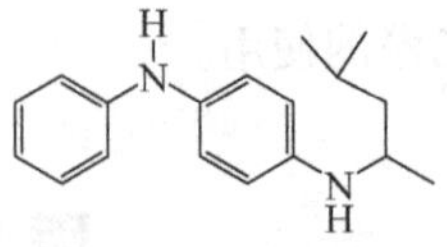　　橡胶防老剂4020

文献报道的防老剂 4020 合成方法主要有还原胺化法、席夫碱加氢法、酚胺缩合法、羟胺还原烃化法、醌亚胺缩合法等。

还原胺化法

还原胺化法是以 4-氨基二苯胺或 4-硝基二苯胺和甲基异丁基酮为原料，在一定温度、压力及催化剂存在下，经氢气还原胺化制得目标产物。还原胺化法的关键是提高主产物收率，降低副产物甲基异丁基甲醇的生成。若选择合适的反应温度、压力、催化剂和溶剂，收率最高可达到 100%的理论值。反应中甲基异丁基酮必须过量，通常选用的催化剂是元素周期表中第Ⅷ族贵金属，如镍、钯、铂、铑。为了控制副反应，提高加氢选择性，有的公司选用复合型催化剂，如将钯、铂、铑制成固体硫化物，或加入少量树脂。也可在 Pt/C、Pd/C 催化剂中加入定量磷酸或硫酸进行改性，或使用一般金属如铜-铬氧化物、铜-铁-铬氧化物、铜-锌-铬氧化物。因为加氢工艺清洁，大大减少了三废的产生，所得产品的质量高，成为工业上生产防老剂 4020 的主要方法。

反应方程式如下：

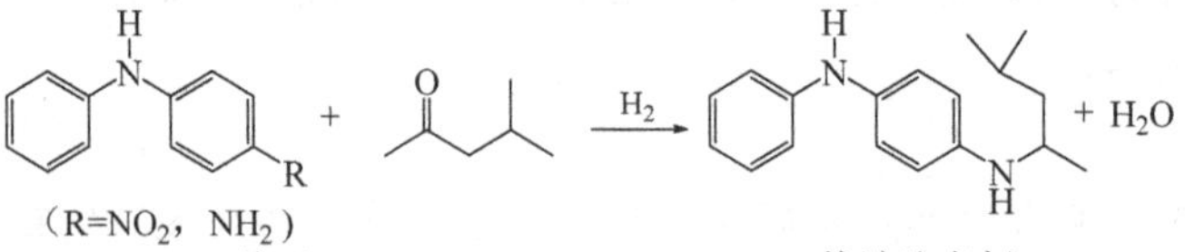

（R=NO_2，NH_2）

R = NH_2, RT-培司　　H_2　　+ H_2O

橡胶防老剂4020

原料 4-硝基二苯胺的制备有两种方法：一是以对硝基氯苯和苯胺为原料，在烷基磺酰卤化物或芳香烃磺酰卤化物存在下，以碳酸钾和氧化铜为催化剂，由对硝基氯苯和苯胺反应制得。该方法产率高、选择性好，但是存在反应温度高、原料对硝基氯苯价格昂贵等缺点。另一种方法是以苯胺和硝基苯为原料，以极性非质子溶剂如 DMSO 为溶剂，KOH、NaOH 为碱，苯胺和硝基苯直接偶联得到 4-硝基二苯胺。

4-氨基二苯胺（RT-培司）的合成方法较多，主要有二苯胺法、甲酰苯胺法、硝基苯法和碳酰苯胺法。

席夫碱加氢法

该法是先让 4-氨基二苯胺与甲基异丁基酮发生缩合反应生成席夫碱，经分离提纯后再将席夫碱加氢还原制得目标产物。第一步反应很容易进行，通常用的催化剂有活性炭、碘粉和磷酸氢钙，席夫碱的最高收率可达 99.4%。第二步反应可定量完成，生成的产品质量好，收率可接近理论量。这样可以减少原料甲基异丁基酮的用量，降低副产物甲基异丁基甲醇的生成，简化产品的后处理步骤。但此法工艺流程长，过程比较复杂，经济上不划算。

酚胺缩合法

该法可根据反应原料不同分为芳香胺与酚缩合、脂肪胺与酚缩合。芳香胺与酚缩合以对氨基酚、甲基异丁基酮、苯胺为基本原料，经过三步反应，首先由对氨基酚与甲基异丁基甲酮反应，生成对-1,3-二甲基亚丁基氨基苯酚；再将对-1,3-二甲基亚丁基氨基苯酚与甲酸反应，生成*N*-（1,3-二甲基丁基）对氨基酚；最后将*N*-（1,3-二甲基丁基）对氨基酚在催化剂的作用下与苯胺反应生成 4020。脂肪胺与酚缩合法是以 1,3-二甲基丁胺和 *N*-苯基对氨基酚为原料，在催化剂作用下常压脱水缩合成席夫碱，再经氢气还原得到防老剂 4020。该方法反应条件比较温和，但产率较低，少有工业应用。

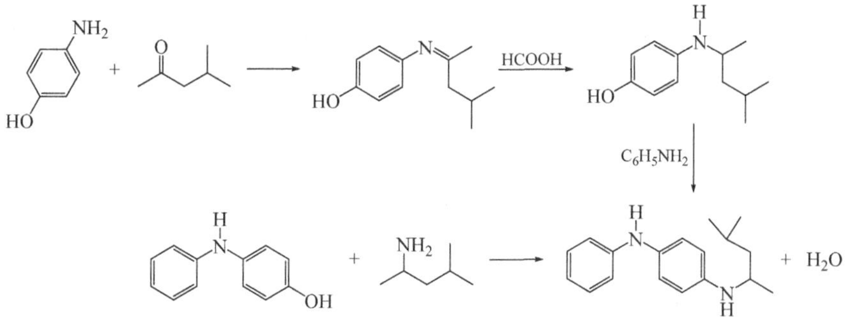

HCOOH

$C_6H_5NH_2$

橡胶防老剂4020

羟胺还原烃化法

羟胺还原烃化法由英国帝国化学工业公司于 1972 年提出，1980 年美国对其进行了改进。在加氢催化剂作用下，以对亚硝基-二苯羟胺和甲基异丁基酮为原料，经氢气还原烃化制得 4020。对亚硝基-二苯羟胺可由硝基苯还原先制得亚硝基苯，亚硝基苯再经过催化二聚得到，收率较高。该方法得到的产品质量好、收率高、工艺条件较温和。但原料对亚硝基-二苯羟胺制备复杂，其工艺工业化不易。

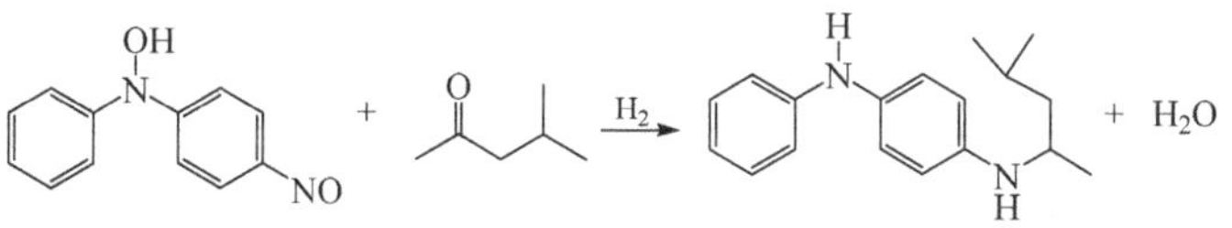

H_2

橡胶防老剂4020

醌亚胺缩合法

该法以*N*-苯基-醌亚胺和 1,3-二甲基丁胺为原料，钯碳作为催化剂，室温下加氢还原制得 4020。在有机胺存在下，在甲醇中用 $MnCl_2·4H_2O$ 氧化 *N*-苯基-对氨基酚，制得 *N*-苯基-醌亚胺；或者将羟基二苯胺经 $K_2Cr_2O_7$ 氧化成 *N*-苯基-醌亚胺。醌亚胺缩合法是一条新合成路线，工艺条件较温和，且产品收率高、质量好，但是原料来源困难。

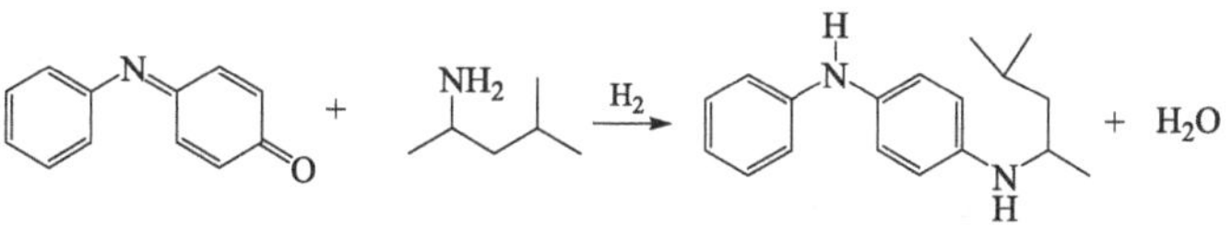

H_2

橡胶防老剂4020

新型过程强化技术

国外防老剂生产工艺也采用 4-氨基二苯胺和甲基异丁基酮为原料，催化剂多采用贵金属如 Pt 为催化剂，设备采用釜式反应器，工艺流程以两步间歇法为主。贵金属催化剂价格昂贵，两步间歇法工艺流程复杂，操作频繁，人工投入大，效率低，易浪费，本质安全性不高。对苯二胺类防老剂新型过程强化技术的核心是研究贵金属催化剂，形成具有完全自主知识产权的“一步法连续催化氢化”新技术。使用该技术得到的产品质量有所提高，生产成本下降，提高了工艺的安全性和可靠性，环保方面达到了清洁生产的要求。新型贵金属催化剂同时具备催化缩合和氢化功效，化两步法为一步法，实现反应协同耦合。一步法使放热、吸热反应同时进行，实现了热量耦合，提高了能源利用率。该过程强化技术成功应用于对苯二胺类防老剂的生产过程，提高了生产效率和过程的安全性。清洁生产和特种功能性产品共性技术和关键技术的升级大大提高了我国橡胶助剂工业的国际竞争力，并且实现产品精细化，对我国橡胶工业长足发展意义重大。

科学小知识：青蒿素的发现及其抗疟活性

青蒿素（Artemisinin）及其衍生物是含有过氧桥的倍半萜内酯类化合物，是现今所有药物中起效最快的抗恶性疟原虫疟疾药，用其治疗癌症也是近来研究的课题之一。青蒿素提取自黄花蒿。1969～1972 年间，中国科学家屠呦呦参与 523 项目组，发现并从黄花蒿中提取了青蒿素，因此获得 2011 年拉斯克临床医学奖和 2015 年诺贝尔医学奖。

疟疾自古是人类一大流行疾病。20 世纪 70 年代前疟疾仍然肆虐我国广大地区。第二次世界大战时西方发明的抗疟药氯喹因产生抗性而开始失效。越南战争期间，疟疾是在热带雨林中的越南士兵减员的主要原因。1967 年 5 月 23 日，疟疾防治药物研究工作协作会议召开，确定开展代号为 523 的抗疟药物研究项目。1970 年，北京地区 523 领导小组讨论决定，由军事医学科学院和中国中医科学院中药研究所合作，查阅和收集资料，从中挑选了出现频率较高的抗疟中草药或方剂。该组从 2000 余种中药中筛选出 640 余种可能具有抗疟活性的药方，从所涉的 200 余种植物制成 380 余种提取物。起初青蒿提取物由于提取温度过高，抗疟效果不理想。其后，用乙醇提取改为用低沸点的乙醚提取，青蒿中性提取物取得对鼠疟、猴疟 100%疟原虫抑制率的突破。

随后，523 项目围绕青蒿素的结构确定开展了研究。1972 年第八届国际天然产物化学会议上，南斯拉夫科学家报告称他们从蒿属植物中分离出一种新型倍半萜内酯，分子式为 $C_{15}H_{22}O_5$，分子量是 282，与青蒿素结果相同，但弄错了化学结构，他们误以为是双氢青蒿素的臭氧化物。1973 年 3 月，中国中医科学院中药研究所与中科院上海有机化学研究所合作，通过化学法测定青蒿素结晶的分子结构。后来，由中科院生物物理研究所通过 X 衍射分析确定了青蒿素的最终结构及其绝对构型。1977 年以“青蒿素结构研究协作组”的名义，在《科学通报》首次发表了青蒿素化学结构及相对构型的论文，题目是《一种新型的倍半萜内酯——青蒿素》。

1975 年，中科院上海有机化学研究所在化学结构的测定研究中，为证明青蒿素是一个过氧化物，进行氢化还原等实验，确定了青蒿素的内酯可被硼氢化物还原，而保留其过氧基团。该还原物称为“双氢青蒿素”。1978 年，中科院上海药物研究所在青蒿素衍生物的研究中，发现双氢青蒿素抗疟效果比青蒿素更好。因此，合成研究室设计和合成了双氢青蒿素的醚类、羧酸酯类及碳酸酯类衍生物。其中，多数衍生物的抗疟活性超过了青蒿素，如甲醚衍生物活性是青蒿素的 6 倍，而羧酸酯和碳酸酯类中有不少超过青蒿素 10 倍。基于此，蒿甲醚与青蒿琥酯作为新药活性成分研制成功。从 1985 年中国开始实行新药评审规定到 1995 年，总共批准一类新药 14 个，其中青蒿素及其衍生物类抗疟新药就占了 7 个，为世界抗疟事业做出了杰出贡献。

参考文献

[1] Asbury S. Health and safety，environment and quality audits：a risk-based approach. 3rd Edition. London & New York：Routledge-Taylor and Francis，2018.

[2] Alston F，Millikin E J. Guide to environment safety & health management：developing，implementing，and maintaining a continuous improvement program. London & New York：CRC Press-Taylor and Francis，2016.

[3] Graham M. Pesticides：health，safety and the environment. 2nd Edition. Chichester：Wiley-Blackwell，2015.

[4] 雷子蕙，石云波. 化学产品应用安全法规与风险评估. 上海：华东理工大学出版社，2018.

[5] 暨荀鹤，李明. 化学物质管理法规. 上海：华东理工大学出版社，2017.

[6] 中国化学品安全协会官网. http：//www. chemicalsafety. org. cn/

[7] 赵劲松，陈网桦，鲁毅. 化工过程安全. 北京：化学工业出版社，2015.

[8] 李振花，王虹，许文. 化工安全概论. 3 版. 北京：化学工业出版社，2017.

[9] 张帆. 提升精细化工行业本质安全. 建筑工程技术与设计，2018，19：2181.

[10] 张婷婷，王一伟，韩园园，等. 精细化工工艺安全的研究与设计分析. 工业技术，2018，23：743.

[11] 迟宗华. 新形势下精细化工安全生产中存在的普遍问题及对策研究. 化工管理，2020，13：111-112.

[12] 胡万吉. 2009—2018 年我国化工事故统计与分析. 今日消防，2019，2：3-7.

[13] 姜岳明，唐焕文，刘起展. 毒理学. 北京：人民卫生出版社，2017.

[14] 陈景文，王中钰，傅志强. 环境计算化学与毒理学. 北京：科学出版社，2018.

[15] 孙志伟. 毒理学实验方法与技术. 北京：人民卫生出版社，2018.

[16] 袁晶，蒋义国. 分子毒理学. 北京：人民卫生出版社，2017.

[17] 孙也之，闫心丽，李佐静，等. 化合物模型构建在毒理学研究中的应用. 环境与健康杂志，2007，24：734-735.

[18] 王建锁，来鲁华，唐有祺. 化合物的预测毒理学和数据库开掘. 科学通报，2000，45：360-364.

[19] 化学工业部人事教育司. 三废处理与环境保护. 北京：化学工业出版社，1997.

[20] 王效山，夏伦祝. 制药工业三废处理技术. 北京：化学工业出版社，2018.

[21] 王留成. 化工环境保护概论. 北京：化学工业出版社，2016.

[22] Alireza B. Waste management in the chemical and petroleum industries. 2nd Edition. Hoboken：Wiley，2020.

[23] Claus C. Production-integrated environmental protection and waste management in the chemical industry. Weinheim：Wiley-VCH，1999.

[24] 骆广生，吕阳成，王凯. 微化工技术. 北京：化学工业出版社，2020.

[25] 彭金辉，梅毅，巨少华. 微波化工技术. 北京：化学工业出版社，2020.

[26] 贺高红，姜晓滨. 分离过程耦合强化. 北京：化学工业出版社，2020.

[27] 吕效平，丁德胜，张萍. 超声化工过程强化. 北京：化学工业出版社，2020.

[28] 张锁江. 离子液体纳微结构与过程强化. 北京：化学工业出版社，2020.

[29] 路勇，巩金龙，朱吉钦. 结构催化剂与反应器. 北京：化学工业出版社，2020.